电子电路基础

（第2版）

林家儒 张瑞芹 望育梅 编著

北京邮电大学出版社
·北京·

内 容 简 介

本书是信息工程专业的专业基础教材，主要介绍半导体器件基础；放大电路分析方法；放大器的频率特性；高频小信号谐振放大电路；场效应管放大器；负反馈放大器；功率放大器；丙类放大及倍频电路；差动放大电路；集成运算放大器与电压比较器；振荡电路；直流电源等内容。

本书可作为高等院校电子信息类、通信类、自动化类和计算机类的教科书，也可供从事电子技术工作的人员参考。

图书在版编目(CIP)数据

电子电路基础/林家儒等编著. --2 版. --北京：北京邮电大学出版社，2006(2019.7 重印)

ISBN 978-7-5635-1289-8

Ⅰ.电... Ⅱ.林... Ⅲ.电子电路—高等学校—教材 Ⅳ.TH710

中国版本图书馆 CIP 数据核字(2006)第 076597 号

书　　名：电子电路基础(第 2 版)

作　　者：林家儒　张瑞芹　望育梅

责任编辑：王晓丹

出版发行：北京邮电大学出版社

社　　址：北京市海淀区西土城路 10 号(邮编：100876)

发 行 部：电话：010-62282185　传真：010-62283578

E-mail：publish@bupt.edu.cn

经　　销：各地新华书店

印　　刷：北京九州迅驰传媒文化有限公司

开　　本：787 mm×1 092 mm　1/16

印　　张：13.25

字　　数：309 千字

版　　次：2004 年 8 月第 1 版　2006 年 8 月第 2 版　2019 年 7 月第 9 次印刷

ISBN 978-7-5635-1289-8　　定　价：29.00 元

前　言

（第2版）

为了满足高速发展的科学技术的要求和适应培养21世纪高素质人才的需要，我们在第一版的基础上，总结了几年来的教学改革和科研经验，对本教材进行了比较全面的修改和更新。在一些符号体系上，作了较大的修改，以便于书写和理解。在内容上增加了选频放大部分，如小信号谐振放大、丙类放大和倍频等内容。

本教材的特点是注重基本概念和简明扼要，全书力求准确、简单，不作繁琐的数学推导和物理解释。力求使读者使用较少的时间，掌握基础理论和基本分析方法，培养工程设计和计算能力，为将来的实际应用和设计，包括对集成放大电路的应用设计打下一个良好的基础。作者根据多年的科研和教学经验，在例题和习题中引入一些实际例子，可以提高读者的学习兴趣，以及理论联系实际的本领。

全书由林家儒、张瑞芹和望育梅共同编写和修订。几位作者长期以来一直从事与电子电路方面有关的教学和科研工作，都具有丰富的电子电路方面的实际经验和教学经历，这些为本教材的编写工作打下了坚实的基础。

由于作者的水平所限，书中难免有不足和错误之处，敬请广大读者和专家给予批评指正。

编　者

2006年5月于北京邮电大学

前　言

随着科学技术的发展，高等学校内的教学内容越来越多，课程内容在不断调整，各门课程的教学课时也在不断缩减。为了培养新世纪高素质高等教育人才，适应电子科学技术的飞速发展，我们考虑了电路分析与电子电路基础课程特点和部分专业教学大纲的要求，统一编写了电路分析基础与电子电路基础两本高校本科教材。

第一本为电路分析基础部分，第二本为电子电路基础部分，各按51～68学时来编写。该套书主要是为信息工程专业本科生编写的。考虑到信息工程专业整个课程体系，去掉了后续课程中重点讲述的内容，可以总共按68学时来安排教学。

考虑到授课时间短，学时少，本书注重基本概念，力求准确、简单，不作繁琐的物理解释，避免越讲越胡涂的现象。力求使学生掌握基础理论，基本分析方法，培养其工程设计和计算能力。书中包含了大量的习题及详细解答，来弥补讲授学时不足，读者通过这些习题可以提高分析和解决问题的能力。作者根据多年的科研和教学经验，在例题和习题中引入一些实际例子，可以提高读者的学习兴趣，以及理论联系实际的本领。

电路分析基础由吴文礼编写，电子电路基础由林家儒编写。作者长期以来一直从事与电路分析和电子电路基础方面有关的科研和教学工作，都具有丰富的电路分析和电子电路基础方面的实际经验和教学经历，这些为本教材的编写工作打下了坚实的基础。

由于作者的水平所限，书中难免有不足和错误之处，敬请广大读者和专家给予批评指正。

编　者

2004年5月于北京邮电大学

目　　录

第 1 章　半导体器件基础

第 2 章　放大电路分析基础

第 3 章　放大电路的频率特性分析

第 4 章　场效应管放大电路特性分析

第 5 章 负反馈放大电路

第 6 章 功率放大电路

第 7 章 差动放大电路

第 8 章 运算放大器和电压比较器

第 9 章 正弦波振荡器

第 10 章 直流电源

第1章 半导体器件基础

1.1 半导体及其特性

1. 本征半导体及其特性

物质的导电性能取决于原子结构。导体(如金、银、铜、铝)一般为低价元素,它们的原子最外层电子极易挣脱原子核的束缚成为自由电子,在外电场的作用下产生定向移动,形成电流。高价元素(如惰性气体)或高分子物质(如橡胶),它们的原子最外层电子受原子核束缚力很强,很难成为自由电子,导电性极差,属于绝缘体。常用的半导体材料硅(Si)和锗(Ge)均为四价元素,它们原子的最外层电子既不像导体那么容易挣脱原子核的束缚,也不像绝缘体那样被原子核束缚得那么紧,因而其导电性介于两者之间。

纯净的半导体经过一定的工艺过程制成单晶体,称为本征半导体。晶体中的原子在空间形成排列整齐的点阵,称为晶格。相邻的两个原子的一对最外层电子(即价电子)成为共用电子,组合成共价键结构,处于稳定状态,如图1-1所示。

晶体中的共价键具有很强的结合力,在常温下仅有极少数的价电子受热激发得到足够的能量,挣脱共价键的束缚变成为自由电子。与此同时,在共价键中留下一个空穴。原子因失掉一个价电子而带正电,或者说空穴带正电。在本征半导体中,自由电子与空穴是成对出现的,即自由电子与空穴的数目相等,如图1-1所示。相邻的共价键中的价电子受热可以移至有空穴的共价键内,在原来的位置产生新的空穴,这种情况等效于空穴在移动。空穴的移动方向与价电子的移动方向相反,在无外加电场时,电子和空穴的移动都是杂乱无章的,对于外部不呈现电流。

在本征半导体两端外加一电场时,自由电子将产生定向移动,形成电子电流;同时由于空穴的存在,价电子将按一定的方向依次填补空穴,等效空穴也产生与电子移动方向相反的移动,形成空穴电流。本征半导体中的电流是这两个电流之和。

运载电流的粒子称为载流子。在本征半导体中,自由电子和空穴都是载流子,这是半导体导电的特殊性质。而导体导电中只有一种载流子,即只有自由电子导电。

半导体在受热激发下产生自由电子和空穴对的现象称为本征激发。自由电子在运动的过程中,如果与空穴相遇就会填补空穴,使两者同时消失,这种现象称为复合。在一定的温度下,本征激发所产生的自由电子—空穴对与复合的自由电子—空穴对数目相等,达到动态平衡。换言之,在一定温度下,本征半导体中载流子的浓度是一定的,并且自由电子与空穴的浓度相等。

当环境温度升高时,热运动加剧,挣脱共价键束缚的自由电子增多,空穴也随之增多,即载流子的浓度升高,因而必然使得导电性能增强;反之,若环境温度降低,则载流子的浓度降低,因而导电性能变差。理论和实验证明,本征半导体载流子浓度的变化量与温度的变化呈指数关系。

半导体材料性能对温度的敏感性,既可以用来制作热敏和光敏器件,又是造成半导体器件温度稳定性差的原因。

2. 杂质半导体及其特性

在本征半导体中人为地掺入少量的其他元素(称为杂质),可以使半导体的导电性能发生显著的变化。利用这一特性,通过控制掺入杂质的浓度,可以制成人们所期望的各种性能的半导体器件。

掺入杂质的本征半导体称为杂质半导体。根据掺入杂质元素的不同,可形成N(Negative)型半导体和P(Positive)型半导体。在N型半导体中,载流子以电子为主;而在P型半导体中,载流子以空穴为主。

(1) N型半导体

在本征半导体中掺入少量的五价元素,如磷、砷和锑,使每一个五价元素取代一个四价元素在晶体中的位置,形成N型半导体。如图1-2所示,在一个五价原子取代一个四价原子后,五价原子外层的4个电子与四价原子结合形成共价键,余下的一个电子不在共价键之内,五价原子对其的束缚力较弱,在常温下便可激发成为自由电子,而五价元素本身因失去电子而成为正离子。由于五价元素很容易贡献出一个电子,称之为施主杂质。

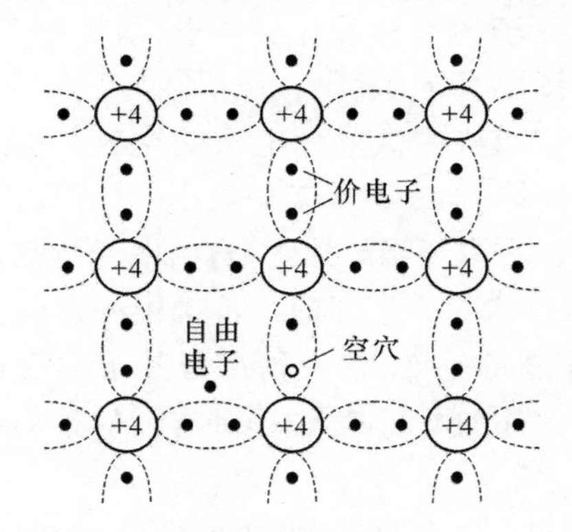

图1-1 本征半导体特性示意图

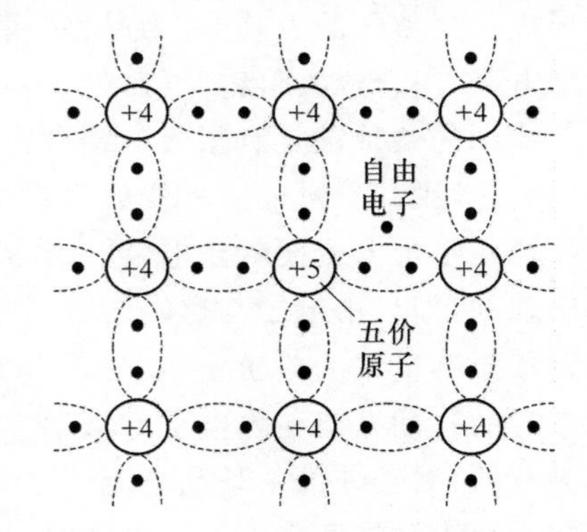

图1-2 N型半导体特性示意图

在N型半导体中,由于掺入了五价元素,自由电子的浓度大于空穴的浓度。半导体中导电以电子为主,故自由电子为多数载流子,简称为多子;空穴为少数载流子,简称为少子。由于杂质原子可以提供电子,故称之为施主原子。N型半导体主要靠自由电子导电,掺入的杂质越多,多子(自由电子)的浓度就越高,导电性能也就越强。

(2) P型半导体

在本征半导体中掺入少量的三价元素,如硼、铝和铟,使之取代一个四价元素在晶体中的位置，形成 P 型半导体。由于杂质原子的最外层有 3 个价电子，所以当它们与周围的原子形成共价键时，就产生了一个“空位”（空位为电中性），当四价原子外层电子由于热运动填补此空位时，杂质原子成为不可移动的负离子，同时，在四价原子的共价键中产生一个空穴，如图 1-3 所示。由于杂质原子中的空位吸收电子，故称之为受主杂质。

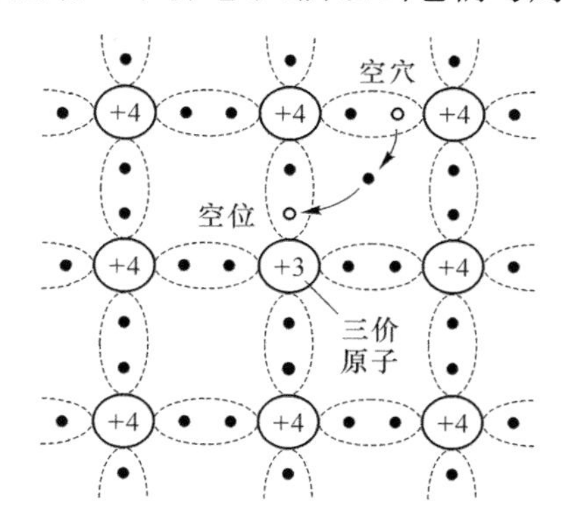

图 1-3　P 型半导体特性示意图

在 P 型半导体中，空穴为多子，自由电子为少子，主要靠空穴导电。与 N 型半导体相同，掺入的杂质越多，多子（空穴）的浓度就越高，少子（电子）的浓度就愈低。可以认为，多子的浓度约等于所掺杂质原子的浓度，因而它受温度的影响很小；而少子是本征激发形成的，所以尽管其浓度很低，却对温度非常敏感，这将影响半导体器件的性能。

1.2　PN 结及其特性

1. PN 结的原理

采用不同的掺杂工艺，将 P 型半导体与 N 型半导体制作在一起，使这两种杂质半导体在接触处保持晶格连续，在它们的交界面就形成 PN 结。

在 PN 结中，由于 P 区的空穴浓度远远高于 N 区，P 区的空穴越过交界面向 N 区移动；同时 N 区的自由电子浓度也远远高于 P 区，N 区的电子越过交界面向 P 区移动；在半导体物理中，将这种移动称作扩散运动，如图 1-4(a)所示。扩散到 P 区的自由电子与空穴复合，而扩散到 N 区的空穴与自由电子复合，在 PN 结的交界面附近多子的浓度下降，P 区出现负离子区，N 区出现正离子区，它们是不能移动的，人们称此正负电荷区域为势垒区（或位垒区），如图 1-4(b)所示。总的电位差称为势垒（或位垒）高度，如图 1-4(c)所示。

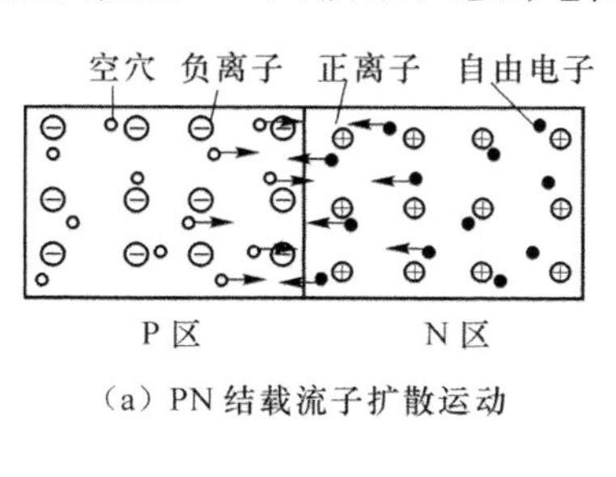

（a）PN 结载流子扩散运动

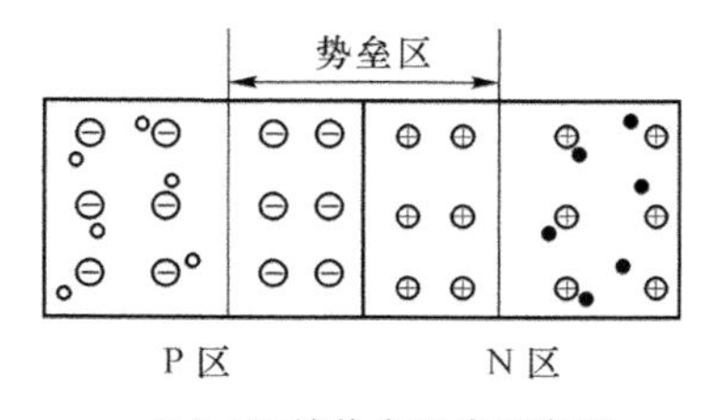

（b）PN 结势垒形成示意图

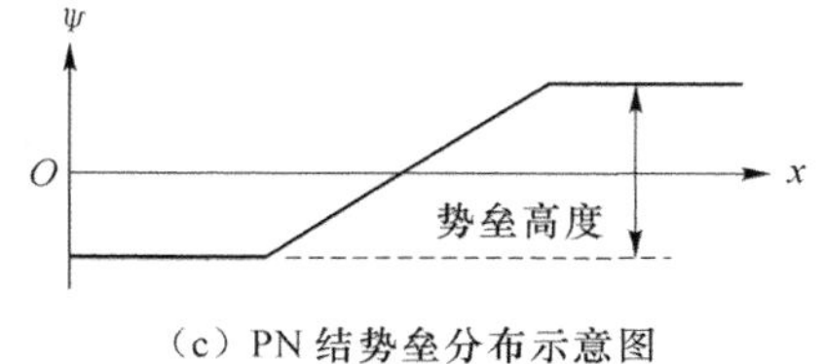

（c）PN 结势垒分布示意图

图 1-4　PN 结原理示意图

随着扩散运动的进行，势垒区加宽，内电场增强，其方向由N区指向P区，阻止扩散运动的进行。只有那些能量足够大的多数载流子，才能克服势垒的阻力，越过势垒区，进入到相对区域。

在势垒区两侧半导体中的少数载流子，由于杂乱无章的运动而进入势垒区时，势垒区的电场使这些少子作定向运动，使P区的电子进入N区，使N区的空穴进入P区。在半导体物理中，将少子在电场作用下的定向运动称作漂移运动。在无外电场和其他激发作用下，参与扩散运动的多子数目等于参与漂移运动的少子数目，从而达到动态平衡。为此，在势垒区形成之后，由于多子扩散形成的扩散电流与少子漂移形成的漂移电流，大小相等、方向相反，在外部呈现出电流为零。

2. PN结的导电特性

如果在PN结的两端外加电压，就将破坏原来的平衡状态。此时，扩散电流不再等于漂移电流，因而PN结将有电流流过。当外加电压极性不同时，PN结表现出截然不同的导电性能，呈现出单向导电性。

(1) PN结外加正向电压时处于导通状态

当电源的正极接到PN结的P端，电源的负极接到PN结的N端时，称PN结外加正向电压，也称正向偏置，如图1-5所示。此时外电场将多数载流子推向势垒区，使其变窄，势垒降低，削弱了内电场，破坏了原来的平衡，使扩散运动加剧，而漂移运动减弱。由于电源的作用，扩散运动将源源不断地进行，从而形成正向电流，PN结导通。PN结导通时的结压降只有零点几伏，所以，应该在它所在的回路中串联一个电阻，以限制回路的电流，防止PN结因正向电流过大而损坏。

(2) PN结外加反向电压时处于截止状态

当电源的正极接到PN结的N端，电源的负极接到PN结的P端时，称PN结外加反向电压，也称反向偏置，如图1-6所示。此时外电场使势垒区变宽，势垒增高，加强了内电场，阻止扩散运动的进行，而加剧漂移运动的进行，形成反向电流，也称为漂移电流。由于它不随反向电压变化而改变，故称之为反向饱和电流。

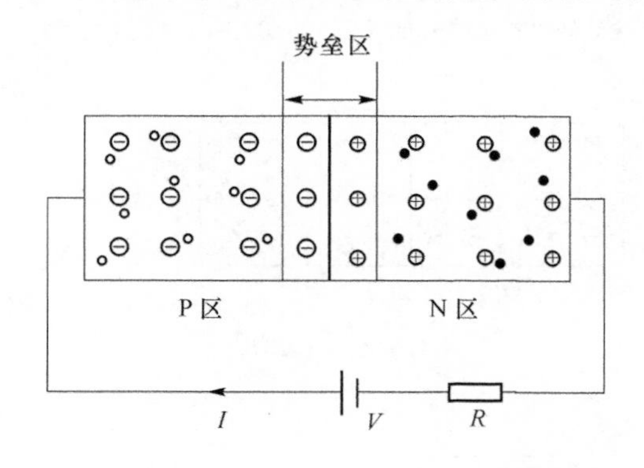

图1-5 PN结加正向电压处于导通状态

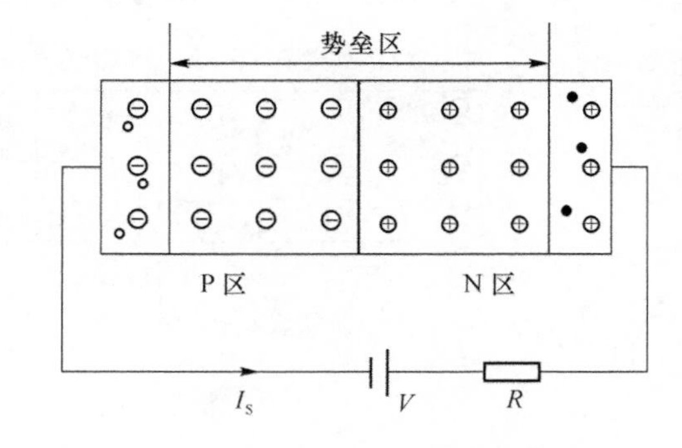

图1-6 PN结加反向电压处于截止状态

因为少子的数目极少，即使所有的少子都参与漂移运动，反向电流也非常小，所以在近似分析过程中，常将它忽略不计，认为PN结外加反向电压时，处于截止状态。

1.3　半导体二极管

将 PN 结用外壳封装起来，并加上电极引线就构成了半导体二极管，简称二极管。由 P 区引出的电极为正极，由 N 区引出的电极为负极，符号如图 1-7 所示。

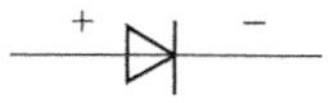

\+　　−

图 1-7　二极管符号

一般来说，可用三种方法来定量地分析一个电子器件的特性，即特性曲线图示法、解析式表示法和参数表示法，它们各有优缺点，可互为补充。

1. 二极管的特性曲线

与 PN 结一样，二极管具有单向导电性。图 1-8 为硅二极管典型的伏安特性曲线。若在二极管加有正向电压，当电压值较小时，电流极小；当电压超过 0.6 V 时，电流开始按指数规律增大，通常称此电压为二极管的开启电压；当电压达到约 0.7 V 时，二极管处于完全导通状态，通常称此电压为二极管的导通电压，用符号 U_D 表示。

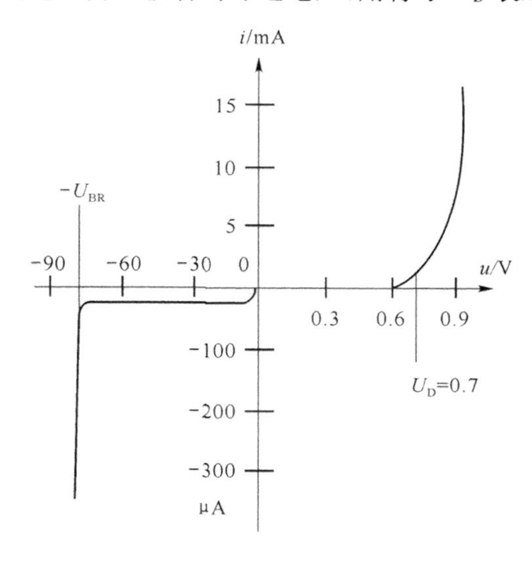

图 1-8　硅二极管伏安特性曲线

对于锗二极管，开启电压为 0.2 V，导通电压 U_D 约为 0.3 V。

若在二极管加有反向电压，当电压值较小时，电流极小，其电流值为反向饱和电流 I_S；当反向电压超过某个值时，电流开始急剧增大，称之为反向击穿，并称此电压为二极管的反向击穿电压，用符号 U_{BR} 表示。不同型号的二极管的击穿电压 U_{BR} 值差别很大，从几十伏到几千伏。

反向击穿按机理分为齐纳击穿和雪崩击穿两种情况。在高掺杂浓度的情况下，因势垒区宽度很小，反向电压较大时，破坏了势垒区内共价键结构，使价电子脱离共价键束缚，产生电子—空穴对，致使电流急剧增大，这种击穿称为齐纳击穿。如果掺杂浓度较低，势垒区宽度较宽，则不容易产生齐纳击穿。

另一种击穿为雪崩击穿。当反向电压增加到较大数值时，外加电场使少子漂移速度加快，从而与共价键中的价电子相碰撞，把价电子撞出共价键，产生新的电子—空穴对。新产生的电子—空穴被电场加速后又撞出其他价电子，载流子雪崩式地增加，致使电流急剧增加，这种击穿称为雪崩击穿。无论哪种击穿，若对其电流不加限制，都可能造成 PN 结的永久性损坏。

2. 二极管特性的解析式

理论分析得到二极管的伏安特性表达式为

$$i=I_S(e^{\frac{qu}{kT}}-1) \tag{1.1}$$

式中 I_S 为反向饱和电流，q 为电子的电量，其值为 1.602×10^{-19} 库仑；k 为玻耳兹曼常数，其值为 1.38×10^{-23} J/K；T 为绝对温度，常温(20 ℃)相当于 $T=293$ K。定义

$$U_T=\frac{kT}{q}\approx26\ \text{mV} \tag{1.2}$$

则二极管的伏安特性表达式为

$$i=I_S(e^{\frac{u}{U_T}}-1) \tag{1.3}$$

由上式可见，当二极管两端的正向电压 U 大于 100 mV 时，$e^{\frac{u}{U_T}}\gg1$，上式简化为

$$i=I_S e^{\frac{u}{U_T}} \tag{1.4}$$

即正向电流与正向电压呈指数关系。

当二极管两端的反向电压超过 100 mV 时，$e^{\frac{u}{U_T}}\ll1$，式(1.3)简化为

$$i=-I_S \tag{1.5}$$

即反向电流与外加电压无关，为一恒定值——反向饱和电流 I_S。

3. 二极管的等效电阻

为了便于分析，经常在一定的条件下，将二极管看作一个“电阻”，称之为等效电阻。

(1) 二极管的直流等效电阻

直流等效电阻也称静态等效电阻。如图 1-9 所示，在二极管的两端加直流电压 U_Q，产生直流电流 I_Q，此时直流等效电阻 R_D 定义为

$$R_D=\frac{U_Q}{I_Q} \tag{1.6}$$

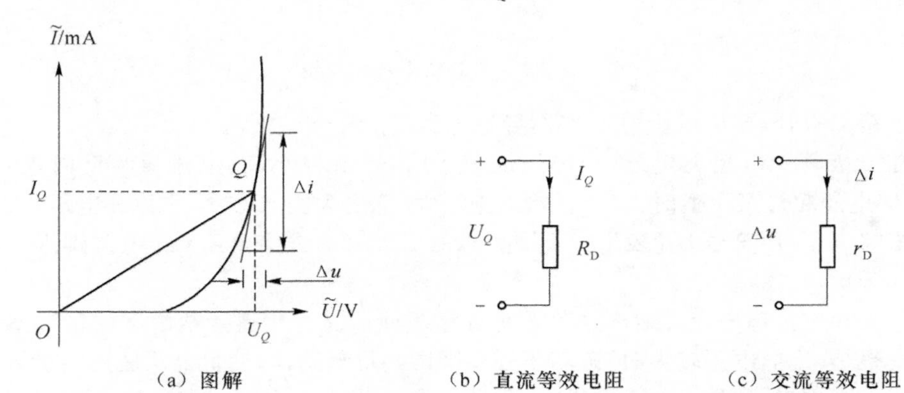

(a) 图解　　(b) 直流等效电阻　　(c) 交流等效电阻

图 1-9　二极管等效电阻

图 1-9(a)中的 Q 点,称为二极管的直流工作点,对应于直流电压 U_Q 和直流电流 I_Q。当二极管的直流工作点 Q 确定后,直流等效电阻 R_D 等于直线 OQ 斜率的倒数,R_D 值随工作点改变而发生变化。

(2) 二极管的交流等效电阻

交流等效电阻也称动态等效电阻。交流等效电阻表示在二极管直流工作点确定后,交流小信号作用于二极管所产生的交流电流与交流电压的关系。如图 1-9(a)所示,在直流工作点 Q 一定时,在二极管加有交流电压 Δu,产生交流电流 Δi,交流等效电阻 r_D 定义为

$$r_D = \left.\frac{du}{di}\right|_Q \approx \left.\frac{\Delta u}{\Delta i}\right|_Q \tag{1.7}$$

当二极管的直流工作点 Q 确定后,交流等效电阻 r_D 等于 Q 点切线斜率的倒数。同样,r_D 值随工作点改变而发生变化。

当二极管上的直流电压 U_D 足够大时,由式(1.4)得

$$\frac{1}{r_D} = \left.\frac{di}{du}\right|_Q = \left.\frac{1}{U_T} I_S \cdot e^{\frac{u}{U_T}}\right|_Q = \frac{I_Q}{U_T} \tag{1.8}$$

从而在常温情况下,二极管在直流工作点 Q 的交流等效电阻

$$r_D = \frac{U_T}{I_Q} \approx \frac{26(\text{mV})}{I_Q(\text{mA})}(\Omega) \tag{1.9}$$

即二极管的交流等效电阻 r_D 大致与直流工作电流 I_Q 成反比。

4. 二极管的主要参数

器件的参数是用以说明器件特性的数据。为了描述二极管的性能,通常引用以下几个主要参数:

① 最大整流电流 I_M:I_M 是二极管长期运行时允许通过的最大正向平均电流,其值与 PN 结面积及外部散热条件等有关。在规定散热条件下,二极管正向平均电流若超过此值,则将因为 PN 结的温度过高而烧坏。

② 反向击穿电压 U_{BR}:U_{BR}是二极管反向电流明显增大,超过某个规定值时的反向电压。

③ 反向电流 I_S:I_S 是二极管未击穿时的反向饱和电流。I_S 愈小,二极管的单向导电性愈好,I_S 对温度非常敏感。

④ 最高工作频率 f_M:f_M 是二极管工作的上限频率。

由于制造工艺所限,半导体器件参数具有分散性,同一型号器件的参数值也会有相当大的差距,因而手册上给出的往往是参数的上限值、下限值或范围。此外,使用时应特别注意手册上每个参数的测试条件,当使用条件与测试条件不同时,参数也会发生变化。

例 1-1　图 1-10(a)是由理想二极管 D 组成的电路,理想二极管是指二极管的导通电压 U_D 为 0,反向击穿电压 U_{BR}为∞。设电路的输入电压 u_i 如图 1-10(b)所示,试画出输出 u_o 的波形。

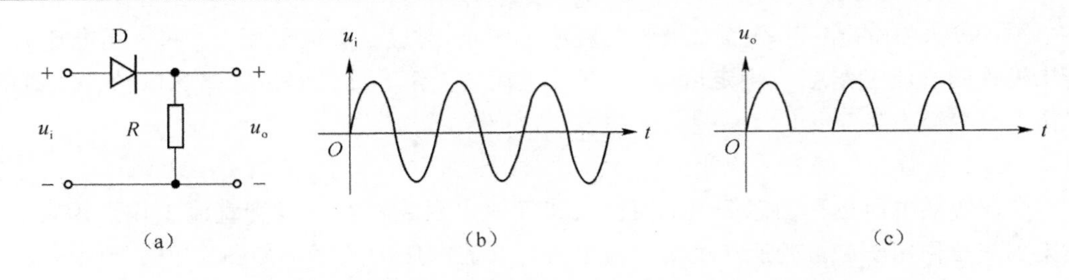

图 1-10　二极管电路及输入、输出波形

解：由二极管的单向导电特性可知，输入信号正半周时二极管导通，负半周时截止，故输出 u_o 的波形如图 1-10(c)所示。

例 1-2　图 1-11(a)是由二极管 D_1、D_2 组成的电路，二极管的导通电压 $U_D=0.3$ V，反向击穿电压足够大。设电路的输入电压 u_1 和 u_2 如图 1-11(b)所示，试画出输出 u_o 的波形。

解：由二极管的单向导电特性可知，当输入 $u_i=0(i=1,2)$时，输出 $u_o=U_D=0.3$ V；当输入 $u_1=u_2=5$ V 时，二极管 D_1、D_2 都截止，输出 $u_o=5$ V。故输出 u_o 的波形如图 1-11(c)所示。

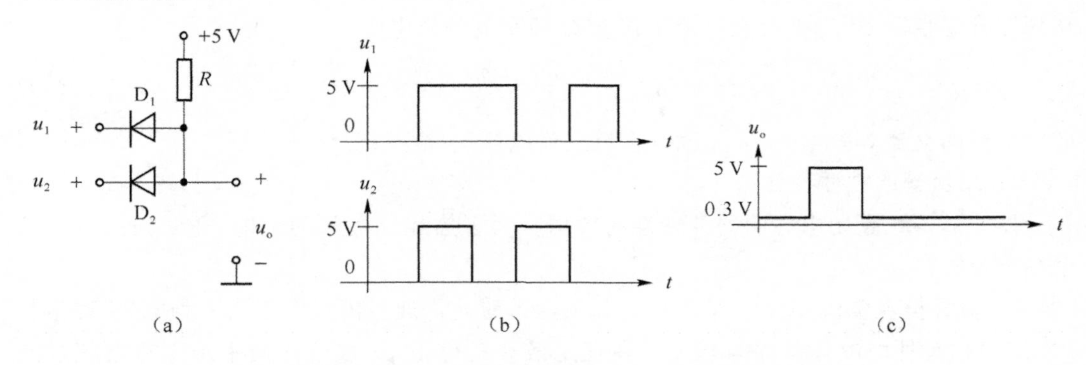

图 1-11　由二极管组成的电路及其输入、输出波形

5. 稳压二极管

稳压二极管是一种硅材料制成的面接触型晶体二极管，简称稳压管。当稳压管被反向击穿时，在一定的电流范围内(或者说在一定的功率损耗范围内)，其端电压几乎不变，表现出稳压特性，因而广泛用于稳压电源与限幅电路之中。

(1) 稳压管的伏安特性及符号

稳压二极管的符号和伏安特性曲线如图 1-12 所示。稳压管有着与普通二极管相类似的伏安特性，其正向导通特性为指数曲线。当稳压管外加反向电压的数值大到一定程度时，则击穿，电流急剧增加，其曲线很陡，几乎平行于纵轴，此时稳压管的电流在变，而电压几乎不变，表现出很好的稳压特性。只要控制反向电流不超过一定值，管子就不会因过热而损坏。

稳压管工作在稳压区域时，反向电流从 I_Z 变到 I_{ZM}，而电压变化极少，所以稳压管的交流等效电阻 r_D 极小。

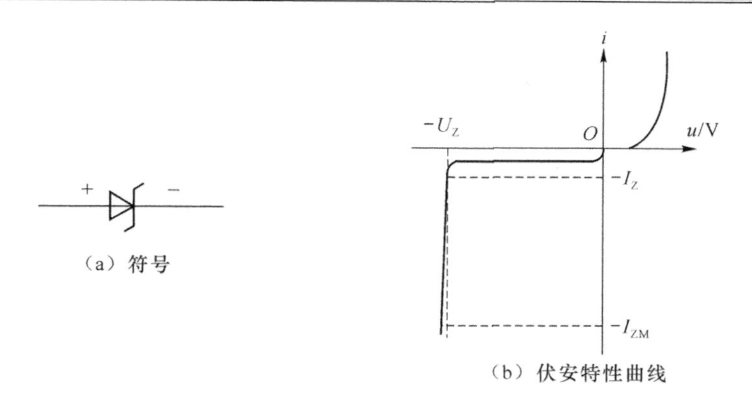

图 1-12　稳压二极管的符号及伏安特性曲线

(2) 稳压管的主要参数

① 稳定电压 U_Z:U_Z 是在规定电流下稳压管的反向击穿电压。

② 稳定电流 I_Z:I_Z 是稳压管工作在稳压状态时的参考电流，电流低于此值时稳压效果变坏，甚至不稳压。

③ 最大稳定电流 I_{ZM}:稳压管的电流超过此值时，会因结温升得过高而损坏。

④ 动态电阻 r_D:r_D 是稳压管工作在稳压区时，端电压变化量与其电流变化量之比。r_D 愈小，稳压管的稳压特性愈好。对于不同型号的管子，r_D 将不同，从几欧到几十欧。对于同一只管子来说，工作电流愈大，r_D 愈小。

例 1-3　图 1-13(a)是由稳压二极管 D_Z 组成的电路，其稳压值为 U_Z。设电路的直流输入电压为 U_i，试讨论输出 U_o 的值。

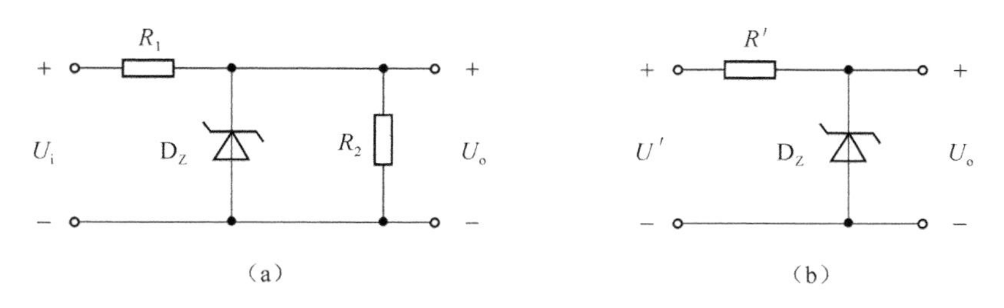

图 1-13　由稳压管组成的电路及其等效电路

解: 由戴维南电源等效定理，图 1-13(a)的等效电路如图 1-13(b)所示，其中

$$U'=\frac{R_2}{R_1+R_2}U_i, R'=R_1 /\!/ R_2$$

当 $U'>U_Z$ 时，稳压管稳压，输出 $U_o=U_Z$;

当 $U'<U_Z$ 时，稳压管截止，输出 $U_o=U'$。所以，$U_i>\frac{R_1+R_2}{R_2}U_Z$ 时，输出 $U_o=U_Z$;否则，

$U_o=\frac{R_2}{R_1+R_2}U_i$。

例 1-4　如图 1-14 所示的稳压电路，稳压二极管 D_Z 的稳压值 $U_Z=5$ V，最小稳定电流 $I_{Zmin}=5$ mA，最大稳定电流 $I_{Zmax}=30$ mA，直流输入电压 $U_i=10$ V，$R=200\ \Omega$，试求输

出电流 I_L 的取值范围以及负载电阻 R_L 的最小值。

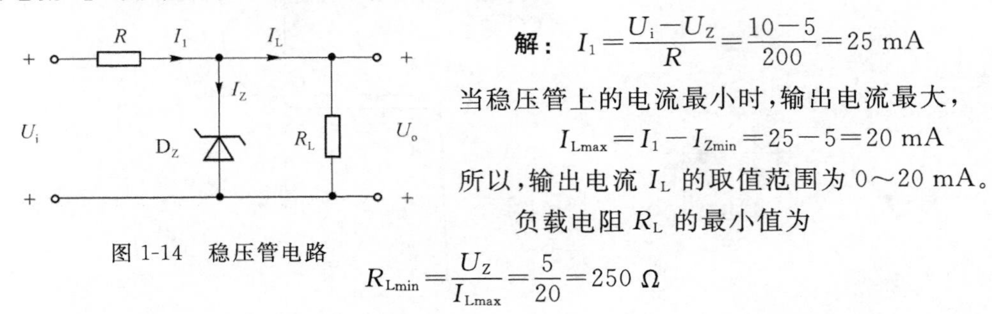

图 1-14　稳压管电路

解：$I_1=\frac{U_i-U_Z}{R}=\frac{10-5}{200}=25\ \text{mA}$

当稳压管上的电流最小时，输出电流最大，

$$I_{Lmax}=I_1-I_{Zmin}=25-5=20\ \text{mA}$$

所以，输出电流 I_L 的取值范围为 0～20 mA。

负载电阻 R_L 的最小值为

$$R_{Lmin}=\frac{U_Z}{I_{Lmax}}=\frac{5}{20}=250\ \Omega$$

1.4　半导体三极管及其工作原理

半导体三极管又称晶体三极管、双极型晶体管，通常简称三极管、晶体管。

1. 三极管的结构及符号

半导体三极管的结构示意图和符号如图 1-15 所示。采用不同的掺杂方式在同一个硅(或锗)片上制造出三个掺杂区域，并形成两个 PN 结，就构成三极管。NPN 型三极管的结构如图 1-15(a)所示，位于中间的 P 区称为基区，它很薄且掺杂浓度很低；位于下层的 N 区是发射区，掺杂浓度很高；位于上层的 N 区是集电区，集电结面积很大。它们所引出的三个电极分别为基极 B(Base)、发射极 E(Emitter)和集电极 C(Collector)。在 PNP 型三极管中位于中间的基区为 N 型半导体，发射区和集电区是 P 型的，如图 1-15(b)所示。

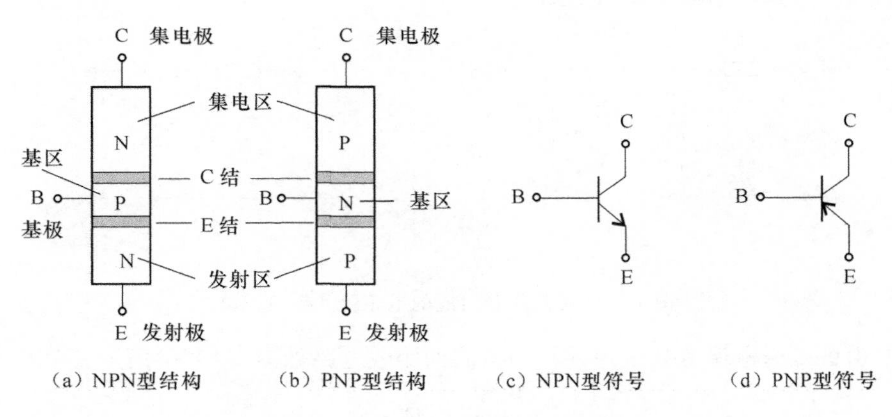

图 1-15　半导体三极管结构、符号

发射区与基区间的 PN 结称为发射结(简称 E 结)，基区与集电区间的 PN 结称为集电结(简称 C 结)。图 1-15(c)和(d)所示为 NPN 型和 PNP 型三极管的符号。

半导体三极管并不是简单地将两个 PN 结背靠背地连接起来。关键在于两个 PN 结连接处的半导体晶体要保持连续性，并且中间的基区厚度很薄且掺杂浓度非常低；此外，发射区的掺杂浓度很高且面积比基区小得多；集电区面积很大，掺杂浓度比基区高得多，但比发射区低得多。

2. 三极管的电流放大原理

放大是对模拟信号的最基本的处理。在实际当中，获得的原始电信号往往很微弱，只有经过放大后才能作进一步地处理，或者使之具有足够的能量来推动执行机构。三极管是放大电路的核心元件，它能够有效地控制能量的转换，能够将输入的任何微小变化不失真地放大输出。

(1) 放大电路的组成

图 1-16 所示的是由 NPN 型三极管组成的基本共射放大电路。u_i 为交流输入电压信号，它接入基极-发射极回路，称为输入回路；放大后的信号在集电极-发射极回路，称为输出回路。由于发射极是两个回路的公共端，故称该电路为共射放大电路。为了使三极管工作在放大状态，在输入回路加基极直流电源 V_{BB}，在输出回路加集电极直流电源 V_{CC}，且 V_{CC} 大于 V_{BB}，使发射结正向偏置、集电结反向偏置。

PNP 型三极管组成的基本共射放大电路如图 1-17 所示。比较图 1-17 和图 1-16 可以看到，为了使三极管工作处在放大状态，要求发射结正向偏置、集电结反向偏置，为此，在图 1-17 中，在输入回路所加基极直流电源 V_{BB} 及输出回路所加集电极直流电源 V_{CC} 反向了，相应的直流电流 I_B、I_C 和 I_E 也都反向了，这也是 NPN 型和 PNP 型三极管符号中发射极指示方向不同的含义所在。对于交流信号，这两种电路没有任何区别。

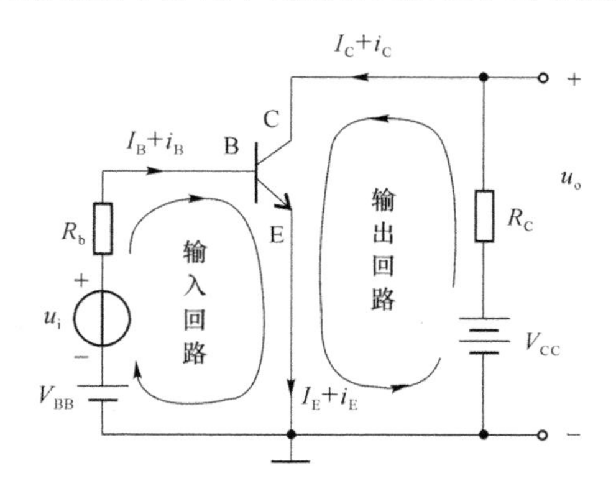

图 1-16　NPN 型共射放大电路

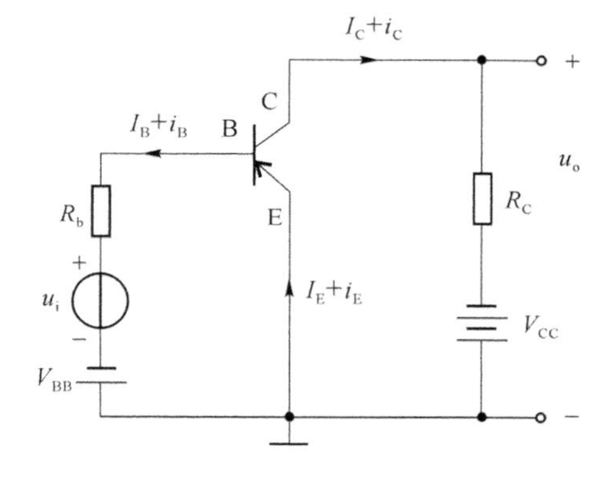

图 1-17　PNP 型共射放大电路

(2) 电流放大原理

三极管的电流放大表现为小的基极电流变化，引起较大的集电极电流变化。下面以 NPN 型三极管为例来说明三极管的放大原理。

如图 1-18(a)所示，当交流输入电压信号 $u_i \equiv 0$ 时，直流电源 V_{BB} 和 V_{CC} 分别作用于放大电路的输入回路和输出回路，使发射结正向偏置、集电结反向偏置。因为发射结加正向电压，并且大于发射结的开启电压，使发射结的势垒变窄，又因为发射区杂质浓度高，所以有大量自由电子因扩散运动源源不断地越过发射结到达基区，从而形成了发射极电流 I_E。

由于基区面积很小，且掺杂浓度很低，从发射区扩散到基区的电子中只有极少部分与空穴复合，形成基极电流 I_B，由此可见，$I_B \ll I_E$。

绝大部分从发射区扩散到基区的电子在电源 V_{CC} 的作用下，克服集电结的阻力，越过集电结到达集电区，形成集电极电流 I_C。因此 $I_B \ll I_C < I_E$。

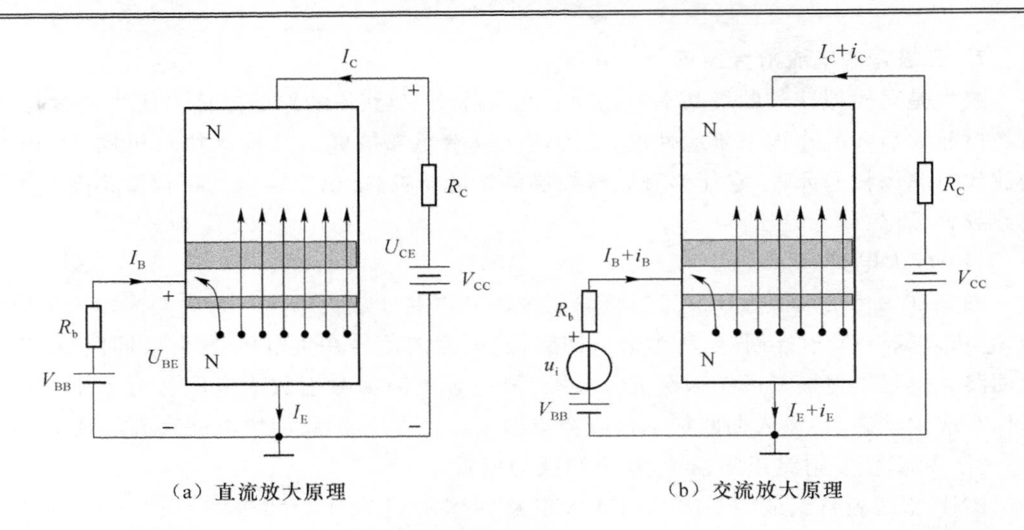

(a) 直流放大原理　　　　(b) 交流放大原理

图 1-18　三极管放大原理

通过上面的分析得到，在输入回路中输入较小的电流 I_B，可以在输出回路得到较大的电流 I_C，也就是说电流放大了。

当交流输入 $u_i \neq 0$，为小信号时，因为此时交流信号是叠加在直流上，如图 1-18(b)所示，在输入回路产生直流电流 I_B 与交流电流 i_B 之和，由上面的分析可知，在输出回路得到直流电流 I_C 与交流电流 i_C 之和，同时交流电流 $i_B \ll i_C$，即交流电流被放大了。

3. 三极管的工作状态

(1) 放大状态

上面分析了三极管的放大原理。为了使三极管有放大能力，在输入回路加基极直流电源 V_{BB}，在输出回路加集电极直流电源 V_{CC}，且 V_{CC} 大于 V_{BB}，使发射结正向偏置、集电结反向偏置。此时称三极管处于放大状态，条件是发射结正向偏置、集电结反向偏置。

(2) 饱和状态

如果输出回路的集电极直流电压 U_{CE} 小于输入回路的基极直流电压 U_{BE}，则发射结和集电结都是正向偏置。由于发射结和集电结都是正向偏置，在开始发射结和集电结上的势垒都变窄，使发射区和集电区的自由电子同时涌入基区，但是由于基区面积很小，且掺杂浓度很低，涌入到基区的电子中只有极少部分与空穴复合，形成基极电流 I_B，绝大部分扩散到基区的电子堆积在发射结和集电结附近，使发射结和集电结上的势垒加宽，阻止了发射区和集电区的自由电子进一步扩散到基区。由此可见，此时三极管没有放大能力。

此种状态称三极管处于饱和状态，条件是发射结和集电结都是正向偏置。

(3) 截止状态

如果在输入回路的基极直流电源 V_{BB} 小于发射结的开启电压，则发射结处于零偏置或反偏置。由于外加电压没有达到发射结的开启电压，使发射区的自由电子不能越过发射结到达基区，不能形成电流，从而发射极、集电极和基极的电流都很小，也就谈不上放大了。此时称三极管处于截止状态，条件是发射结零偏置或反偏置、集电结反向偏置。

(4) 倒置状态

如果外加直流电压使发射结反向偏置，使集电结正向偏置，相当于把发射结(极)和集电结(极)对调使用，称三极管处于倒置状态。由于工艺上的原因，发射区的掺杂浓度很高，但面积比集电区小；集电区面积很大，但掺杂浓度比发射区低得多。因此，集电区发射电子的能力没有发射区强，同时发射区收集电子的能力比集电区差，此种状态不能正常工作。

在模拟电路中，一般情况下应保证三极管工作在放大状态。

4. 三极管的电流放大倍数

集电极直流电流 I_C 与基极直流电流 I_B 之比称为共射直流电流放大倍数，用 $\bar{\beta}$ 表示，则

$$\bar{\beta}=\frac{I_C}{I_B} \tag{1.10}$$

即 $I_C=\bar{\beta}\cdot I_B$。由电路分析中相关定律得到发射极直流电流 $I_E=(\bar{\beta}+1)I_B$。

集电极交流电流 i_C 与基极交流电流 i_B 之比称为共射交流电流放大倍数，用 β 表示，则

$$\beta=\frac{i_C}{i_B} \tag{1.11}$$

一般情况下 $\beta=\bar{\beta}$。

当以发射极直流电流 I_E 作为输入电流，以集电极直流电流 I_C 作为输出电流时，I_C 与 I_E 之比称为共基直流电流放大倍数，用 $\bar{\alpha}$ 表示

$$\bar{\alpha}=\frac{I_C}{I_E} \tag{1.12}$$

共基交流电流放大倍数 α 定义为

$$\alpha=\frac{i_C}{i_E} \tag{1.13}$$

同样，一般情况下 $\alpha=\bar{\alpha}$。

$\bar{\beta}$ 和 $\bar{\alpha}$ 的关系为

$$\bar{\beta}=\frac{\bar{\alpha}}{1-\bar{\alpha}} \text{ 或 } \bar{\alpha}=\frac{\bar{\beta}}{1+\bar{\beta}} \tag{1.14}$$

1.5　三极管的共射特性曲线及主要参数

1. 输入特性曲线

特性曲线是用图示法来说明器件的特性。三极管的输入特性和输出特性曲线用来描述各电极之间电压、电流之间的关系，用于对三极管的性能、参数和三极管电路的分析和计算。

输入特性曲线描述了在三极管 C、E 极之间的管压降 $\widetilde{U}_{CE}$ 一定的情况下，基极电流 $\widetilde{I}_B$ 与发射结压降 $\widetilde{U}_{BE}$ 之间的关系。

当 $\widetilde{U}_{CE}=0$ 时，相当于集电极与发射极短路(此时三极管为饱和状态)，即发射结与集电结并联。因此，输入特性曲线与二极管的伏安特性相类似，呈指数关系，见图 1-19 中标注 $\widetilde{U}_{CE}=0$ V 的那条曲线。

随着 $\widetilde{U}_{CE}$增大，曲线将右移。当三极管工作在放大状态时，见图 1-19 中标注 $\widetilde{U}_{CE}=5$ V 的那条曲线。在放大状态下，$\widetilde{U}_{CE}$对基极电流 $\widetilde{I}_B$ 的影响很小，输入特性曲线几乎不变。

2. 输出特性曲线

三极管输出特性曲线是描述以基极电流 $\widetilde{I}_B$ 为参量，集电极电流 $\widetilde{I}_C$ 与三极管 C、E 极之间的管压降 $\widetilde{U}_{CE}$之间的关系曲线。对于每一个确定的 $\widetilde{I}_B$，都有一条曲线，所以输出特性是一族曲线，如图 1-20 所示。

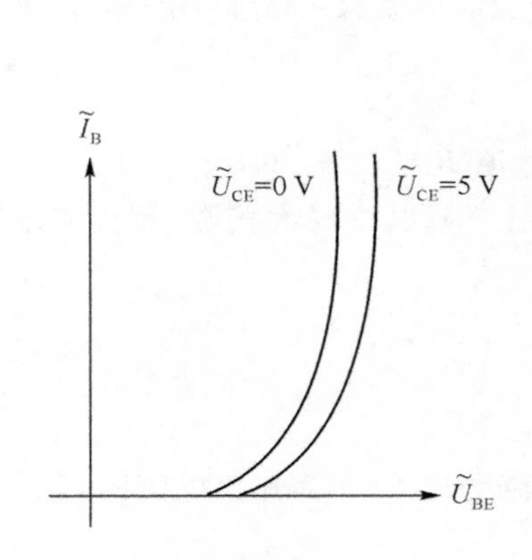

图 1-19　三极管输入特性曲线

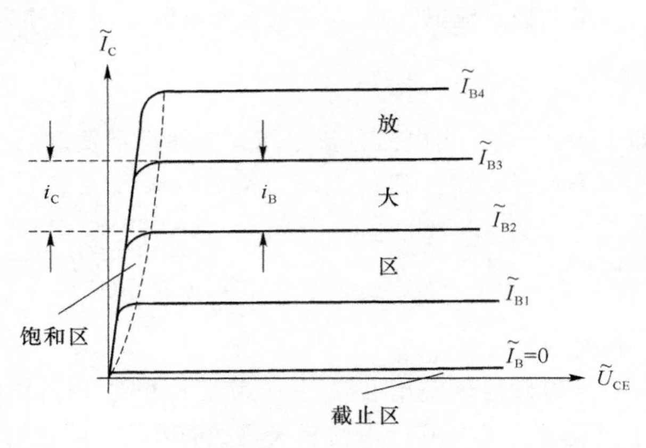

图 1-20　三极管输出特性曲线

对于某一条曲线，当 $\widetilde{U}_{CE}$从零逐渐增大时，加到集电结电场随之增强，集电区收集电子的能力逐渐增强，因而 $\widetilde{I}_C$ 逐渐增大。当 $\widetilde{U}_{CE}$增大到一定数值时，集电结电场足以将绝大部分电子收集到集电区来，所以 $\widetilde{U}_{CE}$再增大，收集能力已不能明显提高，$\widetilde{I}_C$ 基本不变，表现为曲线几乎平行于横轴，即 $\widetilde{I}_C$ 几乎仅仅取决于 $\widetilde{I}_B$。

从输出特性曲线可以看出，三极管有三个工作区域：放大区、饱和区、截止区，分别对应于三极管所设定的三个工作状态：即放大状态、饱和状态和截止状态。

在放大区，由于发射结正向偏置，且集电结反向偏置，$\widetilde{I}_C$ 几乎仅仅由 $\widetilde{I}_B$ 决定，而与 $\widetilde{U}_{CE}$无关，表现出 $\widetilde{I}_B$ 对 $\widetilde{I}_C$ 的控制作用，$I_C=\bar{\beta}I_B$，$i_C=\beta i_B$。

在饱和区，发射结与集电结均处于正向偏置，$\widetilde{I}_C$ 小于 $\beta\widetilde{I}_B$，$\widetilde{I}_C$ 不仅与 $\widetilde{I}_B$ 有关，而且明显地随 $\widetilde{U}_{CE}$增大而增大。实际上，若三极管的 $\widetilde{U}_{CE}$增大时，$\widetilde{I}_B$ 随之增大，但 $\widetilde{I}_C$ 增大不多或基本不变，则说明三极管进入饱和区。对于小功率管，可以认为当 $\widetilde{U}_{CE}=\widetilde{U}_{BE}$时，三极管处于临界状态，即处于临界饱和或临界放大状态。

在截止区，发射结电压小于开启电压，且集电结反向偏置，所以 $\widetilde{I}_B=0$，$\widetilde{I}_C$ 很小，在近似分析中可以认为三极管截止时的 $\widetilde{I}_C\approx0$。

3. 三极管的主要参数

描述三极管的结构和特性的参数，多达几十种。所有参数均可在相应的半导体器件手册中查到。这里只介绍最主要的几个参数。

（1）直流参数

直流参数是描述三极管对于直流的特性指标。

① 共射直流电流放大倍数

$$\bar{\beta}=\frac{I_C}{I_B}$$

② 共基直流电流放大倍数

$$\bar{\alpha}=\frac{I_C}{I_E}$$

（2）交流参数

交流参数是描述三极管对于交流信号的性能指标。

① 共射交流电流放大倍数

$$\beta=\left.\frac{i_C}{i_B}\right|_{u_o=0}$$

② 共基交流电流放大倍数

$$\alpha=\left.\frac{i_C}{i_E}\right|_{u_o=0}$$

一般情况下 $\beta=\bar{\beta}$、$\alpha=\bar{\alpha}$。

③ 特征频率 f_T

由于三极管中的 PN 结有电荷存储能力，所以 PN 结具有电容效应，从而三极管的交流电流放大倍数是所加信号频率的函数。当信号频率高到一定程度时，集电极电流与基极电流比值不但数值下降，且产生相移。使交流电流放大倍数 β 下降到 1 的信号频率称为特征频率 f_T。

（3）极限参数

为了使三极管能够安全地工作，极限参数给出了对它的电压、电流和功率损耗的限制值。

① 最大集电极耗散功率 P_{CM}

P_{CM}是在一定条件下，三极管允许的最大功耗。

② 最大集电极电流 I_{CM}

I_C 在相当大的范围内，电流放大倍数 β 值基本不变，但当 I_C 的数值大到一定程度时，β 值将减小。使 β 值明显减小的 I_C 即为 I_{CM}。通常，当三极管的 I_C 大于 I_{CM}时，三极管不一定损坏，但 β 值明显下降。

此外，由于半导体材料的热敏性，三极管的参数几乎都与温度有关。对于电子电路，如果不能很好地解决温度稳定性问题，将不能使其实用，因此在设计和制作电子电路过程中，还应考虑温度对三极管参数的影响。

思考题与习题

1.1　半导体材料都有哪些特性？为什么电子有源器件都是由半导体材料制成的？

1.2　为什么二极管具有单向导电特性？如何用万用表判断二极管的好坏？

1.3 为什么不能将两个二极管背靠背地连接起来构成一个三极管？

1.4 二极管的交、直流等效电阻有何区别？它们与通常电阻有什么不同？

1.5 三极管的放大原理是什么？三极管为什么存在不同的工作状态？

1.6 如图 P1-1(a)所示的三极管电路，它与图 P1-1(b)所示的二极管有何异同？

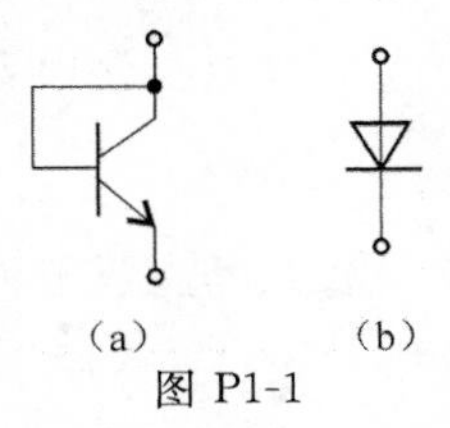

图 P1-1

1.7 稳压二极管为何能够稳定电压？

1.8 三极管的交、直流放大倍数有何区别？共射和共基电流放大倍数的关系是什么？

1.9 三极管的输入特性和输出特性各是什么？

1.10 如图 P1-2 所示，设 $I_S=10^{-11}$ A，$U_T=26$ mV，试计算 $u_i=0$、0.3 V、0.5 V、0.7 V 时电流 i 的值，以及 $u_i=0.7$ V 时二极管的直流和交流等效电阻。

1.11 电路如图 P1-3 所示，二极管导通电压 $U_D=0.7$ V，$U_T=26$ mV，电源 $U=3.3$ V，电阻 $R=1$ kΩ，电容 C 对交流信号可视为短路；输入电压 u_i 为正弦波，有效值为10 mV。试问二极管中流过的交流电流有效值为多少？

图 P1-2　　图 P1-3

1.12 图 P1-4(a)是由二极管 D_1、D_2 组成的电路，二极管的导通电压 $U_D=0.3$ V、反向击穿电压足够大，设电路的输入电压 u_1 和 u_2 如图 P1-4(b)所示，试画出输出 u_o 的波形。

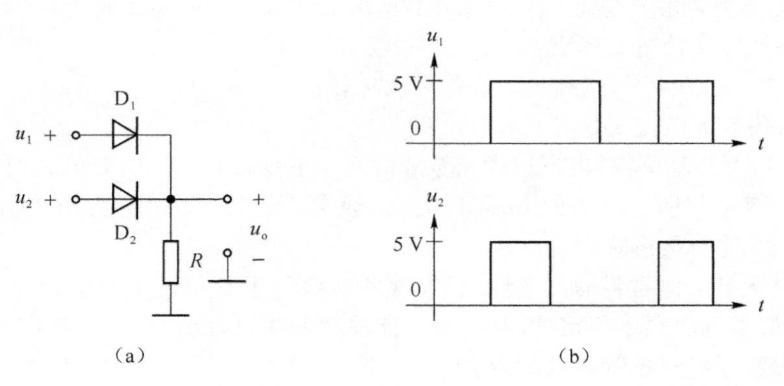

图 P1-4

1.13 如图 P1-5 所示电路，设二极管为理想二极管(导通电压 $U_D=0$，击穿电压 $U_{BR}=\infty$)，试画出输出 u_o 的波形。

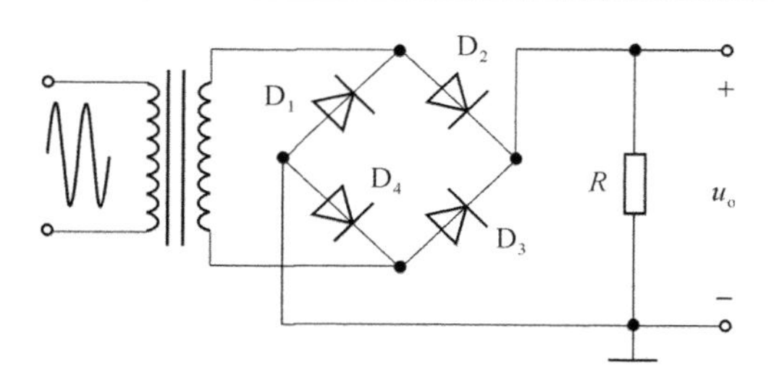

图 P1-5

1.14　如图 P1-6 所示电路，设稳压二极管导通电压 $U_D=0.7$ V，D_1 稳压值 $U_{Z1}=6.3$ V，D_2 稳压值 $U_{Z2}=3.3$ V，试计算：

(1) 当输入电压 $U_i=12$ V 时，输出 U_o 的值；

(2) 当输入电压 $U_i=6$ V 时，输出 U_o 的值；

(3) 当输入电压 $U_i=3$ V 时，输出 U_o 的值。

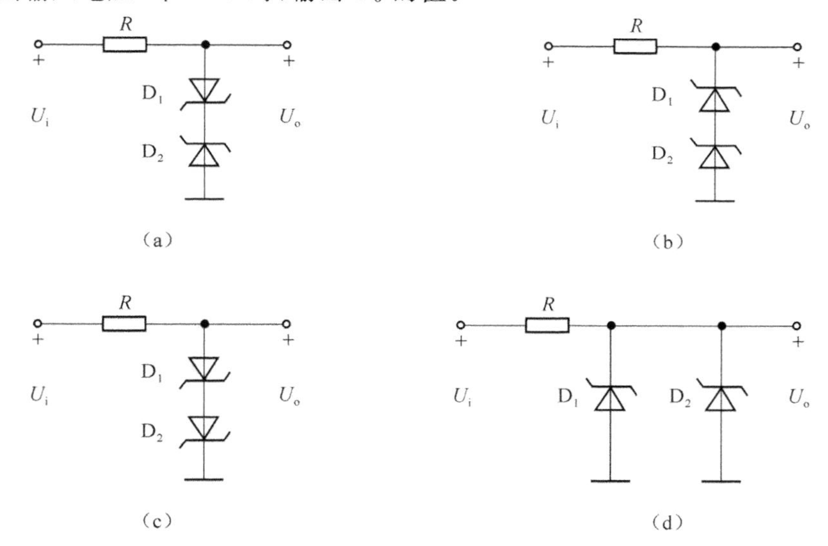

图 P1-6

1.15　如图 P1-7(a)所示电路，设稳压二极管导通电压 $U_D=0.7$ V，稳压值 $U_Z=3.3$ V，输入电压波形如图 P1-7(b)所示，试画出输出 u_o 的波形。

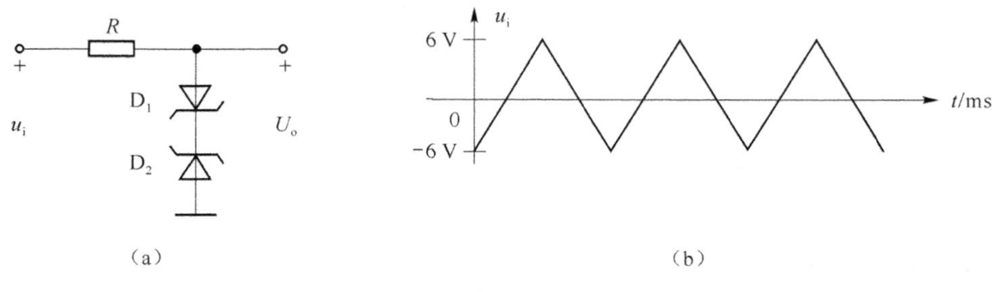

图 P1-7

1.16　根据图 P1-8 各电路中所测的电压值判断三极管的工作状态（放大、饱和、截止或损坏）。

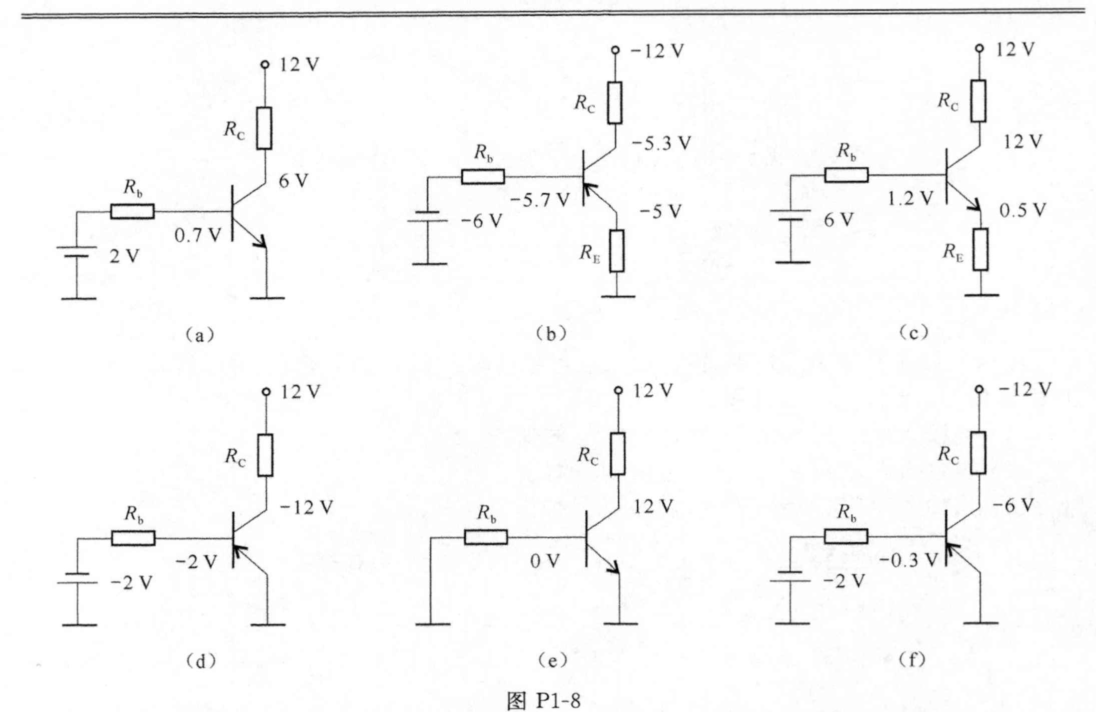

图 P1-8

1.17 某三极管的输出特性曲线如图 P1-9 所示，试确定该三极管的直流和交流放大倍数。

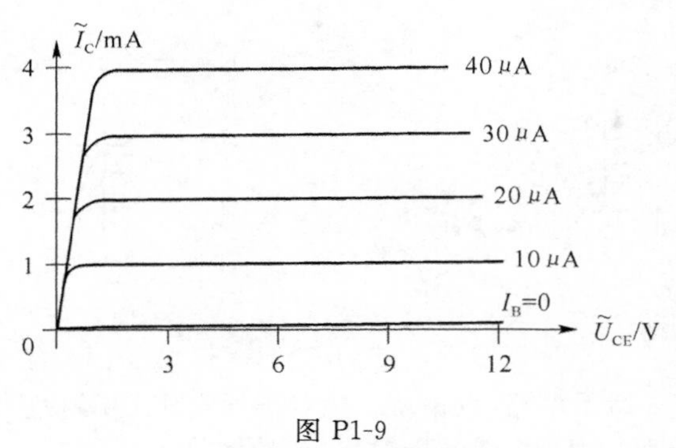

图 P1-9

1.18 根据图 P1-10 电路中所测的电压值，试分别计算三极管的基极电流 I_B、集电极电流 I_C 和放大倍数 β 值。

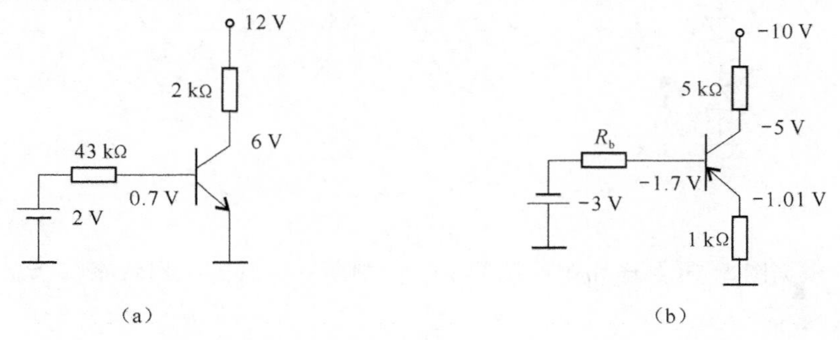

图 P1-10

第 2 章　放大电路分析基础

2.1　共射放大电路分析基础

1. 放大的概念

在实际生活中，存在许多放大现象。例如，利用变压器将低电压变换为高电压，是电学中的放大；利用放大镜放大微小物体，是光学中的放大；利用杠杆原理用小力移动重物，是力学中的放大。它们的共同特点：一是都将放大对象的形状或大小按一定比例放大了；二是放大前后能量守恒，例如，理想变压器的初、次级的功率相等，杠杆原理中前后端所做的功相同等等。

在电子学中，放大是利用半导体器件的特性来完成的。例如，在第 1 章中介绍的半导体三极管具有放大特性，即在三极管基极输入较小的电流（或电压），在集电极可以获得较大电流（或电压）。

在电子学中，用半导体器件组成的、具有电流或电压（或者两者兼而有之）放大功能的电路称之为放大电路，或称放大器。在日常中有许多使用放大电路的例子，如扩音机是将话筒得到的微弱声音，放大成足够强的电信号来驱动扬声器，发出较原来强得多的声音；收音机、电视机、固定电话、移动电话以及各种控制系统等设备中都有放大电路。

2. 基本共射放大电路的组成

基本共射放大电路的组成如图 2-1 所示，其中 NPN 型三极管是该放大电路的核心。

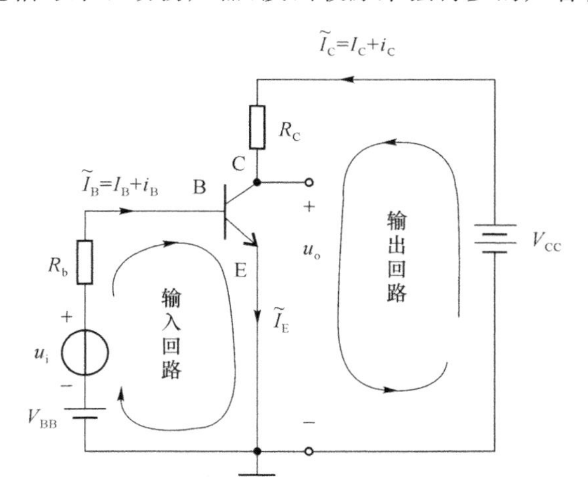

图 2-1　基本共射放大电路组成

在放大电路中，由于直流和交流信号同时作用于放大电路，三极管基极和集电极上的电流以及 C-E 极间的电压都是直流和交流的叠加。令基极上的电流 $\widetilde{I}_B = I_B + i_B$，集电极上的电流 $\widetilde{I}_C = I_C + i_C$，C-E 极间的电压 $\widetilde{U}_{CE} =$

$\tilde{U}_{CE}+u_o$，其中加波浪线的大写符号表示直流和交流的叠加信号，大写符号表示直流信号，小写符号表示交流信号。

当交流信号 $u_i \equiv 0$ 时，称放大电路处于静态。在输入回路中，基极电源 V_{BB} 使三极管B、E间电压 U_{BE} 大于开启电压，使三极管的发射结处于正向偏置，并与基极电阻 R_b 共同决定基极电流 I_B；在输出回路中，集电极电源 V_{CC} 应足够高，使三极管的集电结反向偏置，以保证三极管工作在放大状态，因此集电极电流 $I_C=\beta I_B$；集电极电阻 R_C 上的电流等于 I_C，因而 R_C 上的电压为 $I_C R_C$，从而确定了三极管C-E极间的直流电压 $U_{CE}=V_{CC}-I_C R_C$，$U_{CE}>U_{BE}$。

当交流信号 $u_i \neq 0$ 时，设输入信号 u_i 为正弦波电压，且幅度较小。在输入回路中，在静态电流 I_B 的基础上产生一个交流的基极电流 i_B；在输出回路得到交流电流 i_C，$i_C=\beta i_B$，实现了交流电流放大；集电极电阻 R_C 将集电结电流的变化转化成电压的变化，使得三极管C-E极间的管压降 U_{CE} 产生变化，管压降 U_{CE} 的变化量就是输出交流电压 u_o，$u_o=i_C R_C$，适当地选择各个参数，可以做到 $u_o>u_i$，从而实现了交流电压放大。直流电源 V_{CC} 为输出提供所需能量。

在图2-1中，由于输入回路与输出回路以发射极为公共端，故称之为共射放大电路。

3. 静态特性分析

（1）静态工作点的确定

通过上面的分析看到，在放大电路中，当有交流信号输入时，交流量与直流量共存，当交流信号为零时，三极管的基极电流 I_B、集电极电流 I_C、B-E极间的电压 U_{BE}、C-E极间的管压降 U_{CE} 称为放大电路的静态工作点 Q(Quiescent)，将这几个物理量分别记作 I_{BQ}、I_{CQ}、U_{BEQ} 和 U_{CEQ}。在近似估算中通常认为 U_{BEQ} 为已知量，取三极管发射结的导通电压，对于硅三极管，取 $U_{BEQ}=0.7\ \text{V}$；对于锗三极管，取 $U_{BEQ}=0.3\ \text{V}$。

在图2-1所示电路中，令 $u_i \equiv 0$，根据回路方程，得到静态工作点表达式

$$\begin{cases} I_{BQ}=\dfrac{V_{BB}-U_{BEQ}}{R_b} \\ I_{CQ}=\beta \cdot I_{BQ} \\ U_{CEQ}=V_{CC}-I_{CQ}R_C \end{cases} \tag{2.1}$$

静态工作点在三极管输出特性曲线中所对应的点如图2-2所示。

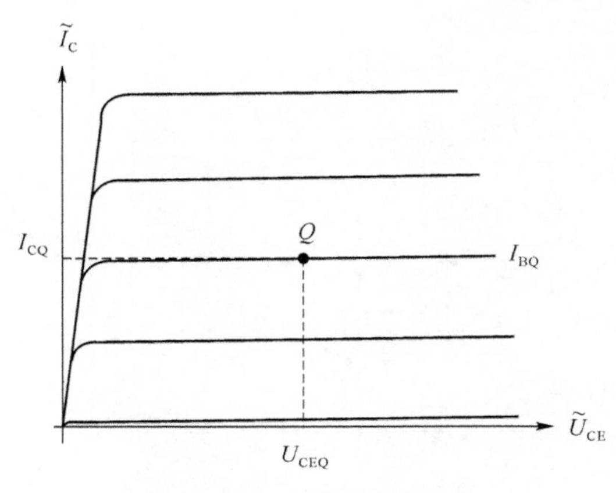

图2-2　三极管的静态工作点

（2）设置静态工作点的必要性

在实际应用中，放大电路往往要放大的是交流输入信号（图2-1中的 u_i），那么，设置静态工作点的必要性何在呢？

在图2-1所示电路中，如果基极电源 $V_{BB}=0$，静态时基极直流电流 $I_{BQ}=0$、集电极直流电流 $I_{CQ}=0$、C-E极间的管压降 $U_{CEQ}=V_{CC}$，三极管处于截止状态。当加入输入电压 u_i 时，$U_{BE}=u_i$，若 u_i 的峰值小于发射结的开启电压，则在交流信号的整个周期内三极管始终处于截止状

态，因而无交流输出；若 u_i 的峰值很大，三极管在交流信号正半周大于发射结的开启电压的时间间隔内导通，则输出必然严重失真。

因此，只有在交流信号的整个周期内，三极管始终工作在放大状态，输出信号才可能不会产生失真，对于图 2-1 所示的放大电路来说，放大才有意义。所以，在线性放大电路中，设置合适的静态工作点，以保证放大电路不产生失真是非常必要的。

此外，静态工作点不仅影响放大电路是否会产生失真，而且影响着放大电路几乎所有的动态参数。

为了保证放大电路处于正常的工作状态，在放大电路的组成中，首先是直流电源要适当，以便设置合适的静态工作点，并作为输出的能源。同时使三极管的发射结处于正向偏置，静态电压 U_{BEQ} 大于开启电压，而集电结处于反向偏置，保证三极管工作在放大区。其次各电阻取值要得当，与电源配合，使放大电路有合适的静态工作点。

4. 两种基本共射放大电路

(1) 直接耦合共射放大电路

在实用放大电路中，为了防止干扰，要求输入信号、直流电源、输出信号均有一端接在公共端，即“地”端，称为“共地”；同时为了减少电源类型，将放大电路中的基极电源与集电极电源合二为一。

图 2-3 所示的电路为直接耦合共射放大电路。在静态特性分析中，令交流输入信号 $u_S \equiv 0$，由电路分析中电源等效原理可知，三极管基极电源 V_{BB} 和等效电源内阻 R_b 如图 2-4 所示，其中 V_{BB} 和 R_b 为

$$\begin{cases} V_{BB} = \dfrac{R_{b2}}{R_{b1} + R_{b2}} V_{CC} \\ R_b = R_{b1} // R_{b2} \end{cases} \tag{2.2}$$

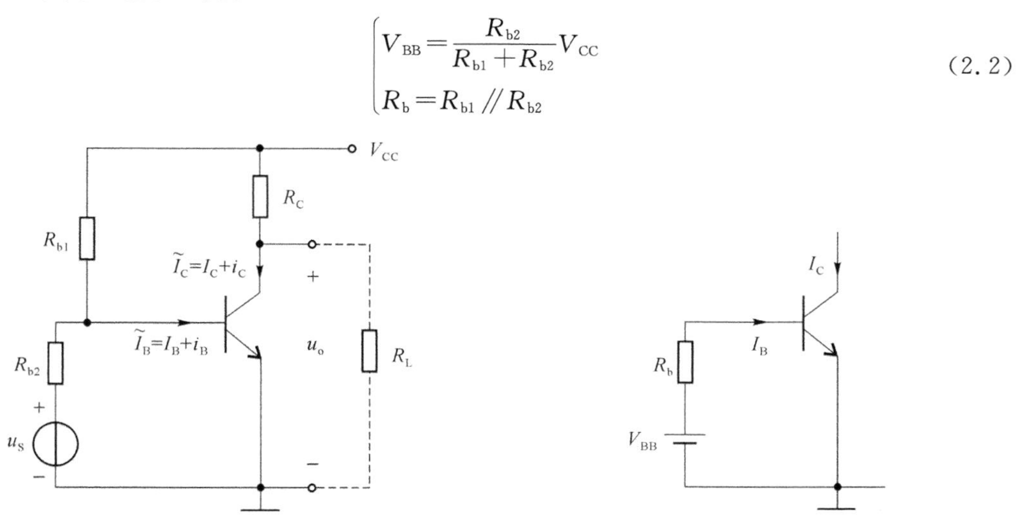

图 2-3　直接耦合共射放大电路组成　　　　图 2-4　基极电源等效原理

在输入回路中，基极电源 V_{BB} 使三极管 B、E 间电压 U_{BE} 大于开启电压，使三极管的发射结处于正向偏置。在图 2-3 所示电路中，信号源 u_S 和负载电阻 R_L 均与放大电路直接相连，故称之为直接耦合放大电路。

根据回路方程，该电路的静态工作点表达式

$$\begin{cases} I_{BQ}=\dfrac{V_{BB}-U_{BEQ}}{R_b} \text{或} I_{BQ}=\dfrac{V_{CC}-U_{BEQ}}{R_{b1}}-\dfrac{U_{BEQ}}{R_{b2}} \\ I_{CQ}=\beta \cdot I_{BQ} \\ U_{CEQ}=V_{CC}-I_{CQ}R_C \end{cases} \tag{2.3}$$

(2) 阻容耦合共射放大电路

在图 2-3 中，R_{b2} 是必不可少的，若 $R_{b2}=0$，则三极管基极等效电源 $V_{BB}=0$、$U_{BQ}=0$，三极管处于截止状态，对于线性放大电路来说，电路不可能正常工作。由于 R_{b2} 的存在，当输入信号 u_S 作用时，信号电压将在 R_{b2} 上有损失，减小了三极管基极与发射极之间的信号电压，影响电路的放大能力。

图 2-5 所示的电路有效地解决了上述问题，在一定频率范围内的输入信号几乎毫无损失地加到放大电路的输入回路。在该电路中，电容 C_1 用于连接信号源 u_i 与放大电路，电容 C_2 用于连接放大电路与负载电阻 R_L。在电子电路中起连接作用的电容称为耦合电容，利用电容连接的电路称为阻容耦合，故称图 2-5 所示电路为阻容耦合共射放大电路。

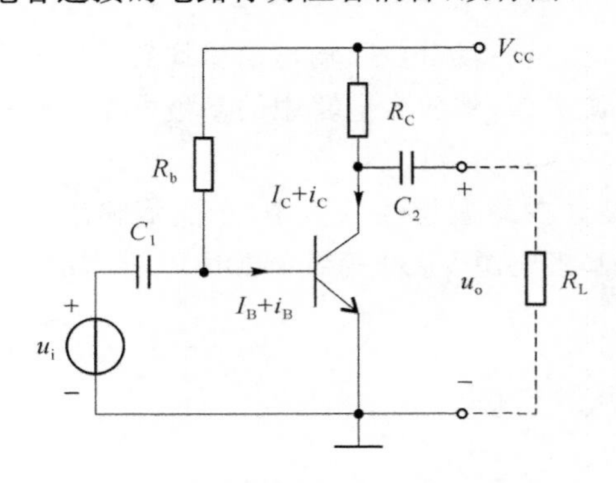

图 2-5　阻容耦合共射放大电路组成

由于电容对直流量的容抗无穷大，所以信号源 u_i 与放大电路、放大电路与负载电阻 R_L 之间没有直流量通过，有时也称电容 C_1、C_2 为隔直电容。当耦合电容的容量足够大时，使其在输入信号频率范围内的容抗很小，可视为短路，输入信号 u_i 几乎无损失地加在三极管的基极与发射极之间。可见，耦合电容的作用是“隔离直流，通过交流”。

在图 2-5 所示电路中，由于电容的隔直作用，放大电路的静态工作特性与交流输入信号 u_i 无关，该电路静态工作点表达式为

$$\begin{cases} I_{BQ}=\dfrac{V_{CC}-U_{BEQ}}{R_b} \\ I_{CQ}=\beta \cdot I_{BQ} \\ U_{CEQ}=V_{CC}-I_{CQ}R_C \end{cases} \tag{2.4}$$

5. 直流通路与交流通路

(1) 直流通路

一般来说，在放大电路中，直流量(静态电流与电压)和交流信号(动态电流与电压)总是共存的。但是由于电容、电感等电抗元件的存在，直流量所流经的通路与交流信号所流经的通路不尽相同。因此，为了研究问题方便起见，通常把直流电源对电路的作用和交流输入信号对电路作用的部分区分开来，分成直流通路和交流通路。

直流通路是指在直流电源所能作用到的那部分电路，也就是与电路静态特性有关的电路部分。它用来研究电路的静态特性、分析静态工作点。

对于直流通路，在电路中将电容视为开路、电感线圈视为短路(即忽略线圈电阻)、交流电压信号源视为短路、交流电流信号源视为开路、保留交流信号源的内阻。

图 2-3 和 2-5 所示放大电路的直流通路分别如图 2-6(a)、(b)所示。

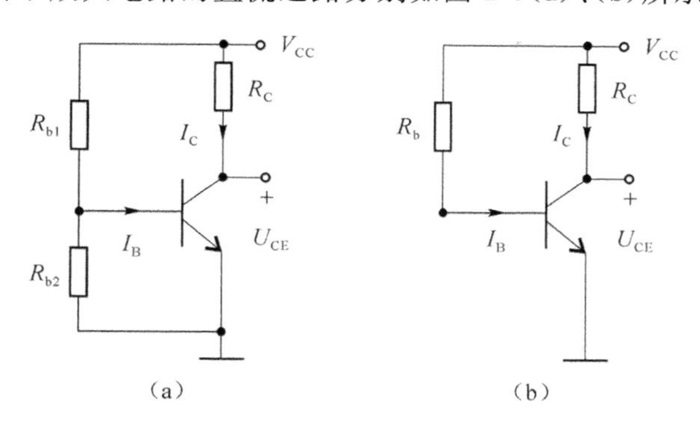

图 2-6　共射放大电路的直流通路

图 2-7(a)所示放大电路的直流通路如图 2-7(b)所示。

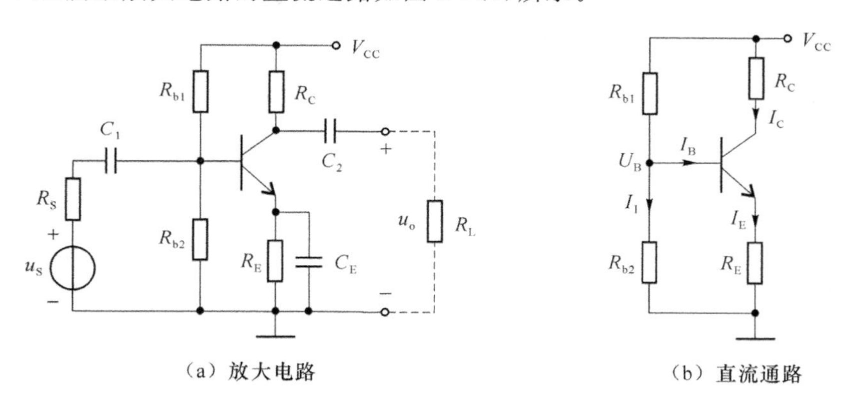

图 2-7　放大电路及其直流通路

(2) 交流通路

交流通路是指放大电路中对交流特性有直接影响的那部分电路，用于研究放大电路的动态交流特性。

一般来说，放大电路中存在电抗元件，在低频段，放大电路的特性受其影响很大；同时，由于三极管内部特性的影响，在高频段，受频率的影响也非常大；只有在所谓的中频段，认为放大电路的特性与频率无关。

没有特别说明，交流通路为中频(段)交流通路。

对于交流通路，在电路中将电容(如耦合电容等)视为短路、无内阻的直流电压源(如 V_{CC})视为短路、直流恒流源视为开路。

图 2-3 和 2-5 所示放大电路的交流通路分别如图 2-8(a)、(b)所示。

在图 2-7(a)所示的放大电路中，电容 C_E 对于中、高频率信号的阻抗近似为零，所以电容 C_E 对于中、高频率的信号相当于短路，通常称其为高频旁路电容，简称旁路电容。故其交流通路如图 2-8(c)所示。可以看出，该电路也是共射放大电路。

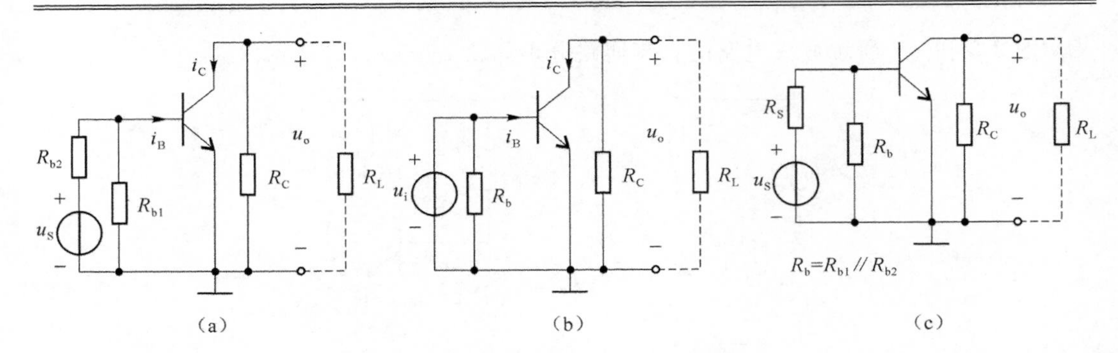

图 2-8　共射放大电路的交流通路

2.2　放大电路的图解分析

在分析放大电路时，应遵循“先静态，后动态"的原则，先利用直流通路分析放大电路的静态特性，再利用交流通路分析放大电路的动态特性。

通常有两种方法用来分析放大电路，即图解法和等效电路分析法。

在已知三极管的输入特性、输出特性以及放大电路中其他各元件参数的情况下，利用作图的方法对放大电路进行分析即为图解法。图解法多适用于分析输出幅值比较大而工作频率不太高时的情况。其特点是能直观形象地反映三极管的工作情况。但是，必须有所用三极管的实测特性曲线，另外进行定量分析时误差较大。此外，由于三极管的特性曲线只能反映信号频率较低时的电压、电流关系，而不能反映信号频率较高时，极间电容产生的影响，因此，在实际应用中，多用于分析静态工作点的位置、最大不失真输出电压和失真情况。

下面以图 2-9 所示放大电路为例来介绍图解法分析放大电路的步骤和方法。

1. 静态工作特性的分析

如图 2-9 所示共射放大电路，其中(a)为基本电路、(b)为直流通路、(c)为交流通路。

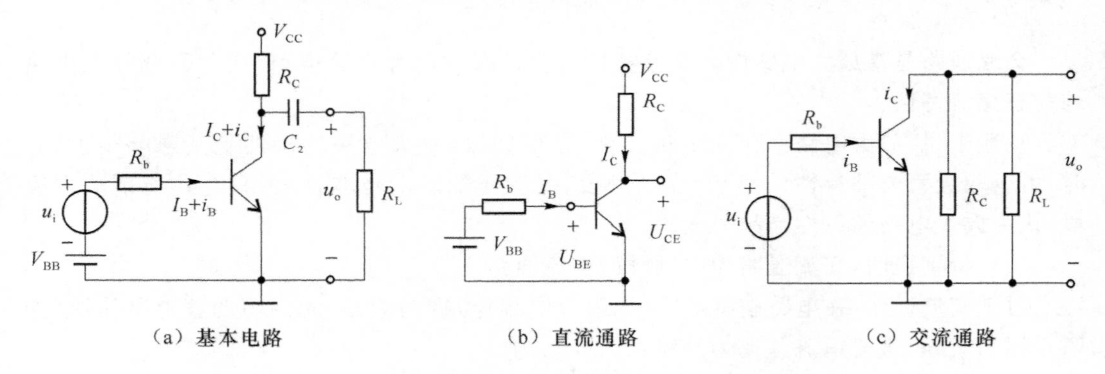

图 2-9　共射放大电路

在上图(b)直流通路中，放大电路的静态工作特性满足电路的回路方程

$$U_{BE}=V_{BB}-I_BR_b \tag{2.5}$$

$$U_{CE}=V_{CC}-I_CR_C \tag{2.6}$$

式(2.5)说明三极管 B-E 极间的电压 U_{BE} 与电流 I_B 及电源 V_{BB} 和电阻 R_b 的关系，又

因为 U_{BE} 与 I_B 应满足三极管输入特性曲线的要求，在输入特性坐标系中，画出式(2.5)所确定的直线，它与横轴的交点为 V_{BB}，与纵轴的交点为 V_{BB}/R_b，斜率为 $-1/R_b$。直线与曲线的交点就是静态工作点 Q，其横坐标值为 U_{BEQ}，纵坐标值为 I_{BQ}，如图 2-10(a)中所示。式(2.5)所确定的直线称为输入回路负载线。

与输入回路相似，在放大电路的输出回路中，输出特性受到式(2.6)和三极管的输出特性曲线的共同约束。在输出特性坐标系中，画出式(2.6)所确定的直线，它与横轴的交点为 V_{CC}，与纵轴的交点为 V_{CC}/R_C，斜率为 $-1/R_C$；并且找到 $I_B=I_{BQ}$ 的那条输出特性曲线，该曲线与上述直线的交点就是静态工作点 Q，其纵坐标值为 I_{CQ}，横坐标值为 U_{CEQ}，如图 2-10(b)所示。由式(2.6)所确定的直线称为输出回路直流负载线，简称直流负载线。

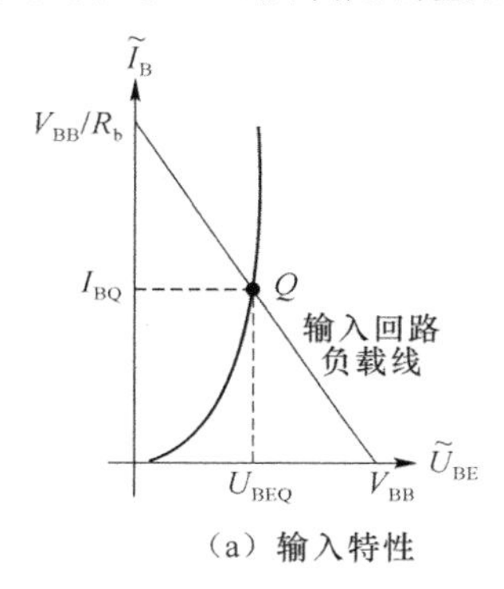

(a) 输入特性

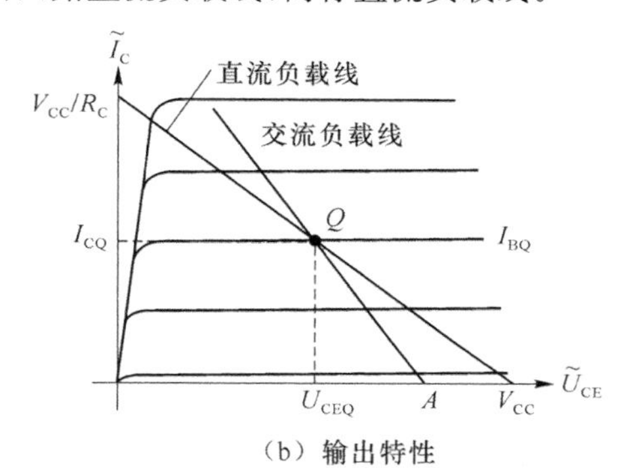

(b) 输出特性

图 2-10　图解法分析静态特性

通过上面的图解法，确定了该放大电路的静态工作点 Q 以及所对应的 I_{BQ}、U_{BEQ}、I_{CQ} 和 U_{CEQ}。

2. 动态特性分析

(1) 交流负载线

从图 2-9(c)所示的交流通路看到，由于该放大电路是阻容耦合的，当电路带上负载电阻 R_L 时，输出交流电压 u_o 是集电极交流电流 i_C 在集电极电阻 R_C 和负载电阻 R_L 并联总电阻上所产生的电压，即当 i_C 确定后，输出电压的大小将取决于 $R_C/\!/R_L$，而不仅仅是 R_C。

在静态特性分析中得到了直流负载线。在动态特性分析中，交流信号遵循的负载线称为交流负载线。与直流负载线类似，交流负载线的斜率为 $-1/(R_C/\!/R_L)$，同时，由于输入电压 $u_i=0$ 时，三极管的集电极电流为 $\widetilde{I}_C=I_{CQ}$，C-E 极间的管压降为 $\widetilde{U}_{CE}=U_{CEQ}$，所以交流负载线必过 Q 点。因此，交流负载线的表达式为

$$\widetilde{U}_{CE}=U_{CEQ}+I_{CQ}(R_C/\!/R_L)-\widetilde{I}_C(R_C/\!/R_L) \tag{2.7}$$

图 2-10(b)中画出了图 2-9(c)所示电路对应的交流负载线，它经过静态工作点 Q，与横轴的交点为 A，所对应的值为 $U_{CEQ}+I_{CQ}(R_C/\!/R_L)$。

对于直接耦合放大电路，直流负载线与交流负载线重合；对于阻容耦合放大电路，只有在空载情况下($R_L=\infty$)，两条负载线才合二为一。

(2) 电压放大倍数

当交流输入信号 $u_i\neq 0$ 时，输入回路方程为

$$\widetilde{U}_{BE}=V_{BB}+u_i-\widetilde{I}_B R_b \tag{2.8}$$

该直线相对于输入回路负载线向右平移了 u_i，与横坐标的交点为 $V_{BB}+u_i$，与纵坐标的交点为 $(V_{BB}+u_i)/R_b$，与三极管输入特性曲线的交点表示了交流输入电流 i_B，如图 2-11(a)所示。在三极管的输出特性曲线中找到 I_B+i_B 的那条曲线，如图 2-11(b)所示，此曲线与交流负载线的交点为$(U_{CEQ}-u_o, I_{CQ}+i_C)$，$-u_o$ 为交流输出电压，从而得到放大电路的交流输出电压 $-u_o$ 与输入电压 u_i 之比，即电压放大倍数 A_u 为

$$A_u=-\frac{u_o}{u_i} \tag{2.9}$$

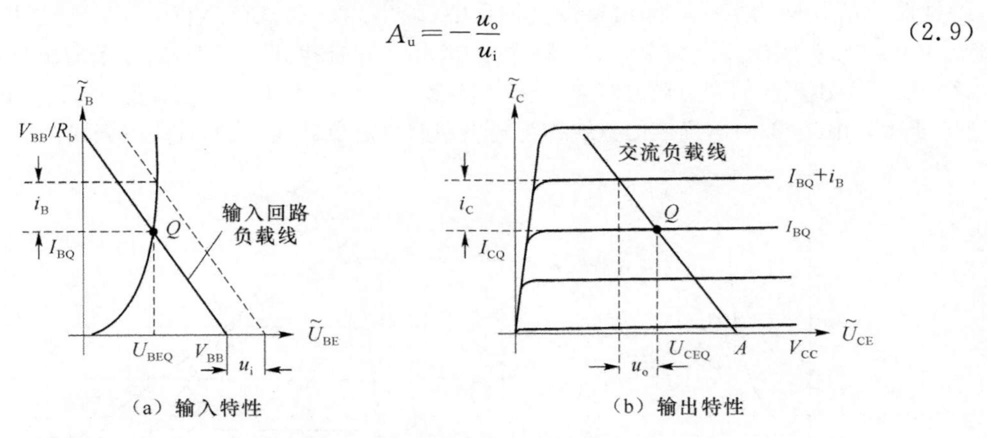

图 2-11 图解法分析动态特性

(3) 输入、输出波形分析

设输入电压 u_i 为正弦波，且幅度较小，若静态工作点 Q 选得合适，三极管的输入特性曲线在 Q 附近可视为直线，则三极管 B、E 间的交流电压 u_{BE} 和基极电流 i_B 也是正弦波，如图 2-12(a)所示。在放大区内，集电极交流电流 i_C 与基极电流 i_B 是 β 倍线性关系，通过交流负载线，将集电极交流电流 i_C 转变成交流输出电压 u_o，如图 2-12(b)所示。

通过上面的分析得到放大电路在输入特性近似为线性时的各处的电压、电流波形，如图 2-13 所示。

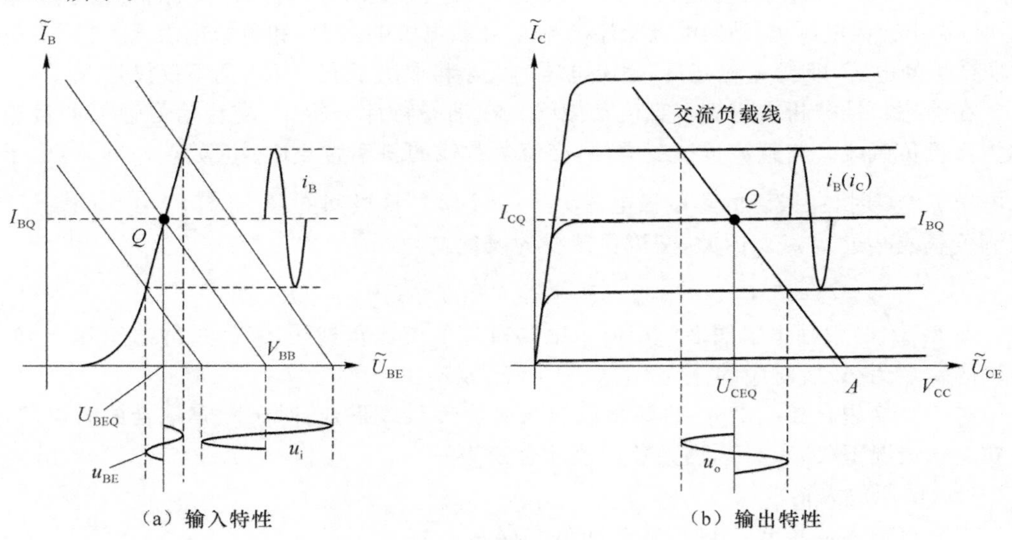

图 2-12 图解法波形分析

由图 2-12(b)和图 2-13 可见，对于共射放大电路来说，由于式(2.7)决定的交流负载线是负斜率的，所以集电极交流电流 i_C 增大时，输出电压 u_o 减小，i_C 减小时，u_o 增大，称输出电压 u_o 与电流 i_C 是反相的。而 u_i、u_{BE}、i_B、i_C 都是同时增大或减小，称之为都是同相的。从而交流输出电压 u_o 与输入电压 u_i 是反相的，这是共射放大电路的电压放大倍数 A_u(式(2.9))是负的原因所在。

当静态工作点 Q 选得不合适，或者输入电压 u_i 的幅度较大时，不能再把三极管的输入特性曲线近似为直线，尽管输入电压 u_i 为正弦波，三极管 B、E 间的交流电压 u_{BE}、基极电流 i_B、集电极交流电流 i_C 以及交流输出电压 u_o 都不是正弦波。

若工作点选得过低，图 2-14 和 2-15 显示了图解法分析波形失真及放大电路各点对应波形。

从图中看出，由于工作点选得过低，当交流输入电压较大时，三极管进入了截止状态，从而产生了波形失真，称这种失真为截止失真。

若工作点选得过高，图 2-16 和 2-17 显示了图解法分析波形失真及放大电路各点对应波形。从图中看出，由于工作点选得过高，当交流输入电压较大时，三极管进入了饱和状态，从而产生了波形失真，称这种失真为饱和失真。

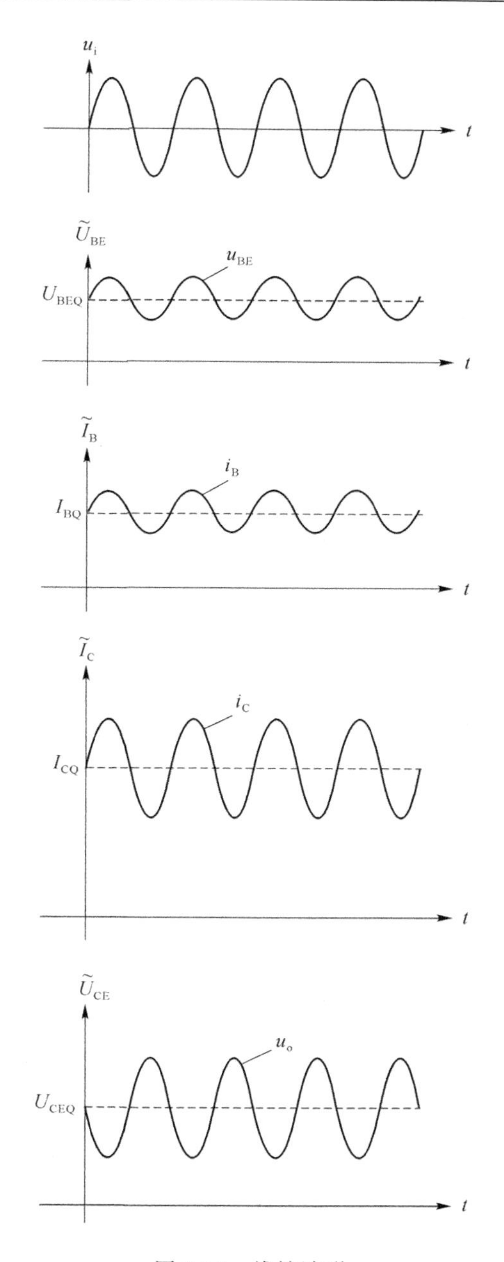

图 2-13　线性波形

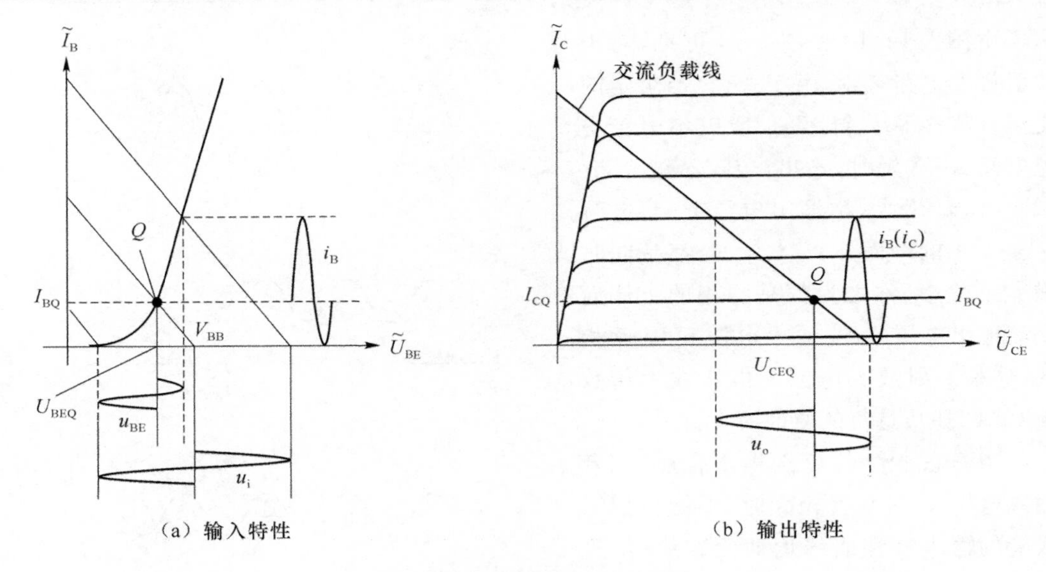

(a) 输入特性　　　　(b) 输出特性

图 2-14　图解法截止失真分析

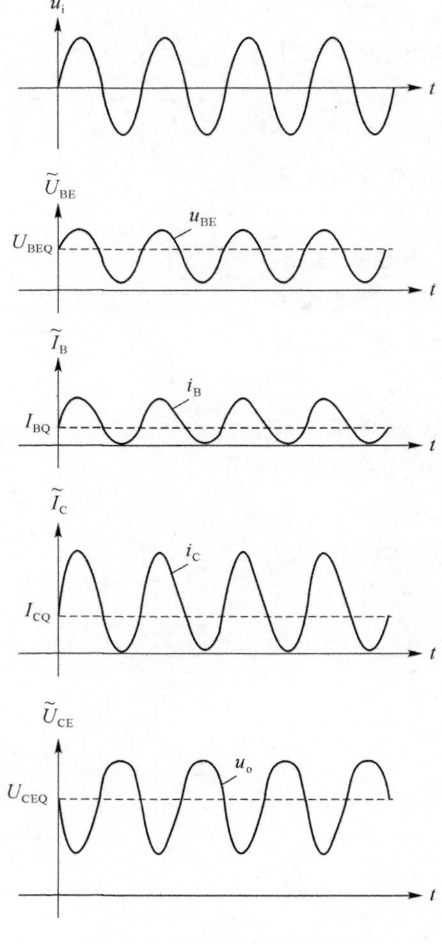

图 2-15　截止失真波形

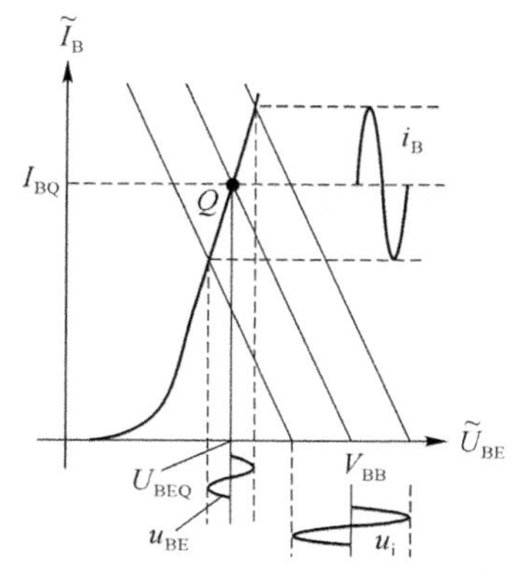

（a）输入特性

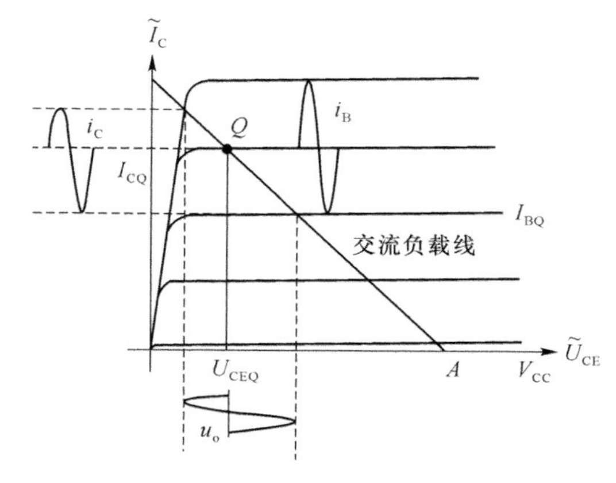

（b）输出特性

图 2-16　图解法饱和失真分析

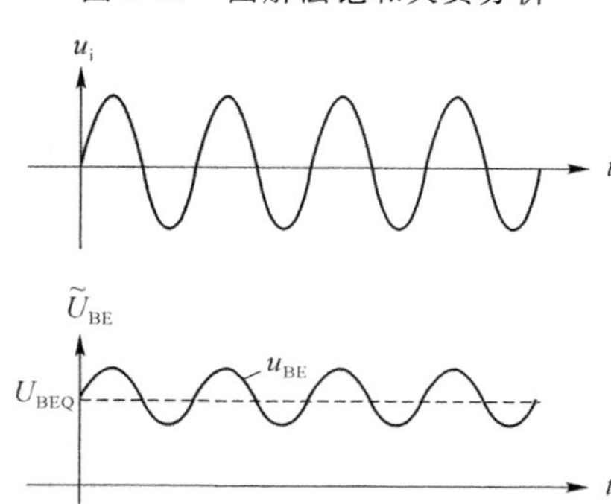

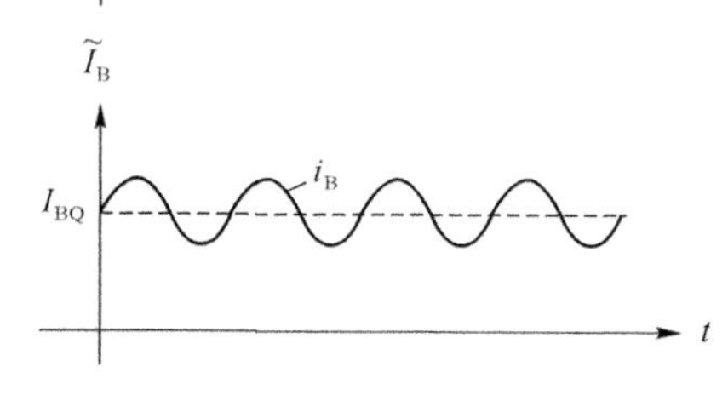

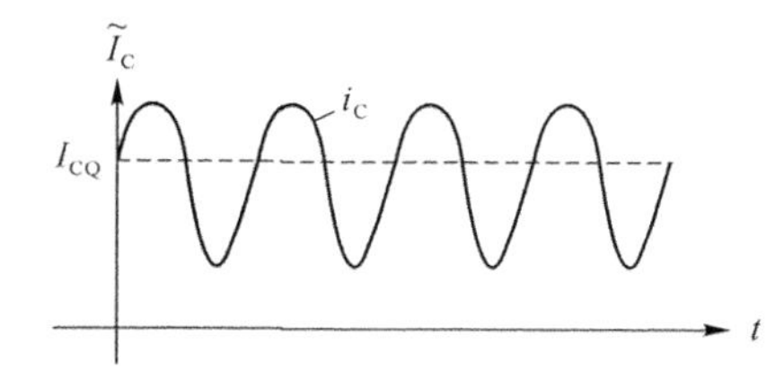

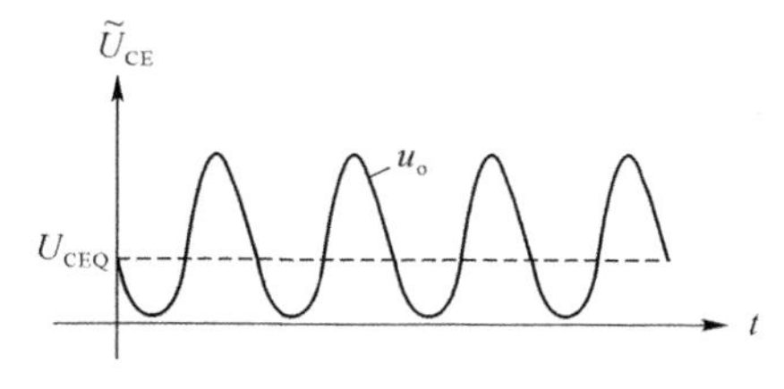

图 2-17　饱和失真波形

2.3 放大电路的等效电路分析

在上一节中介绍了放大电路的图解分析方法。图解法适用于分析放大电路输出幅值比较大而工作频率不太高时的情况，多用于分析静态工作点的位置、动态范围和非线性失真等情况。对于小信号，例如信号幅度只有几毫伏，以及信号频率较高时，很难用图解法来分析放大电路的特性，等效电路法是一个有效的方法。

等效电路法适用于分析放大电路工作在小信号、高频时的情况，多用于静态工作点估算、定量分析放大电路的各种特性，如频率特性、放大倍数、输入输出特性等。

等效电路法是在一定条件下，将器件(例如三极管、二极管等)用一个等效模型来近似。所谓的等效是指用器件相应的模型来取代器件在电路中的位置，用来分析器件外部的各种特性。等效只是对被等效器件的外部特性等效，对于器件内部并不等效。

电子电路分析的复杂性在于相关器件的非线性，如果能在一定条件下(如信号幅度很小)将非线性曲线直线化，用线性电路来描述非线性特性，从而建立线性模型，就可以应用线性电路的分析方法来分析放大电路，使分析的复杂度大为降低。对于不同的条件，同一器件有不同的等效模型。在分析和设计电路时，针对不同的分析问题和应用场合，采用相应的等效模型。

1. 三极管的直流模型及静态工作点的估算

(1) 直流模型

在本章第二节中谈到，在估算放大电路的静态工作点时，将三极管的 B-E 极间的电压 U_{BEQ} 用导通电压 U_D 来代替，实际上已将三极管输入特性折线化，如图 2-18(a)所示，即基极电流 I_B 与 U_{BE} 的指数曲线关系用直线来等效。图 2-18(c)的左半部分为三极管B-E极之间的直流等效模型，其中二极管为理想二极管，即其导通电压为 0、反向击穿电压为 ∞；三极管发射结的导通电压 U_D 用理想电源来代替。同时，又讲到三极管处于放大状态条件下，集电极电流 $I_C=\beta I_B$，也就是忽略了 U_{CE} 对 I_C 的影响，三极管的输出特性曲线与横轴平行，如图 2-18(b)所示。如此，得到三极管的直流模型，如图 2-18(c)所示。使用该模型的条件是三极管处于放大状态，用于分析放大电路的静态特性。

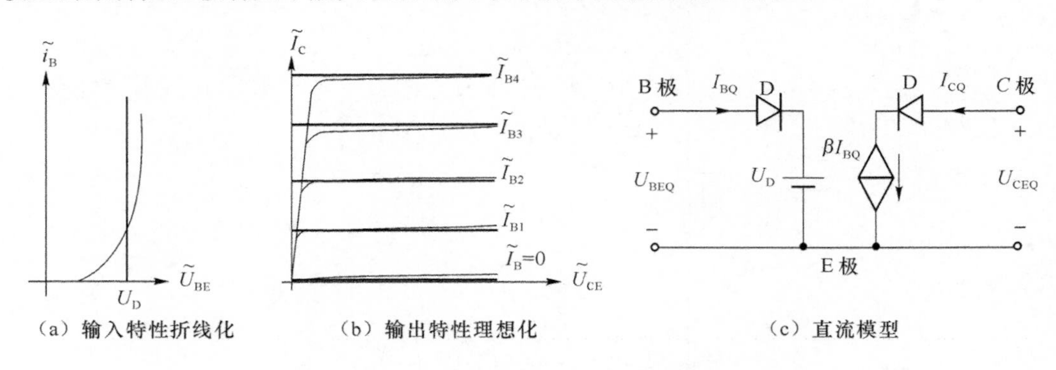

(a) 输入特性折线化　(b) 输出特性理想化　(c) 直流模型

图 2-18　三极管的直流等效模型

（2）静态工作点的估算

在本章第一节放大电路静态特性分析中，介绍了一种静态工作点的估算方法。在此以图 2-19 为例介绍另一种静态工作点的估算方法。

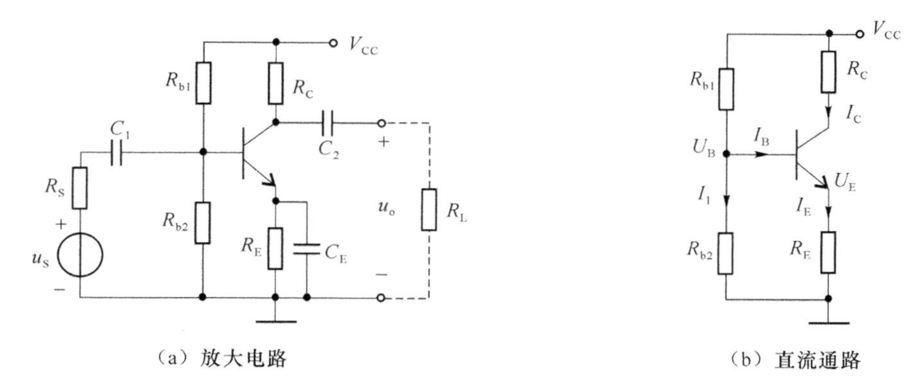

图 2-19　放大电路的直流通路

在上面图(b)直流通路中，如果 $I_1 \gg I_B$（大 10 倍以上），三极管基极电压 U_B 几乎不受基极电流 I_B 的影响，U_B 可以认为是由 R_{b1} 和 R_{b2} 决定的。如此忽略 I_B 对基极电压 U_B 的影响，基极电压 U_B 为

$$U_B = \frac{R_{b2}}{R_{b1}+R_{b2}} V_{CC} \tag{2.10}$$

利用三极管的直流模型（图 2-18(c)），三极管发射极电压 U_E 为

$$U_E = U_B - U_{BEQ} = U_B - U_D \tag{2.11}$$

发射极电流 I_{EQ} 为

$$I_{CQ} \approx I_{EQ} = \frac{U_B - U_{BEQ}}{R_E} = \frac{U_B - U_D}{R_E} \tag{2.12}$$

基极电流 I_{BQ} 为

$$I_{BQ} = \frac{I_{EQ}}{1+\beta} \tag{2.13}$$

三极管 C-E 间电压 U_{CEQ} 为

$$U_{CEQ} = V_{CC} - I_{EQ} R_E - I_{CQ} R_C \tag{2.14}$$

从而，确定了该放大电路的静态工作点。

直流负载线方程式为

$$U_{CE} \approx V_{CC} - I_C (R_E + R_C) \tag{2.15a}$$

采用上述方法对图 2-19(b)所示形式的直流通路进行静态工作点的计算，需要条件是 $I_1 \gg I_{BQ}$（大 10 倍以上）。从上面的推导过程看到

$$I_1 = \frac{U_B}{R_{b2}} \gg I_{BQ} = \frac{I_{EQ}}{1+\beta} = \frac{U_B - U_{BEQ}}{(1+\beta) R_E} \tag{2.15b}$$

即 $\frac{U_B}{R_{b2}} \gg \frac{U_B}{(1+\beta) R_E}$。所以判断条件可表示为

$$R_{b2} \ll (1+\beta) R_E \tag{2.16}$$

因此，采用上述方法进行静态工作点的计算，在三极管处于放大状态的同时，必须满足式(2.16)的要求，相差要在10倍以上。

在图2-19(a)所示的电路中，由于旁路电容 C_E 对中、高频信号的短路作用，交流输出只与 R_C 有关，所以交流负载线的斜率为 $-1/R_C$，同时，由于输入电压 $u_i=0$ 时，三极管的集电极电流为 I_{CQ}，C-E极间的管压降为 U_{CEQ}，所以交流负载线必过 Q 点，交流负载线的方程式为

$$\widetilde{U}_{CE}=U_{CEQ}+I_{CQ}R_C-\widetilde{I}_C R_C \tag{2.17}$$

例2-1 在图2-20(a)所示的直接耦合放大电路中，三极管发射极的导通电压 $U_D=0.7\ V$，$\beta=100$，输出特性曲线如图2-20(b)所示，$V_{CC}=12\ V$，$R_{b1}=15.69\ k\Omega$，$R_{b2}=1\ k\Omega$，$R_C=3\ k\Omega$，试计算其工作点，画出直流负载线并标出工作点。

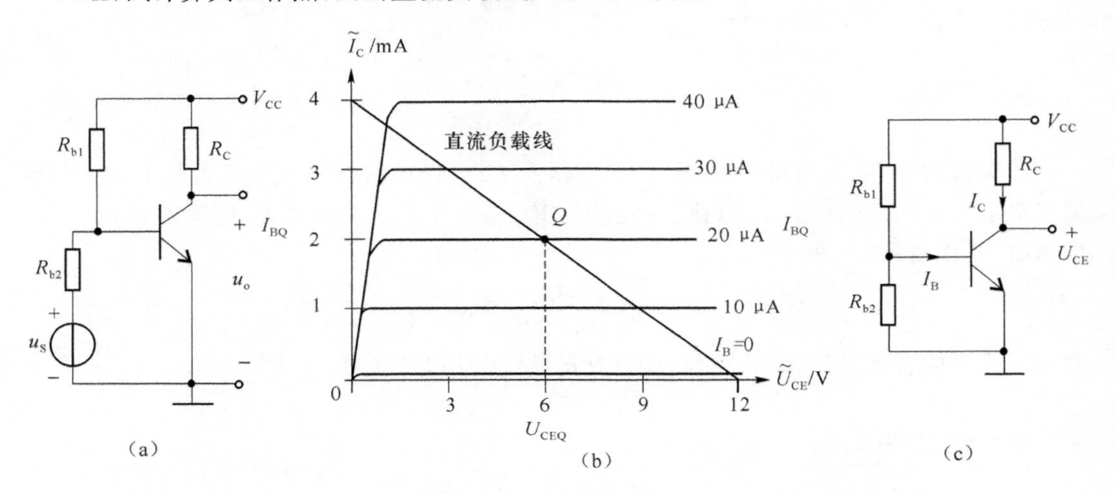

图2-20 直接耦合放大电路及其输出特性曲线

解：画出该放大电路的直流通路如图2-20(c)所示。

$$I_{BQ}=\frac{V_{CC}-U_{BEQ}}{R_{b1}}-\frac{U_{BEQ}}{R_{b2}}$$

$$=\frac{V_{CC}-U_D}{R_{b1}}-\frac{U_D}{R_{b2}}=\frac{12-0.7}{15.69}-\frac{0.7}{1}=20\ \mu A$$

$$I_{CQ}=\beta\cdot I_{BQ}=100\times 20=2\ mA$$

$$U_{CEQ}=V_{CC}-I_{CQ}R_C=12-2\times 3=6\ V$$

$U_{CEQ}=V_{CC}/2$，说明静态工作点比较合适。

根据电路回路方程，直流负载线满足直线方程 $U_{CE}=V_{CC}-I_C R_C$，当 $I_C=0$ 时，$U_{CE}=V_{CC}=12\ V$，当 $U_{CE}=0$ 时，$I_C=V_{CC}/R_C=4\ mA$，所以直流负载线及工作点 Q 如图2-20(b)中所示。

例2-2 基本阻容耦合放大电路及三极管输出特性曲线如图2-21所示，三极管发射极的导通电压 $U_D=0.7\ V$，$\beta=100$，$V_{CC}=12\ V$，$R_b=377\ k\Omega$，$R_C=2\ k\Omega$，$R_L=2\ k\Omega$，各电容值足够大，试计算工作点，画出直、交流负载线。

解： 画出该放大电路的直流和交流通路如图 2-21(c)和(d)所示。

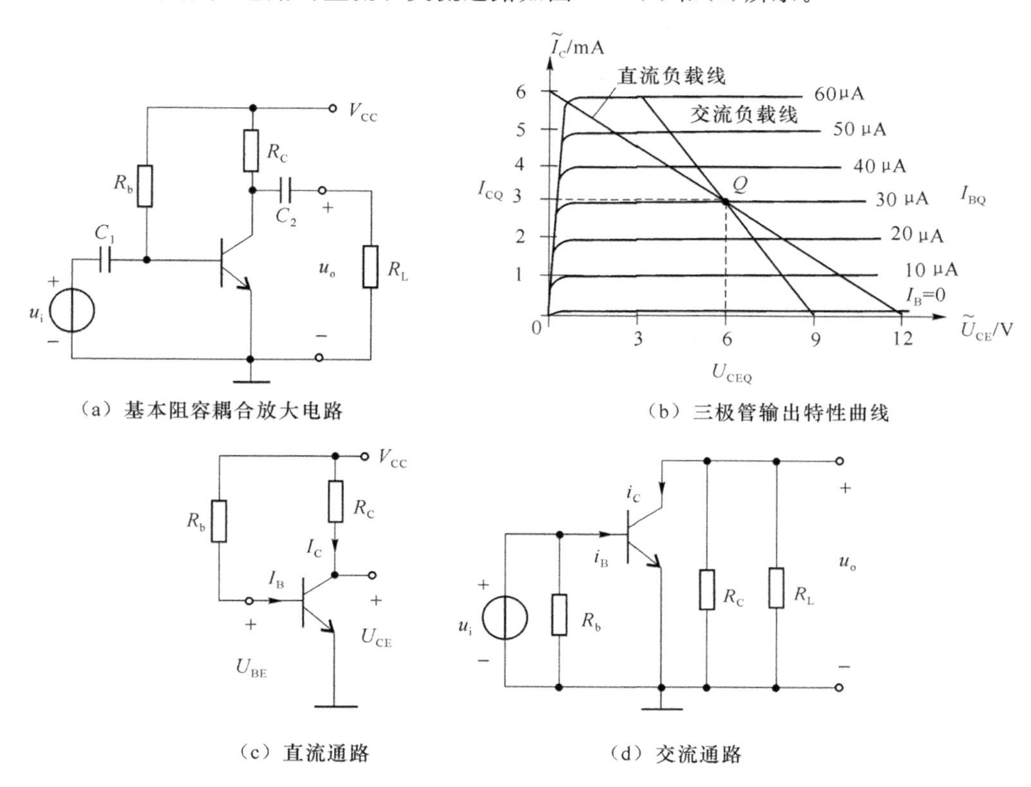

图 2-21　阻容耦合放大电路及三极管输出特性曲线

由直流通路得

$$I_{BQ}=\frac{V_{CC}-U_{BEQ}}{R_b}=\frac{V_{CC}-U_D}{R_b}=\frac{12-0.7}{377}\approx 30\ \mu A$$

$$I_{CQ}=\beta\cdot I_{BQ}=100\times 30=3\ mA$$

$$U_{CEQ}=V_{CC}-I_{CQ}R_C=12-3\times 2=6\ V$$

$U_{CEQ}=V_{CC}/2$，说明静态工作点比较合适。

直流负载线满足直线方程 $U_{CE}=V_{CC}-I_C R_C$，当 $I_C=0$ 时，$U_{CE}=V_{CC}=12$ V，当 $U_{CE}=0$ 时，$I_C=V_{CC}/R_C=6$ mA，连接这两点得到直流负载线，直流负载线及工作点 Q 如图 2-23(b)中所示。

由交流通路及式(2.7)可知，该放大电路的交流负载线满足直线方程 $\widetilde{U}_{CE}=U_{CEQ}+I_{CQ}(R_C/\!/R_L)-\widetilde{I}_C(R_C/\!/R_L)$，当 $\widetilde{I}_C=0$ 时，$\widetilde{U}_{CE}=U_{CEQ}+I_{CQ}(R_C/\!/R_L)=6+3\times 1=9$ V；当 $\widetilde{U}_{CE}=U_{CEQ}$时，$\widetilde{I}_C=I_{CQ}$，连接这两点得到交流负载线，如图 2-21(b)中所示。

例 2-3　设在图 2-19(a)所示电路中，三极管的输出特性曲线如图 2-22(a)所示，若电路中 $R_{b1}=8.3$ kΩ，$R_{b2}=1.7$ kΩ，$V_{CC}=10$ V，$R_E=500$ Ω，$R_C=2$ kΩ；三极管的导通电压 $U_D=0.7$ V，$\beta=100$。试计算静态工作点并画出直、交流负载线。

解：该放大电路的直流通路如图 2-19(b)所示，因为

$(1+\beta)R_E=101\times0.5=50.5\ \mathrm{k\Omega}\approx30R_{b2}\gg R_{b2}$，所以根据式(2.10)～(2.15)有

$$U_B=\frac{R_{b2}}{R_{b1}+R_{b2}}V_{CC}=\frac{1.7}{8.3+1.7}\times10=1.7\ \mathrm{V}$$

$$I_{CQ}\approx I_{EQ}=\frac{U_B-U_D}{R_E}=\frac{1.7-0.7}{500}=2\ \mathrm{mA}$$

$$I_{BQ}=\frac{I_{EQ}}{1+\beta}=\frac{1}{1+100}\approx20\ \mu\mathrm{A}$$

$$U_{CEQ}=V_{CC}-I_{EQ}R_E-I_{CQ}R_C\approx10-2\times(0.5+2)=5\ \mathrm{V}$$

$U_{CEQ}=V_{CC}/2$，说明静态工作点比较合适。

直流负载线直线方程 $U_{CE}=V_{CC}-I_C(R_E+R_C)$；当 $I_C=0$ 时，$U_{CE}=V_{CC}=10\ \mathrm{V}$，当 $U_{CE}=0$ 时，$I_C=V_{CC}/(R_E+R_C)=4\ \mathrm{mA}$，连接这两点得到直流负载线，直流负载线及工作点 Q 如图 2-22(a)中所示。

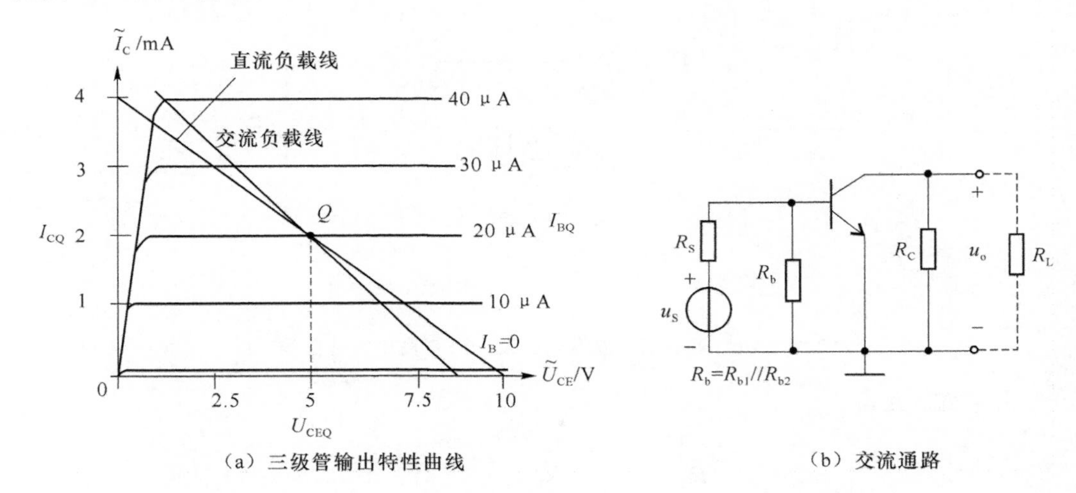

(a) 三级管输出特性曲线　　(b) 交流通路

图 2-22　图 2-19(a)电路中三极管输出特性曲线及其交流通路

该电路的交流通路如图 2-22(b)所示。由式(2.17)可知，该放大电路的交流负载线满足直线方程 $\widetilde{U}_{CE}=U_{CEQ}+I_{CQ}R_C-\widetilde{I}_CR_C$，当 $\widetilde{I}_C=0$ 时，$\widetilde{U}_{CE}=U_{CEQ}+I_{CQ}R_C=5+2\times2=9\ \mathrm{V}$；当 $\widetilde{U}_{CE}=U_{CEQ}$时，$\widetilde{I}_C=I_{CQ}$；连接这两点得到交流负载线，如图 2-22(a)所示。

例 2-4　直接耦合放大电路及三极管输出特性曲线如图 2-23 所示，当静态工作点产生如图 2-23(b)所示的变化时，试问：

(1) 当静态工作点从 Q_1 变到 Q_2、从 Q_2 变到 Q_3、从 Q_3 变到 Q_4 时，分别是由于电路的哪些参数变化引起的？是如何变化的？

(2) 当电路的静态工作点分别为 Q_1～Q_4 时，哪种情况下最易产生截止失真？哪种情况下最易产生饱和失真？哪种情况下最大不失真输出电压最大？其值约为多少？

解：(1) 因为 Q_2 与 Q_1 都在一条输出特性曲线上，并且所对应的两条负载线与横轴的交点相同，所以基极静态电流 I_B 和电源电压 V_{CC}没有变化，说明 $R_{b1}+R_{b2}$没变；由于 Q_1

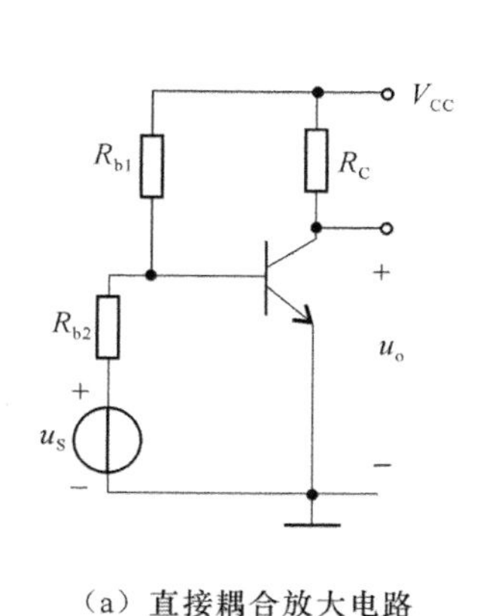

（a）直接耦合放大电路

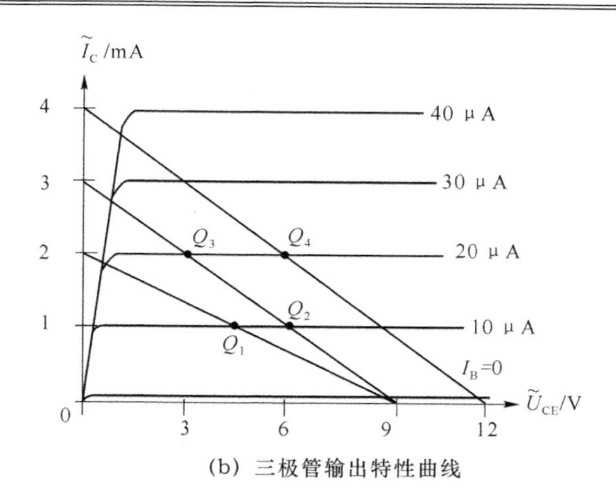

（b）三极管输出特性曲线

图 2-23　直接耦合放大电路及三极管输出特性曲线

和 Q_2 对应不同的负载线，说明 R_C 发生了变化；因为 Q_2 对应的负载线比 Q_1 对应的变陡，由负载线对应的公式得到电阻 R_C 减小。

因为 Q_2 和 Q_3 在同一条负载线上，所以 R_C 没有变化；而 Q_2 与 Q_3 在不同的输出特性曲线上，说明 R_{b1} 和 R_{b2} 发生了变化；由于 Q_3 对应的 I_{BQ} 比 Q_2 对应的大，因此从 Q_2 变到 Q_3 是 R_{b1} 减小引起的。

因为 Q_4 对应的负载线与 Q_3 对应的平行，并且向右平移，说明 R_C 没变，而是因为电源电压 V_{CC} 增大；又因为 Q_3 和 Q_4 在同一条输出特性曲线上，基极静态电流 I_{BQ} 没变，而电源电压 V_{CC} 的增大要求 R_{b1} 也增大；因此，Q_3 变到 Q_4 的原因是集电极电源 V_{CC} 和 R_{b1} 同时增大。

（2）从 Q 点在三极管输出特性曲线中的位置看出，Q_2 最靠近截止区，因而最易出现截止失真；Q_3 最靠近饱和区，因而电路最易出现饱和失真，而 Q_1 和 Q_4 在负载线中间位置，不容易出现截止或饱和失真；Q_4 距饱和区和截止区最远，所以 Q_4 对应电路的最大不失真输出电压最大，其最大不失真输出电压的峰-峰值约为 12 V。

2. 三极管共射 h 参数等效模型

对于共射放大电路，在放大电路工作于低频小信号的情况下，由于信号幅度较小，在静态工作点 Q 附近，三极管的输入、输出特性曲线都可认为是线性的，如图 2-24(a)、(b) 所示。在此前提下，将三极管看成一个线性双端口网络，以 B-E 作为输入端口，以 C-E 作为输出端口，如图 2-24(c)所示，则网络外部的端电压和电流关系就是三极管的输入特性和输出特性。利用网络的 h 参数来表示三极管的输入、输出的电压与电流的相互关系，得出等效电路，称为三极管共射 h 参数等效模型。该模型用于分析放大电路工作于低频小信号时的动态(交流)特性，如图 2-24(d)所示。

由三极管的输入特性(图 2-24(a))，B-E 极之间的交流电压 u_i 不但是基极电流 i_B 的函数，而且还与 C-E 极之间的交流输出电压 u_o 有关，其中 $\widetilde{U}_{CE1}<U_{CEQ}<\widetilde{U}_{CE2}$，但是在工作点 Q 附近，认为是线性变化的。同样，由三极管的输出特性(图 2-24(b))，集电极电流 i_C 不但是基极电流 i_B 的函数，还与 C-E 极之间的交流电压 u_o 有关，在工作点 Q 附近，认为

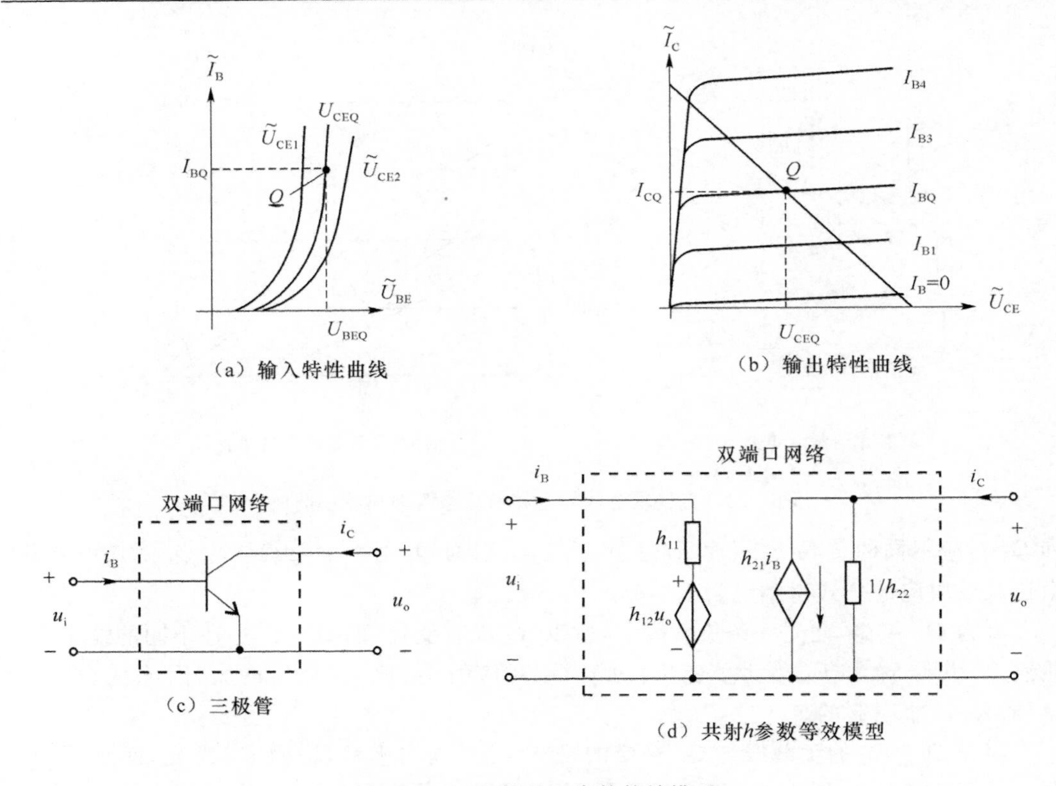

图 2-24　三极管的 h 参数等效模型

是线性的。将三极管看成一个双口网络(图 2-24(c)),在输入端口的输入电压 u_i 和在输出端口的输出电流 i_C 可表示为 i_B 和 u_o 的函数

$$u_i=f(i_B,u_o) \tag{2.18a}$$

$$i_C=f(i_B,u_o) \tag{2.18b}$$

对上面两式进行全微分,得到

$$du_i=\frac{\partial u_i}{\partial i_B}\bigg|_{Q,u_o\equiv 0}di_B+\frac{\partial u_i}{\partial u_o}\bigg|_{Q,i_B\equiv 0}du_o \tag{2.19a}$$

$$di_C=\frac{\partial i_C}{\partial i_B}\bigg|_{Q,u_o\equiv 0}di_B+\frac{\partial i_C}{\partial u_o}\bigg|_{Q,i_B\equiv 0}du_o \tag{2.19b}$$

在式(2.19a)中,$\frac{\partial u_i}{\partial i_B}\Big|_{Q,u_o\equiv 0}$ 和 $\frac{\partial u_i}{\partial u_o}\Big|_{Q,i_B\equiv 0}$ 分别表示在三极管输入特性曲线中工作点 Q 附近,交流输入电压 u_i 与 i_B 和 u_o 的相对变化量,由于考虑的是小信号,在 Q 点附近认为是线性的,线性函数的导数是常量,所以这两项是常量;同样,在式(2.19b)中,$\frac{\partial i_C}{\partial i_B}\Big|_{Q,u_o\equiv 0}$ 和 $\frac{\partial i_C}{\partial u_o}\Big|_{Q,i_B\equiv 0}$ 分别表示在三极管输出特性曲线中工作点 Q 附近,输出电流 i_C 与 i_B 和 u_o 的相对变化量,在小信号情况下,在 Q 点附近是线性的,这两项也是常量。定义

$$
\begin{cases}
h_{11}=\left.\dfrac{\partial u_{\mathrm{i}}}{\partial i_{\mathrm{B}}}\right|_{Q,u_{\mathrm{o}}=0} \\
h_{12}=\left.\dfrac{\partial u_{\mathrm{i}}}{\partial u_{\mathrm{o}}}\right|_{Q,i_{\mathrm{B}}=0} \\
h_{21}=\left.\dfrac{\partial i_{\mathrm{C}}}{\partial i_{\mathrm{B}}}\right|_{Q,u_{\mathrm{o}}=0} \\
h_{22}=\left.\dfrac{\partial i_{\mathrm{C}}}{\partial u_{\mathrm{o}}}\right|_{Q,i_{\mathrm{B}}=0}
\end{cases}
\tag{2.20}
$$

因为 h_{11}、h_{12}、h_{21} 和 h_{22} 都是常量，代入式(2.19)，积分后得到

$$u_{\mathrm{i}}=h_{11}i_{\mathrm{B}}+h_{12}u_{\mathrm{o}} \tag{2.21a}$$

$$i_{\mathrm{C}}=h_{21}i_{\mathrm{B}}+h_{22}u_{\mathrm{o}} \tag{2.21b}$$

上面两式分别表示了三极管作为二端口网络时，输入、输出端口的 h 参量表达式。式(2.21a)表明，在输入端口，输入电压 u_{i} 由两部分组成，第一项表示由 i_{B} 产生一个电压，因而 h_{11} 为一个电阻；第二项表示由 u_{o} 产生的一个电压，因而 h_{12} 无量纲；所以 B-E 极间等效成一个电阻与一个受控电压源串联。在输出端口，式(2.21b)表明了电流 i_{C} 也由两部分组成，第一项表示由 i_{B} 控制产生一个电流，所以 h_{21} 无量纲；第二项表示由 u_{o} 产生一个电流，所以 h_{22} 为电导；C-E 极之间等效成一个受控电流源与一个电阻并联。由此得到了三极管作为二端口网络 h 参数等效模型，如图 2-24(d)所示。由于式(2.20)中 4 个 h 参数的量纲不同，故称为 h(hybrid，混合)参数，由此得到的等效电路称为 h 参数等效模型。

从上面的推导过程看到，h_{11} 是当三极管的交流输出电压 $u_{\mathrm{o}}=0$，即 $\widetilde{U}_{\mathrm{CE}}=U_{\mathrm{CEQ}}$ 时，交流输入电压 u_{i} 对 i_{B} 的偏导数。从输入特性上看，就是 U_{CEQ} 对应的那条输入特性曲线在 Q 点处切线斜率的倒数(见图 2-24(a))。小信号时，h_{11} 是一个常数，表示了小信号作用下三极管 B-E 极间的在 Q 点附近的动态电阻，通常记作 r_{be}。Q 点愈高，输入特性曲线愈陡，r_{be} 的值也就愈小。

h_{21} 是当三极管的交流输出电压 $u_{\mathrm{o}}=0$，即 $\widetilde{U}_{\mathrm{CE}}=U_{\mathrm{CEQ}}$ 时，输出交流电流 i_{C} 对交流输入电流 i_{B} 的偏导数，表示了输出电流 i_{C} 与 i_{B} 的相对变化量。当小信号作用时，h_{21} 是常数，也就是三极管在 Q 点附近的电流放大倍数 β。

h_{22} 是在 Q 点三极管交流输出电流 i_{C} 对交流输出电压 u_{o} 的偏导数。从输出特性上看，h_{22} 是在 $\widetilde{I}_{\mathrm{B}}=I_{\mathrm{BQ}}(i_{\mathrm{B}}=0)$ 的那条输出特性曲线上 Q 点处的导数(见图 2-24(b))，它表示了输出特性曲线上翘的程度。由于大多数管子工作在放大区时曲线都很平，所以通常 h_{22} 的值小于 10^{-5} S。通常称 $1/h_{22}$ 为三极管 C-E 间动态电阻 r_{CE}。

3. 简化 h 参数等效模型及 r_{be} 的表达式

(1) 简化 h 参数等效模型

当三极管工作在放大区时，C-E 间电压对输入特性的影响很小，通常可以忽略不计。因此，认为 $h_{12}=0$，三极管的输入回路只等效为一个动态电阻 $r_{\mathrm{be}}(h_{11})$。同样，当三极管

工作在放大区时，C-E间电压的变化对i_C的影响也很小，即在放大区域输出特性曲线几乎是与横轴平行的，因此$h_{22}=0$，即认为三极管C-E间动态电阻r_{CE}为无穷大，三极管的输出回路只等效为一个电流i_B控制的电流源$\beta i_B(h_{21}i_B)$。如此得到简化的h参数等效模型如图2-25所示。

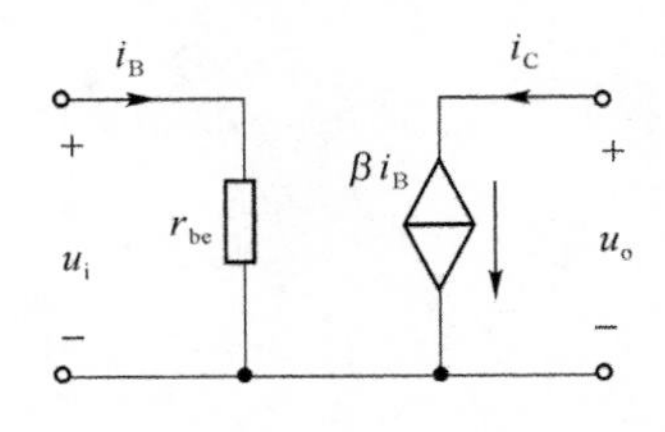

图2-25　简化h参数等效模型

应当指出，如果三极管输出回路所接负载电阻R_L与r_{CE}可比时，则在电路分析中应当考虑r_{CE}的影响。

(2) r_{be}的表达式

当三极管处于放大状态时，在Q点附近，三极管的发射结可用一个电阻来等效，其等效结构如图2-26(a)所示。从图中看到，B-E间电阻由基区体电阻$r_{bb'}$、发射结电阻$r_{b'e'}$和发射区体电阻r_e三部分组成。$r_{bb'}$和r_e与杂质浓度及制造工艺有关，由于基区很薄且多数载流子浓度很低，所以$r_{bb'}$数值较大，对于小功率管，多在几十欧到几百欧，可以通过查阅参数手册得到。由于发射区多数载流子浓度很高，所以r_e数值很小，可以忽略。因此，三极管的输入回路的等效电路如图2-26(b)所示。

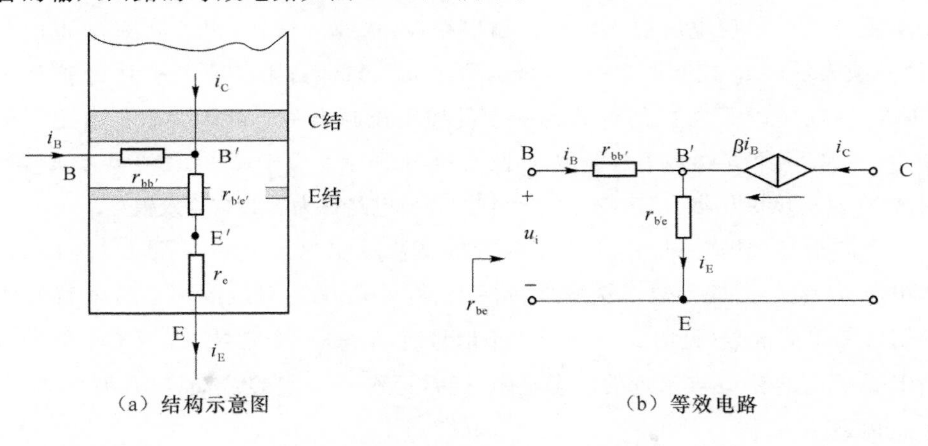

(a) 结构示意图　　(b) 等效电路

图2-26　三极管输入电阻分析

由第1章中式(1.9)得到，在常温情况下，三极管的发射结在直流工作点Q的交流等效电阻$r_{b'e}$为

$$r_{b'e}=\frac{U_T}{I_{EQ}}\approx\frac{26(\text{mV})}{I_{EQ}(\text{mA})}(\Omega) \tag{2.22}$$

由r_{be}的定义，再参考图2-26(b)得到

$$r_{be}=\frac{u_i}{i_B}=\frac{r_{bb'}i_B+r_{b'e}i_E}{i_B}=r_{bb'}+r_{b'e}\frac{i_E}{i_B} \tag{2.23}$$

因为三极管工作在放大状态，所以$i_E=(\beta+1)i_B$，由此得到r_{be}的表达式为

$$r_{be}=r_{bb'}+(1+\beta)\frac{U_T}{I_{EQ}}\text{或者 } r_{be}=r_{bb'}+\beta\frac{U_T}{I_{CQ}} \tag{2.24}$$

上式进一步表明，Q点愈高，即$I_{EQ}(I_{CQ})$愈大，r_{be}愈小。

由于在 h 参数模型中没有考虑结电容的影响，因此它只适用于中、低频信号的情况，不适用于高频情况，故 h 参数等效模型也称为三极管的低频小信号模型。

4. 动态参数分析

在对放大电路静态分析的基础之上，如果静态工作点比较合适，并且在小信号的情况下，利用三极管 h 参数等效模型，运用线性电路分析方法，可以方便地计算放大电路的电压放大倍数、输入电阻和输出电阻等参数。

在放大电路的交流通路中，用 h 参数等效模型取代三极管在电路中的位置，便可得到放大电路的 h 参数交流等效电路，简称 h 参数等效电路。

下面以图 2-27(a)所示阻容耦合共射放大电路为例，介绍利用 h 参数等效电路来分析放大电路的动态特性。

画出该电路的 h 参数等效电路如图 2-27(b)所示。

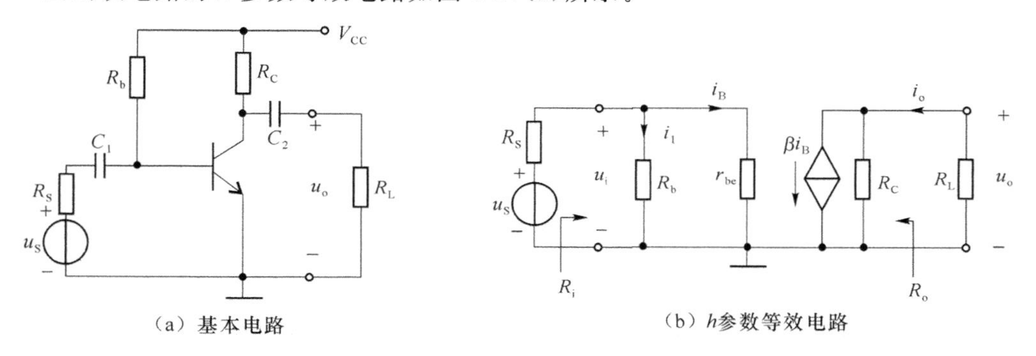

图 2-27　阻容耦合共射放大电路

(1) 电压放大倍数 A_u

电压放大倍数的定义为放大电路的交流输出电压 u_o 与输入电压 u_i 之比，即 $A_u=u_o/u_i$。

由图 2-27(b)可知，$u_i=i_B r_{be}$，$u_o=-\beta i_B(R_C /\!/ R_L)$，故电压放大倍数 A_u 的表达式为

$$A_u=\frac{u_o}{u_i}=-\frac{\beta R_C /\!/ R_L}{r_{be}} \tag{2.25}$$

(2) 源电压放大倍数 A_S

源电压放大倍数的定义为放大电路的交流输出电压 u_o 与信号源电压 u_S 之比，即

$$A_S=\frac{u_o}{u_S}$$

在图 2-27(b)的输入回路中

$$u_i=\frac{R_b /\!/ r_{be}}{R_S+R_b /\!/ r_{be}}u_S$$

所以源电压放大倍数 A_S 的表达式为

$$A_S=\frac{u_o}{u_S}=\frac{u_o}{u_i}\cdot\frac{u_i}{u_S}=-\frac{R_b /\!/ r_{be}}{R_S+R_b /\!/ r_{be}}\frac{\beta R_C /\!/ R_L}{r_{be}} \tag{2.26}$$

(3) 输入电阻 R_i

R_i 是从放大电路输入端看进去的等效电阻，如图 2-27(b)所示。

图 2-27(b)中，忽略信号源电压和电阻 R_S 的影响，在放大电路的输入端加电压 u_i，产

生电流 i_1+i_B，$i_1=u_i/R_b$，$i_B=u_i/r_{be}$，则输入电阻 R_i 为

$$R_i=\frac{u_i}{i_1+i_B}=\frac{1}{\dfrac{1}{R_b}+\dfrac{1}{r_{be}}}=R_b/\!/r_{be} \tag{2.27}$$

(4) 输出电阻 R_o

在计算放大电路的输出电阻时，首先要对输入信号源进行处理，把电压源短路、电流源开路、保留内阻。

放大电路的输出电阻 R_o 是指在负载电阻 R_L 之前看进去的等效电阻，如图 2-27(b)所示。

首先令信号源电压 $u_S\equiv 0$，在放大电路的输出端加电压 u_o，产生电流 i_o，由于输出端电压 u_o 不能作用到输入回路，所以在输入回路中 $i_B=0$，在输出回路中 $\beta i_B=0$，由此得 $i_o=u_o/R_C$。输出电阻 R_o 为

$$R_o=\frac{u_o}{i_o}=R_C \tag{2.28}$$

以上是利用 h 参数等效电路对图 2-27(a)所示放大电路动态特性分析所得的各种表达式，对于不同电路，特性表达式有所不同，应根据相应的 h 参数等效电路进行分析，不能照搬公式。

例 2-5 如图 2-27(a)所示的基本阻容耦合放大电路，设三极管发射极的导通电压 $U_D=0.7\ \text{V}$，$r_{bb'}=133\ \Omega$，$\beta=100$，$V_{CC}=12\ \text{V}$，$R_S=1.23\ \text{k}\Omega$，$R_b=377\ \text{k}\Omega$，$R_C=2\ \text{k}\Omega$，$R_L=2\ \text{k}\Omega$，各电容值足够大。

(1) 计算静态工作点；

(2) 计算电压放大倍数 A_u，源电压放大倍数 A_S，输入电阻 R_i，输出电阻 R_o。

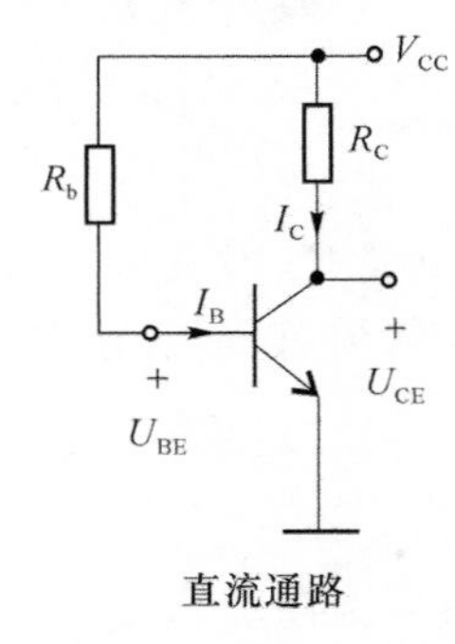

图 2-28 图 2-27(a)所示电路的直流通路

解：(1) 画出该放大电路的直流通路如图 2-28 所示。

$$I_{BQ}=\frac{V_{CC}-U_{BEQ}}{R_b}=\frac{V_{CC}-U_D}{R_b}=\frac{12-0.7}{377}\approx 30\ \mu\text{A}$$

$$I_{CQ}=\beta\cdot I_{BQ}=100\times 30=3\ \text{mA}$$

$$U_{CEQ}=V_{CC}-I_{CQ}R_C=12-3\times 2=6\ \text{V}$$

$U_{CEQ}=V_{CC}/2$，说明静态工作点比较合适。

(2) 该放大电路 h 参数等效电路如图 2-27(b)所示，先求出 r_{be}，由式(2.24)可知

$$r_{be}=r_{bb'}+\beta\frac{U_T}{I_{CQ}}=133+100\,\frac{26}{3}=1\ \text{k}\Omega$$

由式(2.25)～(2.28)得到

$$A_u=-\frac{\beta R_C/\!/R_L}{r_{be}}=-100\,\frac{2/\!/2}{1}=-100$$

$$A_S=-\frac{R_b/\!/r_{be}}{R_S+R_b/\!/r_{be}}\frac{\beta R_C/\!/R_L}{r_{be}}\approx -100\,\frac{r_{be}}{R_S+r_{be}}=-100\,\frac{1}{1+1}=-50$$

$$R_i=R_b/\!/r_{be}\approx 1\ \text{k}\Omega$$

$$R_o = R_C = 2\ \text{k}\Omega$$

例 2-6　在例 2-1 中分析了图 2-20(a)所示的直接耦合放大电路的静态特性，设 $r_{bb'}=200\ \Omega$，其他参数不变，试计算该电路的电压放大倍数 A_u，源电压放大倍数 A_S，输入电阻 R_i，输出电阻 R_o。

解：通过例 2-1 中的静态特性分析，得到该电路工作在放大状态。

画出该电路的 h 参数等效电路如图 2-29 所示，该等效电路与图 2-27(b)有相同的形式，所以式(2.25)～(2.28)可用。

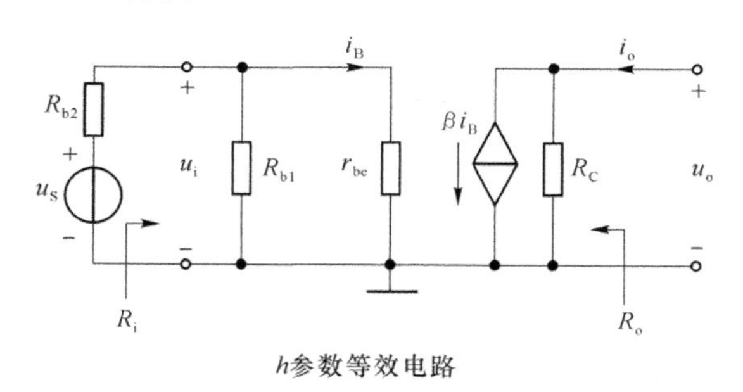

图 2-29　图 2-20(a)所示电路的 h 参数等效电路

求 r_{be}，由式(2.24)可得

$$r_{be} = r_{bb'} + \beta\frac{U_T}{I_{CQ}} = 200 + 100\ \frac{26}{2} = 1.5\ \text{k}\Omega$$

由式(2.25)～(2.28)得到

$$A_u = -\frac{\beta R_C}{r_{be}} = -100\ \frac{3}{1.5} = -200$$

$$A_S = \frac{R_{b1}/\!/r_{be}}{R_{b2}+R_{b1}/\!/r_{be}}A_u = -200\ \frac{15.69/\!/1.5}{1+15.69/\!/1.5} = -115.6$$

$$R_i = R_{b1}/\!/r_{be} = 15.69/\!/1.5 \approx 1.37\ \text{k}\Omega$$

$$R_o = R_C = 3\ \text{k}\Omega$$

2.4　共集放大电路

从共射放大电路的分析中可以看到，当三极管在交流输入信号整个周期内都工作在放大状态时，放大电路基本保持着输出电流、电压分别与输入电流和电压的线性关系，并且适当地选择电路参数，可以在负载电阻上同时获得比输入电流和电压都大的输出电流和电压。由此，共射放大电路实现了电流放大又可以实现电压放大。同时可以看到，所谓的共射是因为三极管的发射极作为输入和输出回路的公共端。如果以三极管的集电极作为输入和输出回路公共端的放大电路，称为共集电极放大电路，简称共集放大电路。

1. 电路组成

基本共集放大电路如图 2-30(a)所示。其直流通路和交流通路分别如图 2-30(b)和(c)所示。在共集放大电路中，三极管的集电极与电源 V_{CC} 直接相连，因为电源对于交流信号来说是短路的，所以在交流通路中，集电极接地（图 2-30(c)）；交流输入加在基极，从发射极得到交流输出电压 u_o。从交流通路可以明显地看出，三极管的集电极是输入回路和输出回路的公共端，故称之为共集放大电路。因为交流输出电压 u_o 是从发射极输出的，通常也称共集放大电路为射极输出器、射极跟随器（简称：射随）。

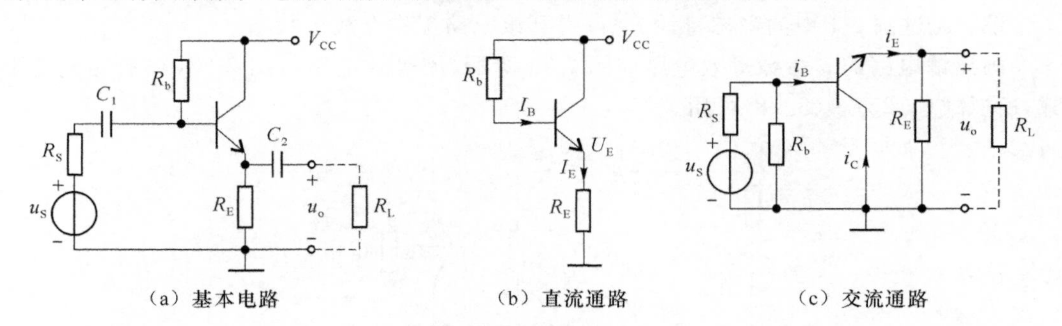

图 2-30　共集放大电路

2. 静态特性分析

在图 2-30(b)直流通路中，三极管发射极电压 U_E 为

$$U_E = I_E R_E = (1+\beta) I_B R_E \tag{2.29}$$

考虑到共集放大电路也必须工作在放大状态，通常设 U_{BEQ} 等于三极管的导通电压 U_D，由电路回路方程

$$I_{BQ} R_b = V_{CC} - U_{BEQ} - U_E = V_{CC} - U_D - (1+\beta) I_{BQ} R_E \tag{2.30}$$

所以基极电流 I_{BQ} 为

$$I_{BQ} = \frac{V_{CC} - U_D}{R_b + (1+\beta) R_E} \tag{2.31}$$

发射极电流 I_{EQ} 为

$$I_{EQ} = (1+\beta) I_{BQ} \tag{2.32}$$

三极管 C-E 间电压 U_{CEQ} 为

$$U_{CEQ} = V_{CC} - I_{EQ} R_E \tag{2.33}$$

从而，确定了该放大电路的静态工作点。

3. 动态特性分析

对于共集放大电路，工作于低频大信号情况时，可采用本章第三节中的图解法；当工作于小信号时，可采用等效电路的方法进行分析。

在图 2-30(c)所示的交流通路中，用其 h 参数等效模型取代图中三极管的位置，得到图 2-30(a)所示的共集放大电路所对应的 h 参数等效电路，如图 2-31 所示。

(1) 电压放大倍数 A_u

由图 2-31 可知，$u_o = (1+\beta) i_B R_E$，$u_i = i_B r_{be} + u_o = i_B r_{be} + (1+\beta) i_B R_E$，故电压放大倍数 A_u 的表达式为

$$A_u = \frac{u_o}{u_i} = \frac{(1+\beta) R_E}{r_{be} + (1+\beta) R_E} \tag{2.34}$$

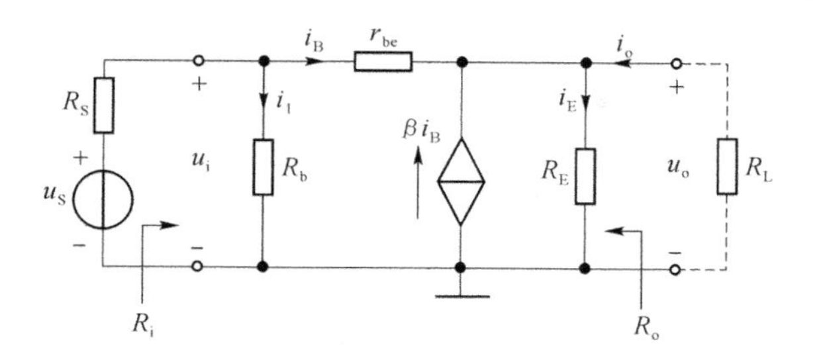

图 2-31　共集 h 参数等效电路

上式表明，A_u 大于 0 且小于 1，即 u_o 与 u_i 同相，且 $u_o < u_i$。当$(1+\beta)R_E >> r_{be}$时，$A_u \approx 1$，即 $u_o \approx u_i$，这也是常称共集放大电路为射极跟随器（射随）的原因。虽然$A_u<1$，电路无电压放大能力，但是输出电流 i_E 远大于输入电流 i_B，所以电路仍有功率放大作用。

（2）输入电阻 R_i

如图 2-31 所示，忽略信号源电压和电阻 R_S，在放大电路的输入端加电压 u_i，产生电流 i_1+i_B，$i_1=u_i/R_b$，$u_i=i_B r_{be}+(1+\beta)i_B R_E$，则输入电阻 R_i 为

$$R_i = R_b // (r_{be}+(1+\beta)R_E) \tag{2.35}$$

由上式可见，由于发射极电阻 R_E 的存在，使共集放大电路的输入电阻大为增加。共集放大电路的输入电阻可达几十千欧到几百千欧。

（3）输出电阻 R_o

在图 2-31 中，令信号源电压 $u_S \equiv 0$，在放大电路的输出端加电压 u_o，产生电流 i_o，由于输出端电压 u_o 能够作用到输入回路，所以在输入回路中 $i_B=-u_o/(r_{be}+R_b // R_S)$，由此 $i_o=i_E-(1+\beta)i_B=u_o/R_E+u_o(1+\beta)/(r_{be}+R_b // R_S)$。输出电阻 R_o 为

$$R_o=\frac{u_o}{i_o}=R_E // \left(\frac{r_{be}+R_b // R_S}{1+\beta}\right) \tag{2.36}$$

可见，共集放大电路的输出电阻 R_o 是射极电阻 R_E 与基极回路电阻 R_b 等的 $1/(1+\beta)$相并，使 R_o 很小。通常情况下，R_o 可小到几十欧以下。

因为共集放大电路输入电阻大、输出电阻小，因而从信号源索取的电流小而且带负载能力强，所以常用于多级放大电路的输入级和输出级；即使是在大规模集成电路应用日趋广泛的今天，共集放大电路也多用来连接上下两级电路，以减少电路间直接相连所带来的影响，起缓冲作用。

例 2-7　在图 2-30(a)所示电路中，$V_{CC}=12$ V，$R_S=1$ kΩ，$R_b=265$ kΩ，$R_E=3$ kΩ；三极管的导通电压 $U_D=0.7$ V，$r_{bb'}=200$ Ω，$\beta=99$。试计算静态工作点、A_u、R_i 和 R_o。

解： 由式(2.31)～(2.33)可得

$$I_{BQ}=\frac{V_{CC}-U_D}{R_b+(1+\beta)R_E}=\frac{12-0.7}{265+100\times 3}=20\ \mu\text{A}$$

$$I_{EQ}=(1+\beta)I_{BQ}=100\times 20=2\ \text{mA}$$

$$U_{CEQ}=V_{CC}-I_{EQ}R_E=12-2\times 3=6\ \text{V}$$

$U_{CEQ}=V_{CC}/2$，说明静态工作点比较合适。

由式(2.24)得

$$r_{be}=r_{bb'}+(1+\beta)\frac{U_T}{I_{EQ}}=200+100\ \frac{26}{2}=1.5\ \text{k}\Omega$$

由式(2.34)～(2.36)得

$$A_u=\frac{u_o}{u_i}=\frac{(1+\beta)R_E}{r_{be}+(1+\beta)R_E}=\frac{100\times 3}{1.5+100\times 3}=0.995$$

$$R_i=R_b\,/\!/\,(r_{be}+(1+\beta)R_E)=265\,/\!/\,(1.5+100\times 3)\approx 141\ \text{k}\Omega$$

$$R_o=\frac{u_o}{i_o}=R_E\,/\!/\left(\frac{r_{be}+R_b\,/\!/\,R_S}{1+\beta}\right)=3\,/\!/\left(\frac{1.5+265\,/\!/\,1}{100}\right)=3\,/\!/\,0.025\approx 25\ \Omega$$

2.5　共基放大电路

1. 电路组成

图 2-32(a)所示为基本共基放大电路，其直流通路和交流通路分别如图(b)和(c)所示。在共基放大电路中，三极管的基极接地，电源 V_{CC} 和 $-V_{EE}$ 提供直流电压，使三极管工作在放大状态。交流输入 u_i 加在发射极，从集电极得到交流输出电压 u_o。从交流通路可以明显地看出，三极管的基极是输入回路和输出回路的公共端，故称之为共基(极)放大电路。

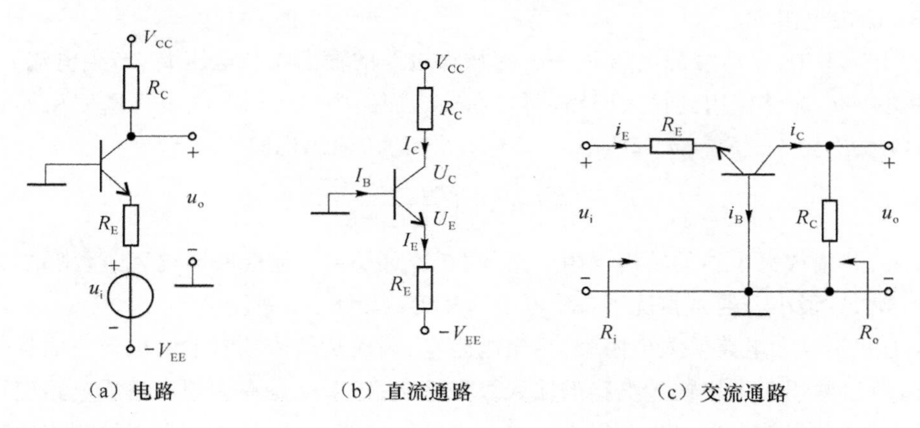

(a) 电路　　(b) 直流通路　　(c) 交流通路

图 2-32　共基放大电路

2. 静态特性分析

在图 2-32(b)直流通路中，基极接地，发射极接有负电源，根据电路回路方程，并考虑到共基放大电路工作在放大状态，通常设 U_{BEQ} 等于三极管的导通电压 U_D，得到方程式

$$0=U_{BEQ}+I_{EQ}R_E+(-V_{EE})=U_D+I_{EQ}R_E-V_{EE} \tag{2.37}$$

发射极电流 I_{EQ} 为

$$I_{EQ}=\frac{V_{EE}-U_D}{R_E} \tag{2.38}$$

集电极电流 I_{CQ} 为

$$I_{CQ}=\alpha \cdot I_{EQ} \approx I_{EQ} \tag{2.39}$$

基极电流 I_{BQ} 为

$$I_{BQ}=\frac{I_{EQ}}{1+\beta} \tag{2.40}$$

三极管发射极电压 U_{EQ} 为

$$U_{EQ}=-U_{D}=-0.7\ \text{V} \tag{2.41}$$

三极管集电极电压 U_{CQ} 为

$$U_{CQ}=V_{CC}-I_{CQ}R_{C} \tag{2.42}$$

三极管 C-E 间电压 U_{CEQ} 为

$$U_{CEQ}=U_{CQ}-U_{EQ}=V_{CC}+0.7-I_{CQ}R_{C} \tag{2.43}$$

从而,确定了该放大电路的静态工作点。

3. 动态特性分析

用三极管的 h 参数等效模型取代图 2-32(c)所示交流通路中的三极管,得到基本共基放大电路的 h 参数等效电路,如图 2-33 所示。

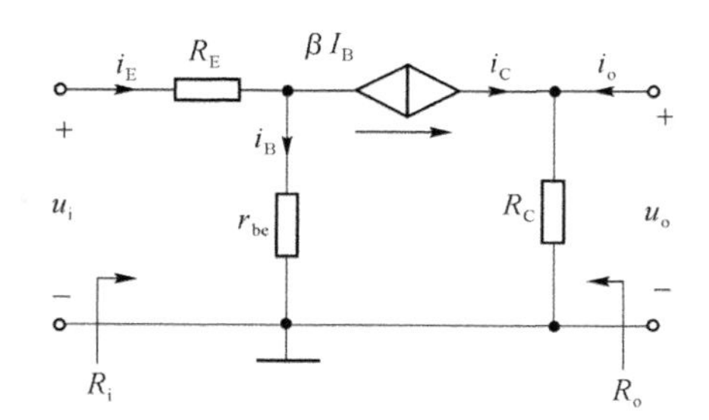

图 2-33　共基 h 参数等效电路

(1) 电压放大倍数 A_u

由图 2-33 可知,$u_o=i_CR_C=\beta i_BR_C$,$u_i=i_Br_{be}+i_ER_E=i_Br_{be}+(1+\beta)i_BR_E$,故电压放大倍数 A_u 的表达式为

$$A_u=\frac{u_o}{u_i}=\frac{\beta R_C}{r_{be}+(1+\beta)R_E} \tag{2.44}$$

适当地选择电路参数,可以使 $A_u>1$,即 u_o 与 u_i 同相。由于 $i_C<i_E$,所以共基放大电路无电流放大能力。

(2) 输入电阻 R_i

在放大电路的输入端加电压 u_i,产生电流 i_E,$u_i=i_Br_{be}+i_ER_E=i_Er_{be}/(1+\beta)+i_ER_E$,则输入电阻 R_i 为

$$R_i=R_E+\frac{r_{be}}{1+\beta} \tag{2.45}$$

(3) 输出电阻 R_o

在图 2-32 中,令输入电压 $u_i\equiv0$,在放大电路的输出端加电压 u_o,产生电流 i_o,由于输

出端电压 u_o 不能作用到输入回路，$i_B=0$，$\beta i_B=0$，输出电阻 R_o 为

$$R_o = R_C \tag{2.46}$$

共基放大电路的最大优点是通频带较宽，因而常用于无线电通信等系统中。

例 2-8 在图 2-32(a)所示电路中，$V_{CC}=12\ V$，$V_{EE}=1\ V$，$R_E=150\ \Omega$，$R_C=3\ k\Omega$，$r_{be}=1.5\ k\Omega$，$\beta=100$。试计算静态工作点及 A_u、R_i 和 R_o。

解： 由式(2.38)～(2.43)可得

$$I_{CQ} \approx I_{EQ} = \frac{V_{EE}-U_D}{R_E} = \frac{1-0.7}{150} = 2\ mA$$

$$I_{BQ} = \frac{I_{EQ}}{1+\beta} \approx 20\ \mu A$$

$$U_{CEQ} = V_{CC} + 0.7 - I_{CQ}R_C = 12 + 0.7 - 2\times 3 = 6.7\ V$$

因为基极接地，U_{CEQ} 在 $V_{CC}/2$ 附近，说明静态工作点比较合适。

由式(2.45)～(2.47)可得

$$A_u = \frac{u_o}{u_i} = \frac{\beta R_C}{r_{be}+(1+\beta)R_E} = \frac{100\times 3}{1.5+101\times 0.15} \approx 18$$

$$R_i = r_{be}/(1+\beta) + R_E = 1.5/101 + 0.15 \approx 165\ \Omega$$

$$R_o = R_C = 3\ k\Omega$$

4. 三种基本电路比较

在三极管单管放大电路中，根据三极管在电路中的连接方式不同，有共射、共集、共基三种基本放大电路，其特点也不尽相同。由于篇幅和学时的限制，在这里只给出结论。

共射电路既有电流放大能力，又有电压放大能力；输入电阻在三种电路中居中，输出电阻较大，频带较窄。常作为低频电压放大电路的单元电路。

共集电路只能放大电流，不能放大电压；在三种基本电路中，输入电阻最大、输出电阻最小，并具有电压跟随的特点。常用于电压放大电路的输入级和输出级，在功率放大电路中也常采用射极输出的形式。

共基电路只能做电压放大，不能放大电流；输入电阻小，电压放大倍数和输出电阻与共射电路相当；频率特性是三种接法中最好的电路。常用于宽频带放大电路。

思考题与习题

2.1 什么是放大？电子电路中为什么要放大？

2.2 什么是共射、共基、共集放大电路？它们之间有何不同？

2.3 什么是直流通路？什么是交流通路？两者有何区别？

2.4 什么是放大电路的图解分析法？什么是等效电路分析法？它们各适用何种情况？

2.5 放大电路的分析原则是什么？为什么必须先分析放大电路的静态工作特性？

2.6　放大电路为什么要设置静态工作点？它对放大电路的特性有何影响？

2.7　什么是直流负载线？什么是交流负载线？两者有何区别？

2.8　什么是直接耦合放大电路？什么是阻容耦合放大电路？它们各有什么特点？

2.9　什么是截止失真？什么是饱和失真？主要原因是什么？

2.10　如图 P2-1(a)所示电路(β 值、各电容足够大)，当 $R_{b1}=15.6\ \text{k}\Omega$、$R_{b2}=5\ \text{k}\Omega$、$R_{b3}=3.4\ \text{k}\Omega$、$R_E=500\ \Omega$、$R_C=2.5\ \text{k}\Omega$ 时，其工作点如图 P2-1(b)中 Q_1 所示，如何调整 R_{b1} 和 R_C 使工作点由 Q_1 变到 Q_2，调整后的 R_{b1} 和 R_C 各为多少？

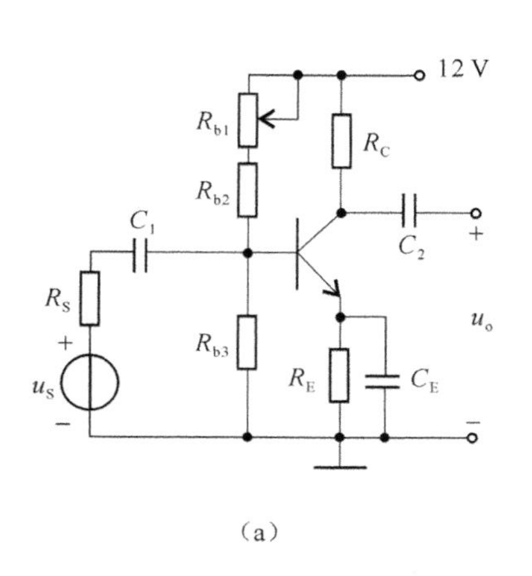

(a)

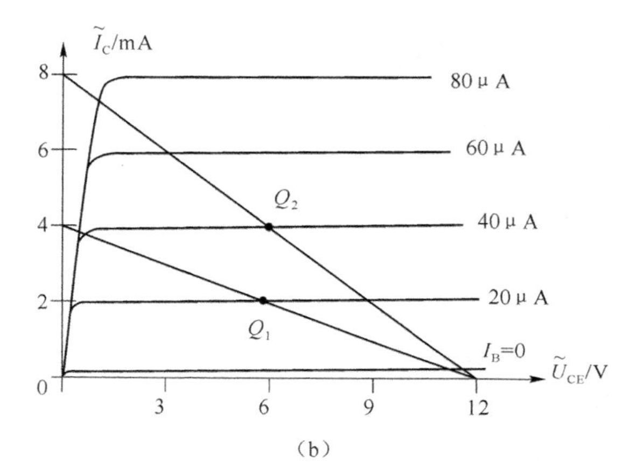

(b)

图 P2-1

2.11　基本阻容耦合放大电路及三极管输出特性曲线如图 P2-2 所示，三极管发射极的导通电压 $U_D=0.7\ \text{V}$，$\beta=100$，$V_{CC}=12\ \text{V}$，$R_b=282\ \text{k}\Omega$，$R_C=R_L=1.5\ \text{k}\Omega$，各电容值足够大，试计算工作点，画出直、交流负载线。

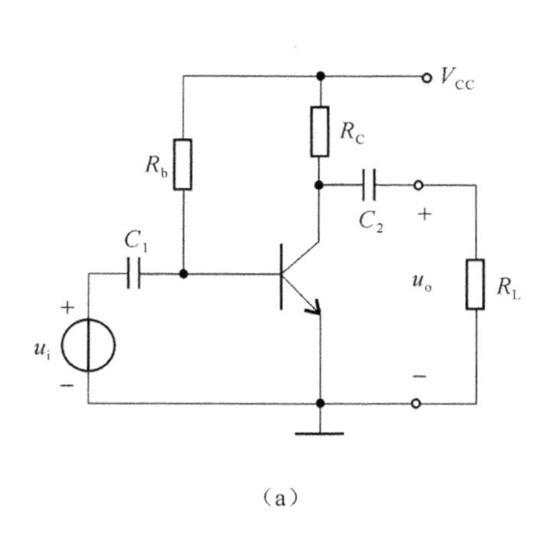

(a)

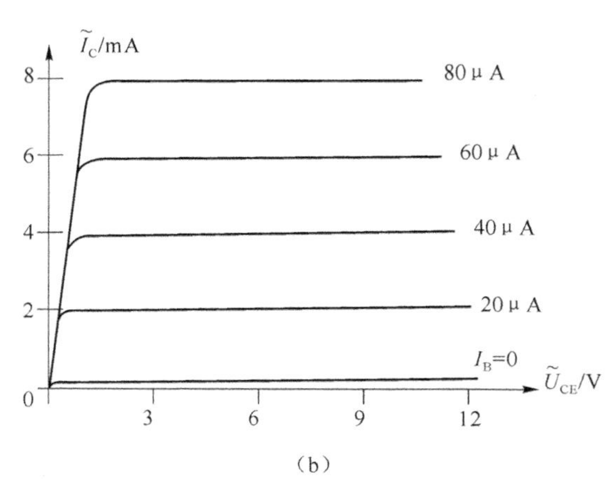

(b)

图 P2-2

2.12　如图 P2-3(a)所示的电路，试问：

(1) 如果观测到的输出电压波形如图 P2-3(b)所示，则该失真为何种失真？主要由何种原因造成的？如何通过调整 R_{b1} 来解决？

（2）如果观测到的输出电压波形如图 P2-3(c)所示，则该失真为何种失真？主要由何种原因造成的？如何通过调整 R_{b1} 来解决？

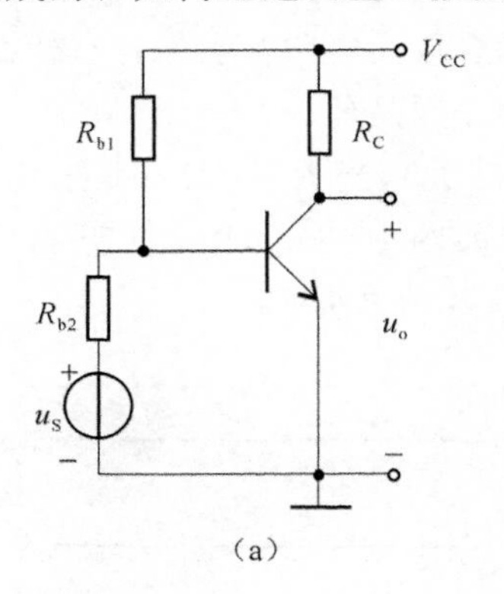

(a)

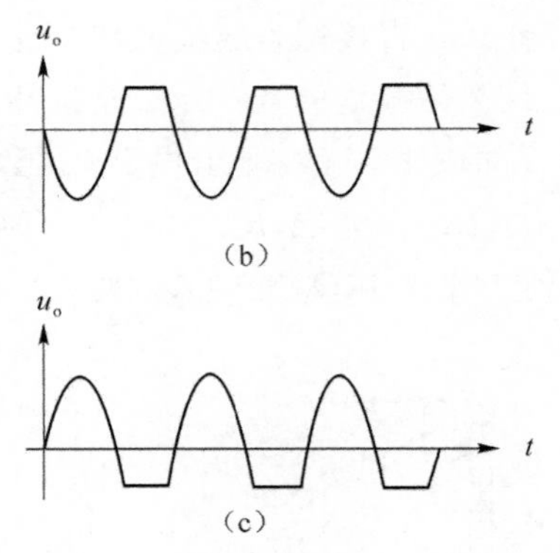

(c)

图 P2-3

2.13 设如图 P2-4(a)所示的放大电路，$R_b=200\ k\Omega$，$R_C=2\ k\Omega$，$U_D=0.7\ V$，$\beta=100$，$V_{CC}=12\ V$，$V_{BB}=2.7\ V$，各电容值足够大，输入、输出特性曲线分别如图 P2-4(c)、(d)所示。

（1）计算静态工作点，画出负载线；

（2）画出交流通路；

（3）设输入电压 u_i 如图 P2-4(b)所示，试用图解法画出输出 u_o 的波形；

（4）输出主要产生何种失真，如何改善？

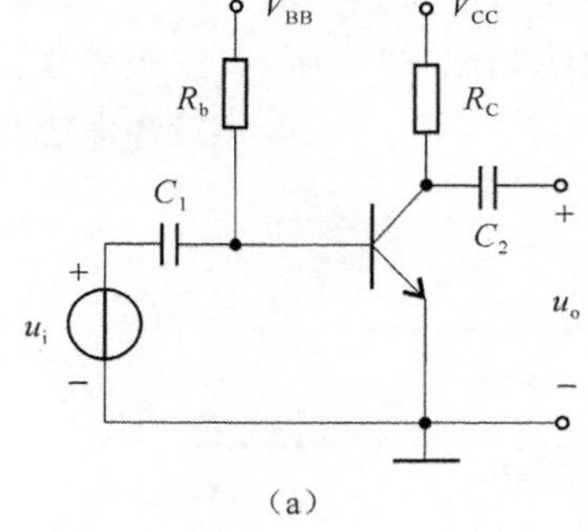

(a)

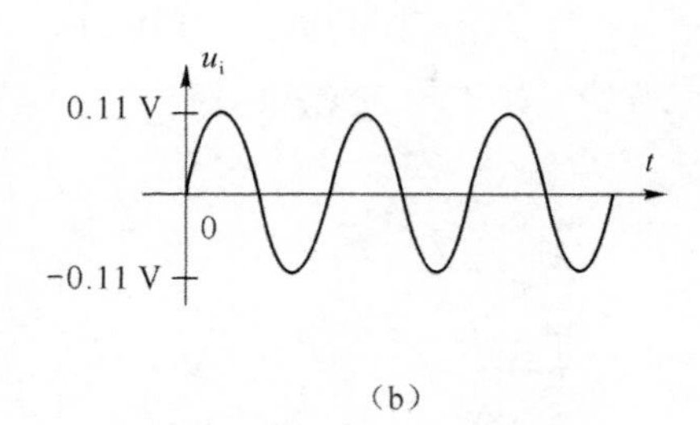

(b)

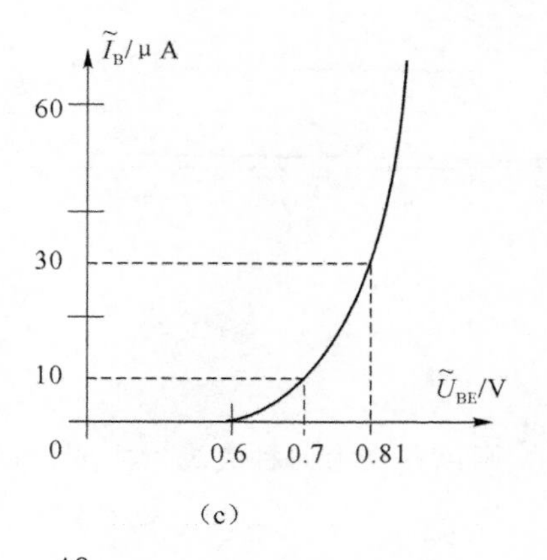

(c)

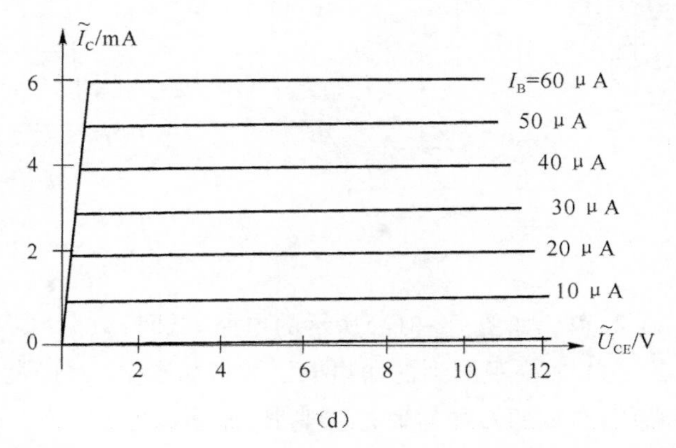

(d)

图 P2-4

2.14　设在图 P2-5(a)所示电路中，三极管的输出特性曲线如图 P2-5(b)所示，$R_S=500\ \Omega$，$R_{b1}=9.3\ k\Omega$，$R_{b2}=2.7\ k\Omega$，$V_{CC}=12\ V$，$R_{E1}=100\ \Omega$，$R_E=400\ \Omega$，$R_C=1.5\ k\Omega$；三极管的导通电压 $U_D=0.7\ V$、$\beta=100$、$R_{bb'}=100\ \Omega$。

(1) 计算静态工作点，画出直、交流负载线；

(2) 画出该电路的 h 参数等效电路；

(3) 计算电压放大倍数 A_u，源电压放大倍数 A_S，输入电阻 R_i，输出电阻 R_o。

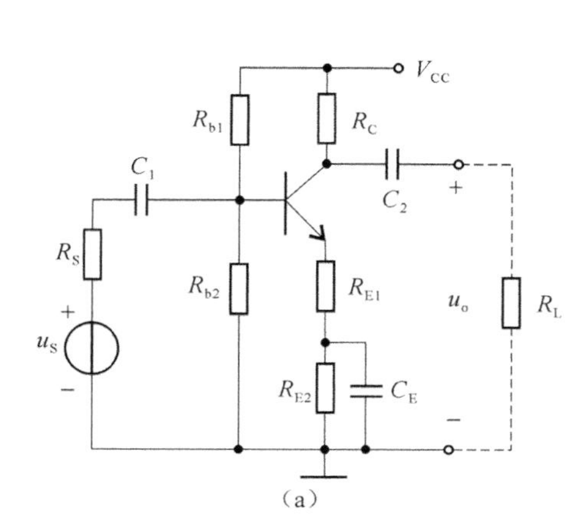

(a)

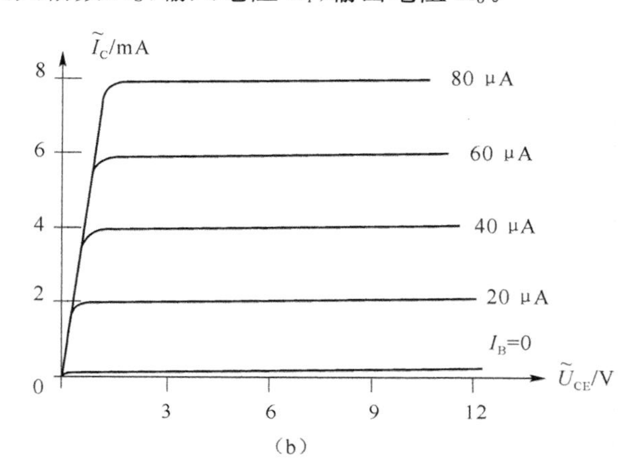

(b)

图 P2-5

2.15　在图 P2-6 所示的直接耦合放大电路中，三极管发射极的导通电压 $U_D=0.7\ V$，$\beta=100$，$R_{bb'}=100\ \Omega$，$V_{CC}=12\ V$，$R_{b1}=15.91\ k\Omega$，$R_{b2}=1\ k\Omega$，$R_C=4\ k\Omega$，$R_L=12\ k\Omega$。

(1) 计算静态工作点；

(2) 画出该电路的 h 参数等效电路；

(3) 计算源电压放大倍数 A_{uS}，输入电阻 R_i，输出电阻 R_o。

2.16　在图 P2-7 所示的直接耦合共集放大电路中，三极管发射极的导通电压 $U_D=0.7\ V$、$\beta=99$，$R_{bb'}=100\ \Omega$，$V_{CC}=12\ V$，$R_{b1}=4\ k\Omega$，$R_{b2}=5\ k\Omega$，$R_E=100\ \Omega$，$R_L=1.4\ k\Omega$。

(1) 计算静态工作点；

(2) 画出该电路的 h 参数等效电路；

(3) 计算源电压放大倍数 A_{u_S}，输入电阻 R_i，输出电阻 R_o。

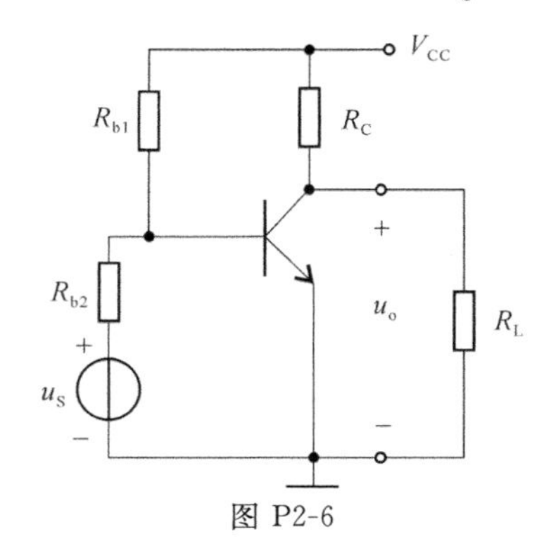

图 P2-6

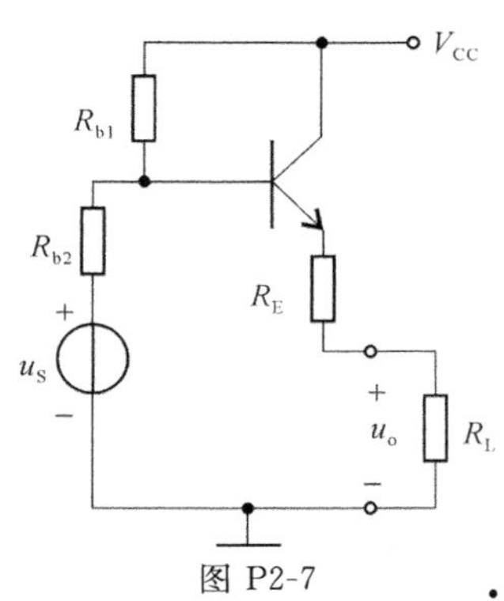

图 P2-7

2.17 在图 P2-8 所示的阻容耦合共集放大电路中，$V_{CC}=12\ \text{V}$，$R_S=1\ \text{k}\Omega$，$R_b=530\ \text{k}\Omega$，$R_E=R_L=6\ \text{k}\Omega$；三极管的导通电压 $U_D=0.7\ \text{V}$，$r_{bb'}=400\ \Omega$，$\beta=99$。

（1）计算静态工作点；

（2）画出该电路的 h 参数等效电路；

（3）计算电压放大倍数 A_u，源电压放大倍数 A_S，输入电阻 R_i，输出电阻 R_o。

2.18 在图 P2-9 所示的共基放大电路中，$V_{CC}=12\ \text{V}$，稳压管 D_1 的稳压值 $U_{Z1}=3\ \text{V}$，D_1 的稳压值 $U_{Z2}=3.9\ \text{V}$，设稳压管的交流等效电阻为 0，$R_E=200\ \Omega$，$R_C=3\ \text{k}\Omega$，$r_{be}=1.3\ \text{k}\Omega$，$\beta=100$。

（1）计算静态工作点；

（2）画出该电路的 h 参数等效电路；

（3）计算电压放大倍数 A_u，输入电阻 R_i，输出电阻 R_o。

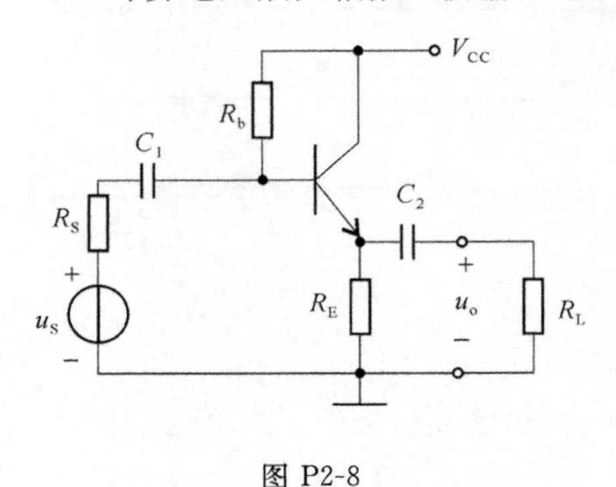

图 P2-8

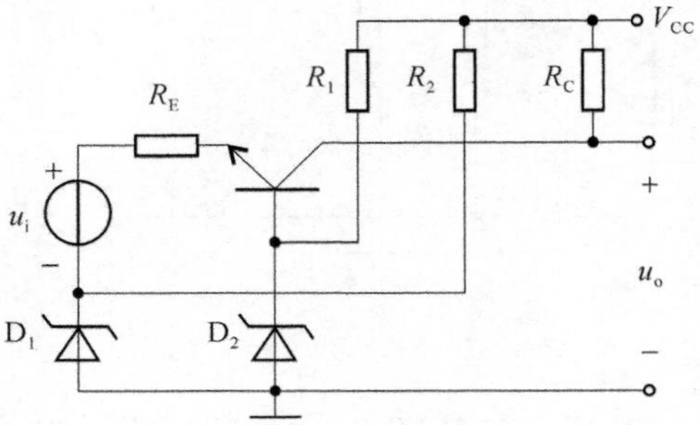

图 P2-9

第 3 章　放大电路的频率特性分析

3.1　频率特性分析基础

在放大电路中，由于电抗元件（如电容、电感等）以及三极管极间电容的存在，在输入信号的频率过低或过高时，不但放大倍数会下降，使输出幅度减低，而且还会使输出信号产生比输入信号超前或滞后的相移；只有在适当的频率范围内，即通常所说的“中频”段内，可以认为放大电路的特性与频率无关。

放大电路的放大倍数随着工作频率变化的特性，称为放大电路的频率特性（或频率响应）。放大电路的频率特性通常用“通频带”来描述，任何一个放大电路都有一个相应的通频带。在设计电路时，要了解信号的频率范围，以便使所设计的电路具有适应于该频率信号的通频带。

1. 低通电路

低通电路如图 3-1(a)所示。在该电路中，当输入信号频率很低时，电容 C 的容抗很大，输出信号与输入信号近似相等；随着输入信号的频率升高，电容 C 的容抗减小，输出信号的幅度开始降低，当频率 $f\to\infty$ 时，电容 C 短路，输出近似为 0。所以该电路低频信号能通过，高频信号得不到输出，因此称其为低通电路。

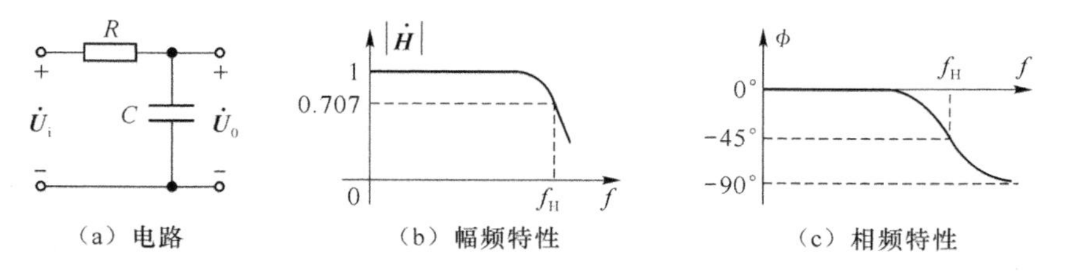

图 3-1　低通电路及频率特性曲线

分析带有电抗元件电路频率特性的常用方法是采用傅氏变换或拉氏变换来计算传递函数。

对于低通电路，传递函数为

$$\dot{H}(\mathrm{j}\omega)=\frac{\dot{U}_{\mathrm{o}}}{\dot{U}_{\mathrm{i}}}=\frac{\frac{1}{\mathrm{j}\omega C}}{R+\frac{1}{\mathrm{j}\omega C}}=\frac{1}{1+\mathrm{j}\omega RC} \tag{3.1}$$

定义电路的时间常数 $\tau=RC$,令 $\omega_{\mathrm{H}}=1/\tau$,则

$$f_{\mathrm{H}}=\frac{\omega_{\mathrm{H}}}{2\pi}=\frac{1}{2\pi\tau}=\frac{1}{2\pi RC} \tag{3.2}$$

称 f_{H} 为低通电路的上截止频率。将式(3.2)代入式(3.1),得到

$$\dot{H}(\mathrm{j}f)=\frac{1}{1+\mathrm{j}\frac{f}{f_{\mathrm{H}}}} \tag{3.3}$$

$\dot{H}(\mathrm{j}f)$的幅值和相角可表示为

$$|\dot{H}|=\frac{1}{\sqrt{1+\frac{f^2}{f_{\mathrm{H}}^2}}} \tag{3.4a}$$

$$\phi=-\arctan\frac{f}{f_{\mathrm{H}}} \tag{3.4b}$$

式(3.4a)和(3.4b)分别是 $\dot{H}(\mathrm{j}f)$的幅频特性和相频特性表达式,图 3-1(b)和(c)是其对应的特性曲线。当信号频率 $f=f_{\mathrm{H}}$ 时,幅值$|\dot{H}|\approx0.707$,相角 $\phi=-45°$;当 $f\ll f_{\mathrm{H}}$ 时,$|\dot{H}|\approx1,\phi=0°$;当 $f\gg f_{\mathrm{H}}$ 时,$|\dot{H}|\approx f_{\mathrm{H}}/f$;$f$ 每升高 10 倍,$|\dot{H}|$降低 10 倍;当 $f\to\infty$时,$|\dot{H}|\to0,\phi\to-90°$。

2. 高通电路

高通电路如图 3-2(a)所示。在该电路中,当输入信号频率很低时,电容 C 的容抗很大,输出近似为 0;随着输入信号的频率升高,电容 C 的容抗减小,输出信号的幅度开始升高,当频率 $f\to\infty$时,电容 C 短路,输出信号与输入信号近似相等。所以该电路高频信号能通过,低频信号不能通过,因此称其为高通电路。

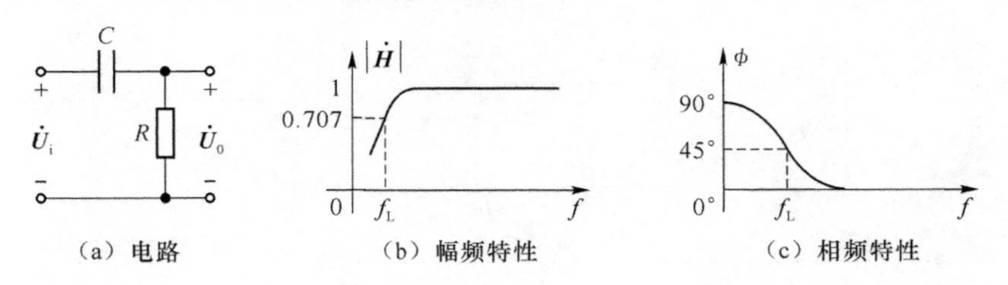

图 3-2 高通电路及频率特性曲线

对于高通电路,传递函数为

$$\dot{H}(\mathrm{j}\omega)=\frac{\dot{U}_{\mathrm{o}}}{\dot{U}_{\mathrm{i}}}=\frac{R}{R+\frac{1}{\mathrm{j}\omega C}}=\frac{\mathrm{j}\omega RC}{1+\mathrm{j}\omega RC} \tag{3.5}$$

与低通电路相同，电路的时间常数 $\tau=RC$，令 $\omega_L=1/\tau$，则

$$f_L=\frac{\omega_L}{2\pi}=\frac{1}{2\pi\tau}=\frac{1}{2\pi RC} \tag{3.6}$$

称 f_L 为高通电路的下截止频率。将式(3.6)代入式(3.5)，得到

$$\dot{H}(jf)=\frac{j\frac{f}{f_L}}{1+j\frac{f}{f_L}} \tag{3.7}$$

$\dot{H}(jf)$ 的幅值和相角可表示为

$$|\dot{H}|=\frac{\frac{f}{f_L}}{\sqrt{1+\frac{f^2}{f_L^2}}} \tag{3.8a}$$

$$\phi=90^\circ-\arctan\frac{f}{f_L} \tag{3.8b}$$

式(3.8a)和(3.8b)分别是 $\dot{H}(jf)$ 的幅频特性和相频特性表达式，图 3-2(b)和(c)是其对应的特性曲线。当信号频率 $f=f_L$ 时，幅值 $|\dot{H}|\approx0.707$，相角 $\phi=45^\circ$；当 $f\gg f_L$ 时，$|\dot{H}|\approx1$，$\phi=0^\circ$；当 $f\ll f_L$ 时，$|\dot{H}|\approx f/f_L$；f 每升高 10 倍，$|\dot{H}|$ 升高 10 倍；当 $f\to0$ 时，$|\dot{H}|\to0$，$\phi\to90^\circ$。

对于放大电路，其上截止频率 f_H 与下截止频率 f_L 之差即是它的通频带 B_W，即

$$B_W=f_H-f_L \tag{3.9}$$

当放大电路的工作频率 f 满足 $f_L\ll f\ll f_H$ 时，即所谓的中频段，认为放大电路的特性与频率无关。

3. 波特图

在研究电路的频率特性时，采用对数坐标系画出电路的幅频特性曲线和相频特性曲线，称之为波特图。

(1) 低通电路频率特性的波特图

对低通电路的幅频特性表达式(3.4a)取以 10 为底的对数，得到

$$20\lg|\dot{H}|=-20\lg\sqrt{1+\frac{f^2}{f_H^2}}\quad(\text{dB}) \tag{3.10}$$

$20\lg|\dot{H}|$ 称为 $\dot{H}(jf)$ 的对数幅频特性，单位为分贝(dB)，与之相对应的是对数相频特性。

在低通电路的对数幅频特性和对数相频特性中，当 $f=f_H$ 时，$20\lg|\dot{H}|=-20\lg\sqrt{2}\approx-3$ dB，$\phi=-45^\circ$；当 $f\ll f_H$ 时，$20\lg|\dot{H}|\approx0$，$\phi=0^\circ$；当 $f\gg f_H$ 时，$20\lg|\dot{H}|\approx20\lg f_H-20\lg f$，此时，$20\lg|\dot{H}|$ 与 $20\lg f$ 近似为直线，斜率是 -20 dB/十倍频，即频率 f

每升高 10 倍，$20\lg|\dot{H}|$下降 20 dB。

为了简单、直观，在电路的近似分析中，将波特图的曲线折线化，称为近似波特图。在低通电路的近似波特图中，幅频特性曲线以上截止频率 f_H 为拐点，由两段直线近似曲线，当 $f<f_H$ 时，$20\lg|\dot{H}|\approx 0$；当 $f>f_H$ 时，以斜率为 -20 dB/十倍频的直线来近似。相频特性曲线由三段直线近似曲线，当 $f<0.1f_H$ 时，$\phi\approx 0$；当 $f>10f_H$ 时，$\phi\approx -90°$；当 $0.1f_H<f<10f_H$ 时，ϕ 随 f 线性下降，在 $f=f_H$ 时，$\phi=-45°$。

低通电路的波特图如图 3-3 所示。

(2) 高通电路频率特性的波特图

对于高通电路，对数幅频特性和对数相频特性的表达式为

$$20\lg|\dot{H}|=20\lg\frac{f}{f_L}-20\lg\sqrt{1+\frac{f^2}{f_L^2}}\quad(\text{dB})\tag{3.11a}$$

$$\phi=90°-\arctan\frac{f}{f_L}\tag{3.11b}$$

在高通电路对数幅频特性和对数相频特性中，当 $f=f_L$ 时，$20\lg|\dot{H}|=-20\lg\sqrt{2}\approx -3$ dB，$\phi=45°$；当 $f\gg f_L$ 时，$20\lg|\dot{H}|\approx 0$，$\phi=0°$；当 $f\ll f_L$ 时，$20\lg|\dot{H}|\approx 20\lg f-20\lg f_L$，此时，$20\lg|\dot{H}|$与 $20\lg f$ 近似为直线，斜率是 20 dB/十倍频，即频率 f 每升高 10 倍，$20\lg|\dot{H}|$上升 20 dB。

在高通电路的近似波特图中，幅频特性曲线以下截止频率 f_L 为拐点，由两段直线近似曲线。当 $f>f_L$ 时，$20\lg|\dot{H}|\approx 0$；当 $f<f_L$ 时，以斜率为 20 dB/十倍频的直线来近似。相频特性曲线由三段直线近似曲线，当 $f>10f_L$ 时，$\phi\approx 0$；当 $f<0.1f_L$ 时，$\phi\approx 90°$；当 $0.1f_L<f<10f_L$时，ϕ 随 f 线性下降，在 $f=f_L$ 时，$\phi=45°$。

高通电路的波特图如图 3-4 所示。

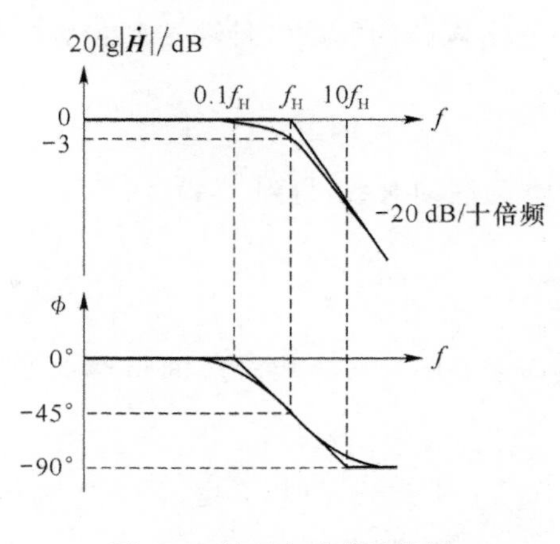

图 3-3 低通电路的波特图

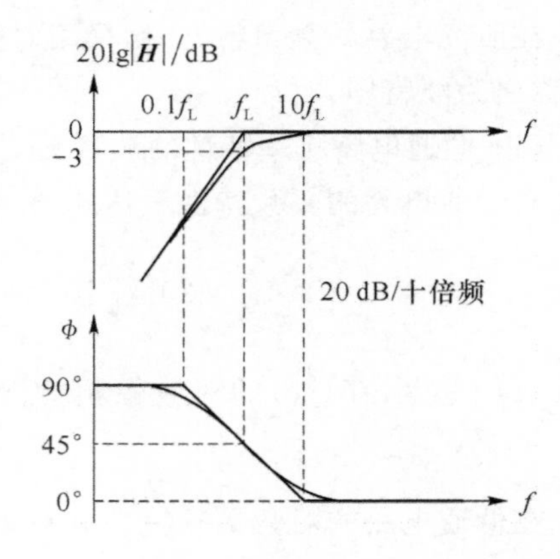

图 3-4 高通电路的波特图

从上面的波特图看到，由于采用了对数坐标，频率和幅值每增加 10 倍，在波特图中，

增加一个坐标单位，从而在图中可以画出从几到几百万，甚至几千万的数量级。在近似波特图中，由于近似为折线化，对电路的截止频率、通频带以及幅频和相频特性更加清晰、直观地表现出来。

3.2　三极管的高频等效模型

1. 三极管的 PN 结电容效应及其等效高频结构

在第 1 章中介绍过，PN 结形成后，形成了电荷势垒区，即在 PN 结的两边分别存储了正、负电荷。当 PN 结两端有外加电场时，PN 结的势垒宽度将发生变化，即 PN 结两边的正、负电荷数量随着外加电压而增加或减小。这种变化与电容的充、放电特性相一致。所以 PN 结的势垒区，对 PN 结以外的电路来说，等效为电容，称之为势垒电容。

此外，当 PN 结处于正向偏置时，PN 结两边半导体内的多子扩散作用加强，即从 P 区扩散到 N 区的空穴和从 N 区扩散到 P 区的电子数量增多。此时，在 P 区和 N 区内将形成一定数量的瞬间空穴—电子对（如图 3-5 所示），空穴—电子对的数量与外加正向电压成正比。PN 结的这种特性对于外电路来说，也等效为电容，称之为扩散电容。

PN 结的等效电容特性在外加信号频率较低时，作用甚微，因此可忽略。但在分析电路的高频特性时，不容忽视。为此，三极管处于放大状态及小信号时的高频等效结构如图 3-6所示。

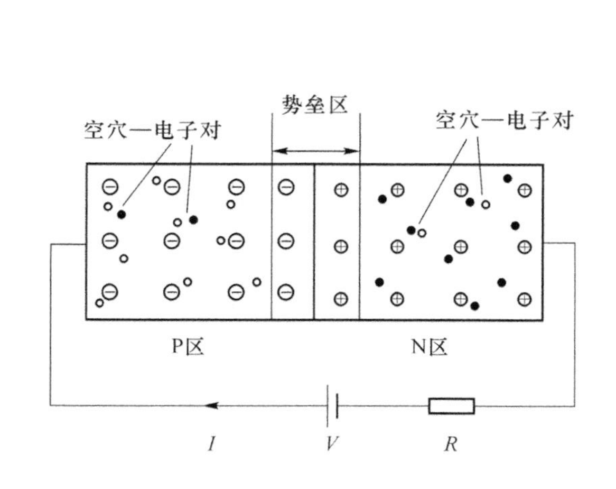

图 3-5　PN 结电容效应

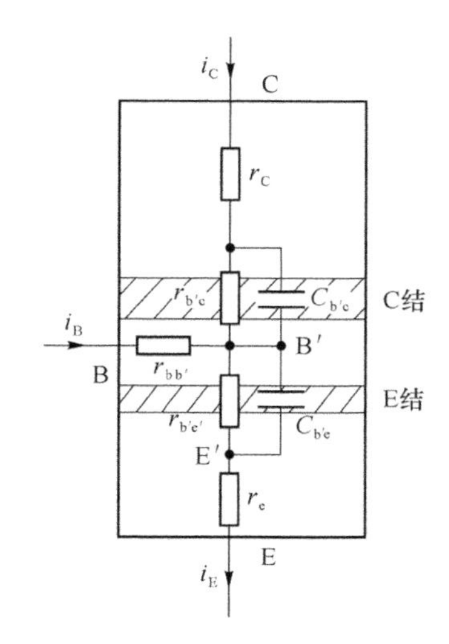

图 3-6　三极管高频等效结构

2. 共射混合 π 模型

在图 3-6 中，r_e 和 r_c 分别为三极管发射区和集电区的体电阻，由于发射区和集电区多数载流子浓度较高，所以 r_e 和 r_c 数值很小，可以忽略。$C_{b'e}$为发射结等效电容，$r_{b'e'}$为发射结等效电阻；$C_{b'c}$为集电结等效电容，$r_{b'c}$为集电结等效电阻，$r_{bb'}$为基区体电阻。因此三极管处于放大状态。小信号时，高频混合 π 模型如图 3-7(a)所示。

在图 3-7(a)中，由于集电极处于反偏电压，所以集电结等效电阻 $r_{b'c}$很大，通常远远大

于集电结等效电容 $C_{b'c}$ 的容抗，可以认为 $r_{b'c}$ 开路。同时，r_{ce} 也远远大于外接（负载）电阻，r_{ce} 也认为是开路的，所以三极管处于放大状态。小信号时，高频混合 π 模型如图 3-7(b)所示。

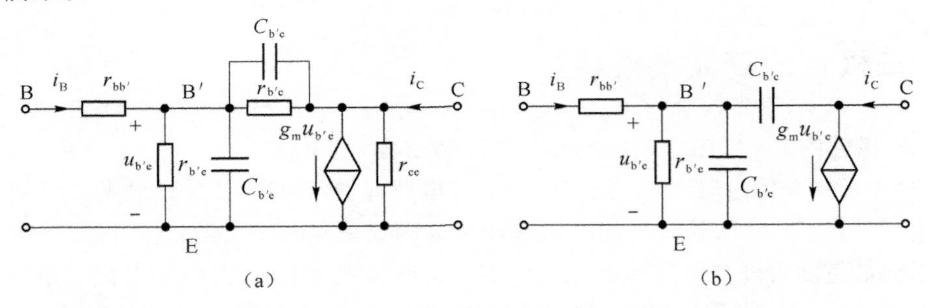

图 3-7　三极管高频混合 π 模型

在三极管高频混合 π 模型中，由于电容 $C_{b'e}$、$C_{b'c}$ 的存在，使 i_C 和 i_B 的幅度、相角均是频率的函数，从而 $\beta=i_C/i_B$ 不再是常数，也是频率的函数。由半导体物理的理论，三极管的受控电流 i_C 与发射结电压 $u_{b'e}$ 成线性关系，且与信号频率无关。因此，在高频混合 π 模型中引入了一个新参数 g_m，称为跨导。g_m 是一个常量，表明 $u_{b'e}$ 对 i_C 的控制关系，$i_C \approx g_m u_{b'e}$。

在图 3-7(b)所示的三极管高频混合 π 模型中，当信号频率较低时，电容 $C_{b'e}$、$C_{b'c}$ 的作用可以忽略，此时高频混合 π 模型退化为 h 参数等效模型（参见第 2 章中图 2-25）。

考虑到在图 3-7 中流过等效电阻 $r_{b'e}$ 的直流电流只有 I_{BQ}，而不是 I_{EQ}，由第 2 章中式(2.22)～(2.24)得到

$$r_{b'e}=(1+\beta_0)\frac{U_T}{I_{EQ}}=\beta_0\frac{U_T}{I_{CQ}} \tag{3.12}$$

其中，β_0 为三极管中、低频时的电流放大倍数，加脚注 0 以示与高频时的 β 区别。

高频混合 π 模型与 h 参数等效模型比较，得到，$i_C=g_m u_{b'e}=g_m r_{b'e} i_B=\beta_0 i_B$，所以 g_m 为

$$g_m=\frac{\beta_0}{r_{b'e}}=\frac{I_{CQ}}{U_T}\approx\frac{I_{EQ}}{U_T} \tag{3.13}$$

上式说明跨导 g_m 只与静态工作点有关。

3. 简化单向化混合 π 模型

在共射放大电路中，通常三极管的集电极与纯阻负载相连，如图 3-8 所示。对此类电路，可以利用电路分析中相关理论，列出回路或节点方程，进行计算。但是计算比较复杂。在此介绍一种简化方法。

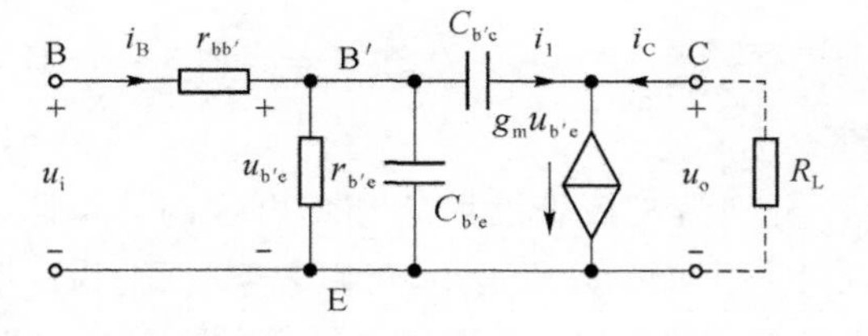

图 3-8　纯阻负载混合 π 模型

如图 3-8 所示，电容 $C_{b'c}$ 跨接在输入和输出回路之间，使计算变得复杂。为了简便，将

电容 $C_{b'c}$分别等效到输入和输出回路，称为单向化。

图 3-8 所示模型的单向化模型如图 3-9 所示。设电容 $C_{b'c}$在图 3-8 中有从 B′到 C 极的电流 i_1，等效到输入回路为一电抗元件 Z_1 和电流 i_2；等效到输出回路为一电抗元件 Z_2 和电流 i_3，如图 3-9 所示。

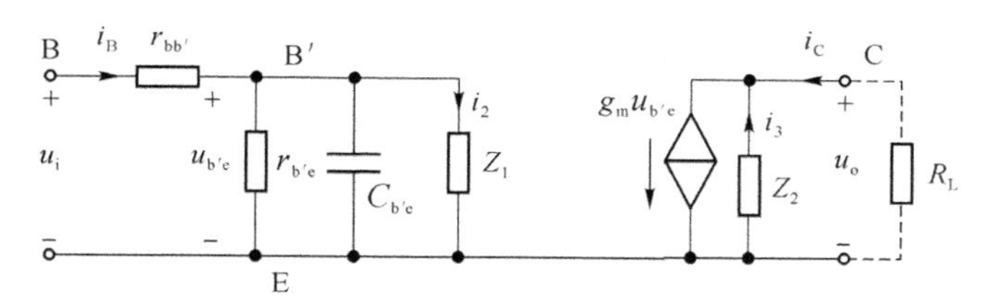

图 3-9　单向化混合 π 模型

在图 3-8 中，电流 i_1 为

$$i_1=(u_{b'e}-u_o)j\omega C_{b'c} \tag{3.14}$$

在图 3-9 中，电流 i_2 和 i_3 分别为

$$i_2=\frac{u_{b'e}}{Z_1} \tag{3.15}$$

$$i_3=-\frac{u_o}{Z_2} \tag{3.16}$$

因为是等效，所以三个电流 i_1、i_2 和 i_3 都必须相等，由上面三式得到

$$\frac{1}{Z_1}=\left(1-\frac{u_o}{u_{b'e}}\right)j\omega C_{b'c} \tag{3.17}$$

$$\frac{1}{Z_2}=\left(1-\frac{u_{b'e}}{u_o}\right)j\omega C_{b'c} \tag{3.18}$$

通常 $u_{b'e}/u_o \ll 1$，由式(3.18)得到

$$Z_2\approx\frac{1}{j\omega C_{b'c}} \tag{3.19}$$

上式说明电容 $C_{b'c}$等效到输出回路仍是一个电容，且电容值大约与 $C_{b'c}$相等。

因为电容 $C_{b'c}$的容值很小，一般情况下，在输出回路的作用与负载 R_L 相比，可以忽略。因此得到

$$u_o=-i_C R_L\approx -g_m u_{b'e} R_L \tag{3.20}$$

将上式代入式(3.17)，得到

$$Z_1=\frac{1}{j\omega(1+g_m R_L)C_{b'c}} \tag{3.21}$$

上式说明电容 $C_{b'c}$等效到输入回路仍是一个电容，且电容值等于$(1+g_m R_L)C_{b'c}$。

定义

$$C_M=(1+g_m R_L)C_{b'c} \tag{3.22}$$

C_M 被称为密勒电容。

因为电容 $C_{b'c}$的容值很小，忽略在输出回路的作用，得到三极管简化的单向化混合 π 模型，如图 3-10 所示。

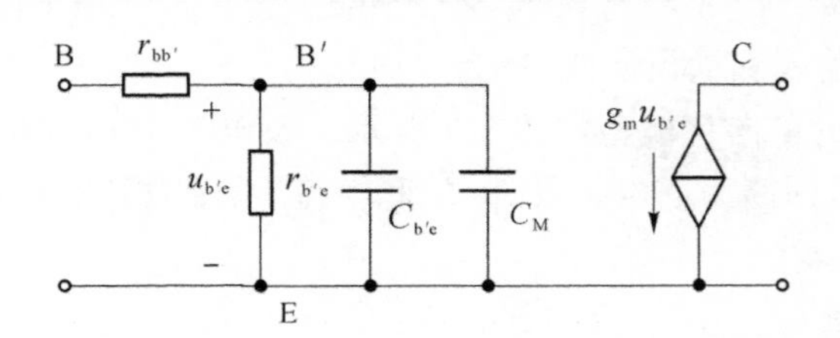

图 3-10 简化单向化混合 π 模型

3.3 三极管交流放大倍数 β 的频率特性

从三极管混合 π 等效模型看到，当三极管工作在高频段时，若输入电流 i_B 不变，则随着信号频率的升高，B′-E 之间的电压 $u_{b'e}$ 的幅值减小，相移将增大，同时，使输出电流 i_C 的幅值随 $u_{b'e}$ 的幅值线性下降，并且产生与 $u_{b'e}$ 相同的相移。因此，在高频段，当信号频率变化时，i_C 与 i_B 的关系也随之变化，即交流电流放大倍数 β 不再是常量，而是频率的函数。

根据交流电流放大倍数的定义 $\beta=\left.\frac{i_C}{i_B}\right|_{u_o=0}$，在计算交流电流放大倍数时，交流输出电压 $u_o=0$，即交流负载 $R_L=0$，输出是交流短路，等效模型如图 3-11 所示。

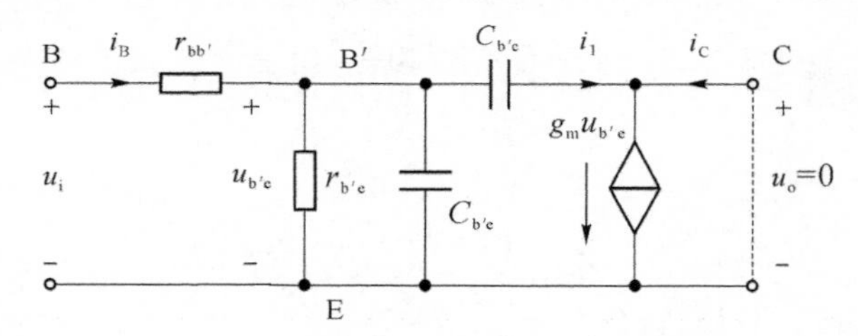

图 3-11 交流 β 分析等效模型

在一般情况下 $g_m=I_{CQ}/U_T \gg \omega C_{b'c}$，电流 $i_1=|u_{b'e}j\omega C_{b'c}| \ll g_m u_{b'e}$，所以电流 $i_C \approx g_m u_{b'e}$。因此交流电流放大倍数 β 为

$$\beta(j\omega)=\left.\frac{i_C(j\omega)}{i_B(j\omega)}\right|_{u_o=0}=\frac{g_m u_{b'e}}{u_{b'e}\left[\frac{1}{r_{b'e}}+j\omega(C_{b'e}+C_{b'c})\right]}$$

$$=\frac{g_m r_{b'e}}{1+j\omega(C_{b'e}+C_{b'c})r_{b'e}}=\frac{\beta_0}{1+j\omega C' r_{b'e}} \tag{3.23}$$

其中 $C'=C_{b'e}+C_{b'c}$。上式说明三极管高频交流电流放大倍数 β 的频率特性是低通特性。定义

$$f_\beta=\frac{1}{2\pi C' r_{b'e}}=\frac{1}{2\pi(C_{b'e}+C_{b'c})r_{b'e}} \tag{3.24}$$

则 f_β 是 $\beta(j\omega)$ 的(上)截止频率。将上式代入式(3.23)，得到

$$\beta(\mathrm{j}f)=\frac{\beta_0}{1+\mathrm{j}\dfrac{f}{f_\beta}} \tag{3.25}$$

$\beta(\mathrm{j}f)$的幅频特性为

$$|\beta(\mathrm{j}f)|=\frac{\beta_0}{\sqrt{1+\dfrac{f^2}{f_\beta^2}}} \tag{3.26}$$

对数幅频特性和对数相频特性分别为

$$20\lg|\beta(\mathrm{j}f)|=20\lg\beta_0-20\lg\sqrt{1+\frac{f^2}{f_\beta^2}} \tag{3.27a}$$

$$\phi=-\arctan\frac{f}{f_\beta} \tag{3.27b}$$

定义 f_T 是$|\beta(\mathrm{j}f)|=1$ 时所对应的频率，f_T 即为三极管的特征频率。

令式(3.26)中$|\beta(\mathrm{j}f)|=1$(0 dB)，则

$$\frac{f_\mathrm{T}^2}{f_\beta^2}=\beta_0^2-1 \tag{3.28}$$

考虑到 β_0 的平方远远大于 1，得到三极管特征频率 f_T 的表达式为

$$f_\mathrm{T}=\beta_0 f_\beta=\frac{\beta_0}{2\pi(C_{\mathrm{b'e}}+C_{\mathrm{b'c}})r_{\mathrm{b'e}}}=\frac{g_\mathrm{m}}{2\pi(C_{\mathrm{b'e}}+C_{\mathrm{b'c}})} \tag{3.29}$$

三极管的截止频率 f_β 或特征频率 f_T 可以从手册中查到。

关于集电极电容，三极管手册中给出的是发射极开路时的集电极与基极之间的电容 C_ob。它除了集电结电容 $C_{\mathrm{b'c}}$外，还有引线电容，通常引线电容极小，一般认为 $C_{\mathrm{b'c}}=C_\mathrm{ob}$。

图 3-12 是三极管交流电流放大倍数 β 对应的波特图。

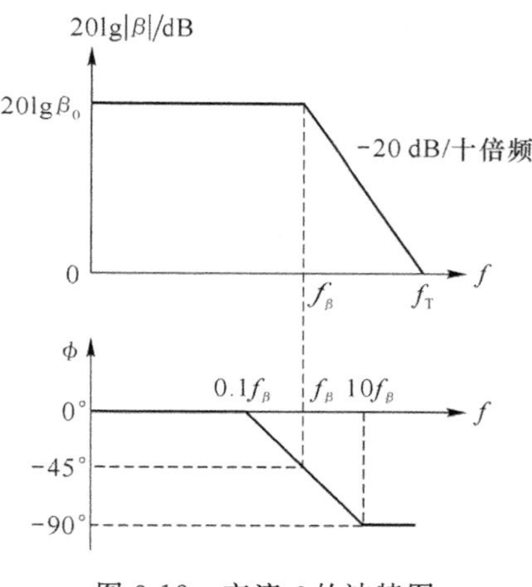

图 3-12　交流 β 的波特图

3.4　单管放大电路的频率特性

利用三极管的高频混合 π 模型，可以分析放大电路的频率特性。但是，一般来说，放大电路的频率特性分析是比较复杂和繁琐的，尤其是多级放大电路。好在目前计算机技术发展迅速，有许多分析和仿真放大电路的软件可以利用。下面通过单管放大电路，介绍分析放大电路频率特性的一般方法。

如图 3-13(a)所示的阻容耦合放大电路，其交流通路如图 3-13(b)所示。由于电容 C 的存在，该放大电路的低频特性将受到影响；由于三极管的内部有等效电容特性，在高频时，放大倍数必然下降。

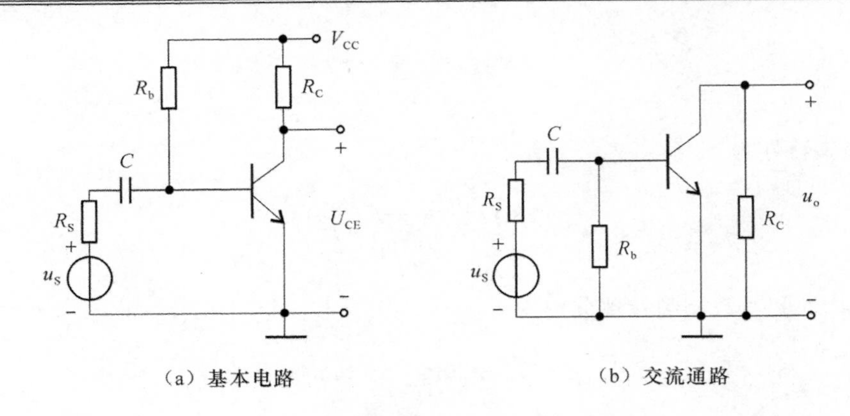

图 3-13 阻容耦合单管放大电路频率特性分析

在分析放大电路的频率特性之前，同样要进行静态特性分析，确保放大电路工作在放大状态。

为了简单、明了，在分析放大电路的频率特性时，一般将工作频率范围分为中频、低频和高频三个频段。如在第 1 章中所述，在中频段，耦合电容（或旁路电容）等外接电容因容抗很小而视为短路，不考虑它们的影响，以及三极管的极间等效电容因容抗很大而视为开路；在低频段，只考虑耦合电容（或旁路电容）等外接电容的影响，此时三极管的极间等效电容仍视为开路；在高频段，主要考虑三极管的极间等效电容的影响，耦合电容（或旁路电容）等外接电容视为短路。根据上述原则，便可得到放大电路在各频段的等效电路，从而得到各频段的放大倍数。

1. 中频源电压放大倍数

当放大电路工作在中频段时，由于三极管的极间等效电容的容抗很大，视为开路；又由于耦合电容（或旁路电容）等外接电容的容抗很小，视为短路。考虑到在混合 π 等效电路中，忽略三极管的极间等效电容的影响时，三极管的混合 π 等效电路与 h 参数等效电路是等价的，所以同样可以利用三极管的中频混合 π 等效电路来分析放大电路的中频特性。因此，图 3-13(a)所示电路的交流通路和中频混合 π 等效电路分别如图 3-14(a)和(b)所示。

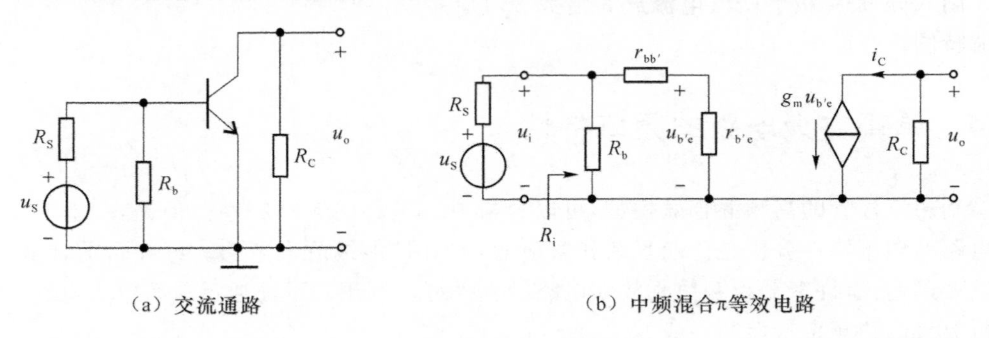

图 3-14 中频特性分析

在图 3-14(b)所示的中频混合 π 等效电路中，输入电阻 $R_i = R_b // (r_{bb'} + r_{b'e}) = R_b // r_{be}$，从而该电路的中频源电压放大倍数 A_{SM} 为

$$A_{SM}=\frac{u_o}{u_S}=\frac{u_i}{u_S}\cdot\frac{u_{b'e}}{u_i}\cdot\frac{u_o}{u_{b'e}}=-\frac{R_i}{R_S+R_i}\cdot\frac{r_{b'e}}{r_{be}}\cdot g_m R_C \tag{3.30}$$

2. 低频段频率特性

当放大电路工作在低频段时，由于三极管的极间等效电容的容抗很大，视为开路，只考虑耦合电容(或旁路电容)等外接电容对放大电路的影响。同样可以利用三极管的低频混合 π 等效电路来分析放大电路的低频特性。因此，图 3-13(a)所示电路的低频交流通路和低频混合 π 等效电路分别如图 3-15(a)和(b)所示。

该电路的低频源电压放大倍数 A_{SL} 为

$$A_{SL}=\frac{u_o}{u_S}=\frac{u_i}{u_S}\cdot\frac{u_{b'e}}{u_i}\cdot\frac{u_o}{u_{b'e}}=-\frac{R_i}{R_S+\frac{1}{j\omega C}+R_i}\cdot\frac{r_{b'e}}{r_{be}}\cdot g_m R_C \tag{3.31}$$

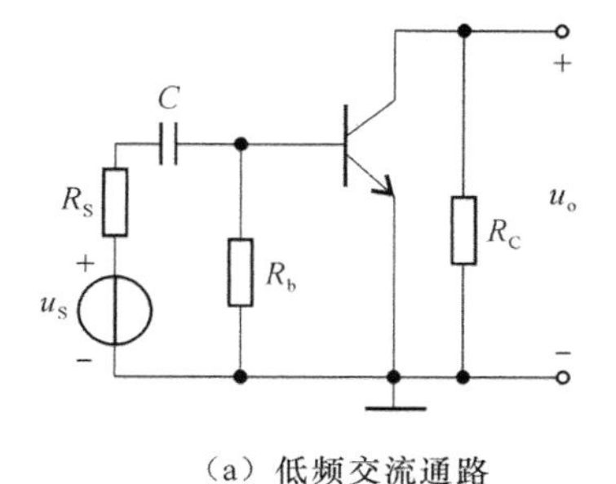

(a) 低频交流通路

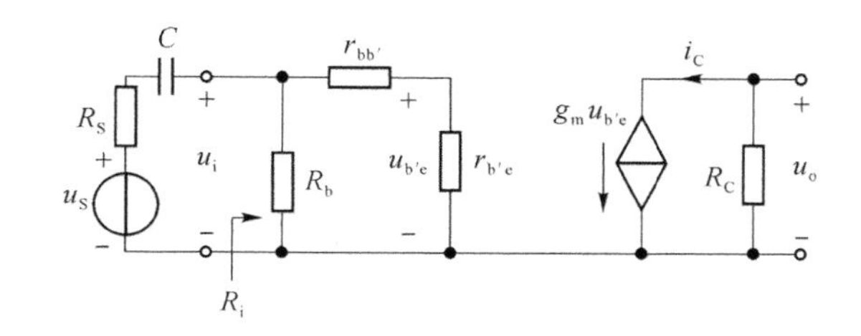

(b) 低频混合 π 等效电路

图 3-15　低频特性分析

对式(3.31)整理，得到

$$A_{SL}(j\omega)=-\frac{R_i}{R_S+R_i}\cdot\frac{r_{b'e}}{r_{be}}g_m R_C\frac{j\omega(R_S+R_i)C}{1+j\omega(R_S+R_i)C}=A_{SM}\cdot\frac{j\omega(R_S+R_i)C}{1+j\omega(R_S+R_i)C} \tag{3.32}$$

上式是一个高通特性表达式，所以下截止频率 f_L 为

$$f_L=\frac{1}{2\pi(R_S+R_i)C} \tag{3.33}$$

上式中的 $(R_S+R_i)C$ 是 C 所在回路的时间常数，它等于从电容 C 两端向外看的等效电阻乘以 C。该放大电路的低频源电压放大倍数 A_{SL} 为

$$A_{SL}(jf)=A_{SM}\cdot\frac{j\frac{f}{f_L}}{1+j\frac{f}{f_L}} \tag{3.34}$$

相应的对数幅频特性及相频特性的表达式为

$$20\lg|A_{SL}(jf)|=20\lg|A_{SM}|+20\lg\frac{f}{f_L}-20\lg\sqrt{1+\frac{f^2}{f_L^2}} \tag{3.35a}$$

$$\phi=180°+90°-\arctan\frac{f}{f_L}=270°-\arctan\frac{f}{f_L} \tag{3.35b}$$

因为该放大电路的中频放大倍数 A_{SM}(式(3.30))带有负号,说明放大电路工作在中频段时,输出电压 u_o 与输入电压 u_S 反相,为此,在式(3.35b)中有 180°的附加相移。该放大电路的低频特性对应的波特图如图 3-16 所示。

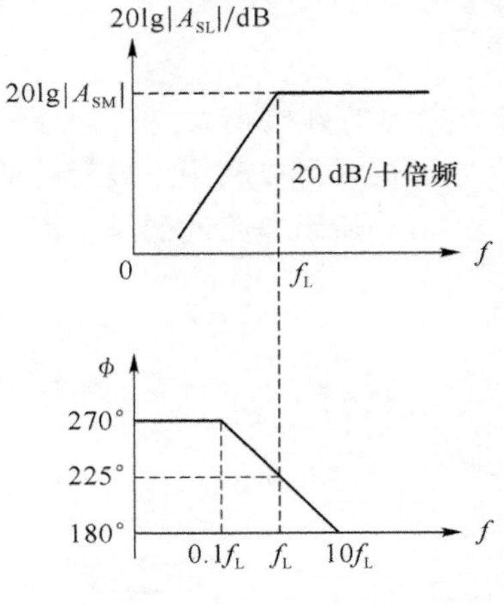

图 3-16 低频段波特图

3. 高频段频率特性

当放大电路工作在高频段时,三极管的极间等效电容的作用不容忽视。耦合电容(或旁路电容)等外接电容的容抗很小,视为短路。因此,图 3-13(a)所示电路的高频交流通路和单向化高频混合 π 等效电路分别如图 3-17(a)和(b)所示。

在图 3-17(b)中,利用戴维南电源等效定理,从 $C_{b'e}$ 两端向左看,电路可等效成电源 u' 和内阻 R',如图 3-18(a)和(b)所示,其中 $C'=C_{b'e}+C_M$,u' 和 R' 的表达式为

$$u'=\frac{r_{b'e}}{r_{be}}u_i=\frac{R_i}{R_S+R_i}\cdot\frac{r_{b'e}}{r_{be}}u_S \tag{3.36a}$$

$$R'=r_{b'e}/\!/(r_{bb'}+R_S/\!/R_b) \tag{3.36b}$$

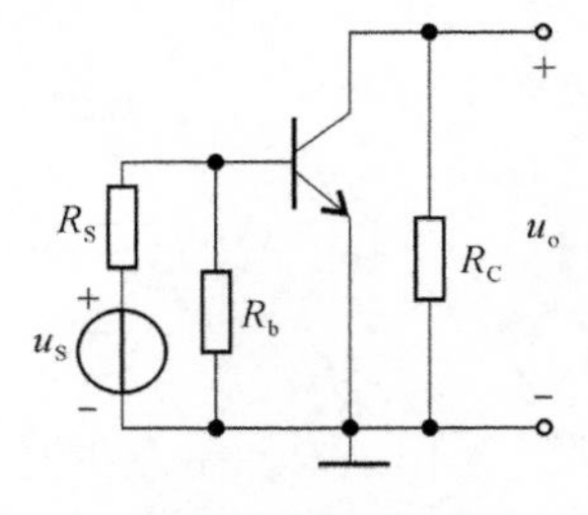

(a) 高频交流通路

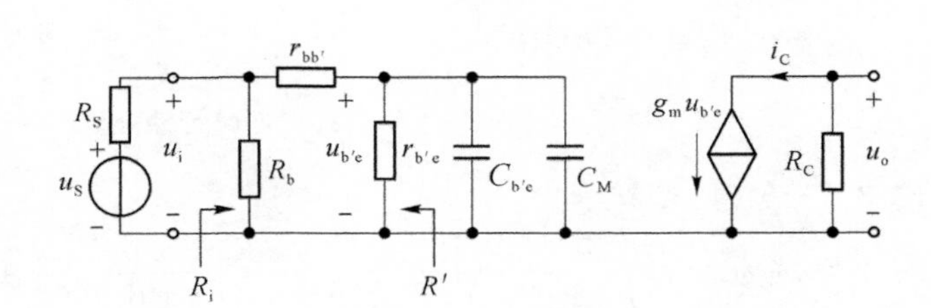

(b) 高频混合 π 等效电路

图 3-17 高频特性分析

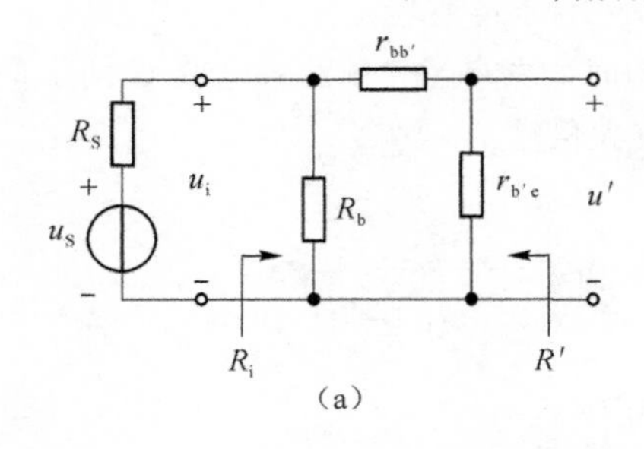

(a)

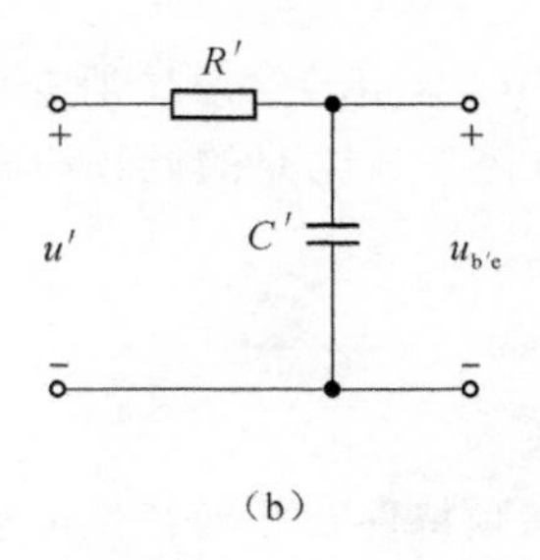

(b)

图 3-18 输入回路电源等效电路

该电路的高频源电压放大倍数 A_{SH} 为

$$A_{SH}=\frac{u_o}{u_S}=\frac{u'}{u_S}\cdot\frac{u_{b'e}}{u'}\cdot\frac{u_o}{u_{b'e}}=\frac{R_i}{R_S+R_i}\cdot\frac{r_{b'e}}{r_{be}}\cdot\frac{\frac{1}{j\omega C'}}{R'+\frac{1}{j\omega C'}}(-g_m R_C) \tag{3.37}$$

整理得到

$$A_{SH}(j\omega)=A_{SM}\cdot\frac{1}{1+j\omega R'C'} \tag{3.38}$$

上式是一个低通特性表达式，所以上截止频率 f_H 为

$$f_H=\frac{1}{2\pi R'C'} \tag{3.39}$$

上式中的 $R'C'$ 是 C' 所在回路的时间常数，它等于从电容 C' 两端向外看的等效电阻乘以 C'。该放大电路的高频源电压放大倍数 A_{SH} 为

$$A_{SH}(jf)=A_{SM}\cdot\frac{1}{1+j\dfrac{f}{f_H}} \tag{3.40}$$

相应的对数幅频特性及相频特性的表达式为

$$20\lg|A_{SH}(jf)|=20\lg|A_{SM}|-20\lg\sqrt{1+\frac{f^2}{f_H^2}} \tag{3.41a}$$

$$\phi=180°-\arctan\frac{f}{f_H} \tag{3.41b}$$

同样，因为该放大电路的中频放大倍数 A_{SM}（式(3.30)）带有负号，在式(3.41b)中有180°的附加相移。该放大电路的高频特性对应的波特图如图 3-19 所示。

4. 全频段频率特性

在对该放大电路的高、低频段的频率特性分析之后，综合在一起得到全频段频率特性。全频段源电压放大倍数 A_S 的表达式为

$$A_S(jf)=A_{SM}\cdot\frac{j\dfrac{f}{f_L}}{1+j\dfrac{f}{f_L}}\cdot\frac{1}{1+j\dfrac{f}{f_H}}=A_{SM}\cdot\frac{1}{\left(1-j\dfrac{f_L}{f}\right)\left(1+j\dfrac{f}{f_H}\right)} \tag{3.42}$$

把低频段和高频段波特图对接在一起，得到全频段波特图如图 3-20 所示。

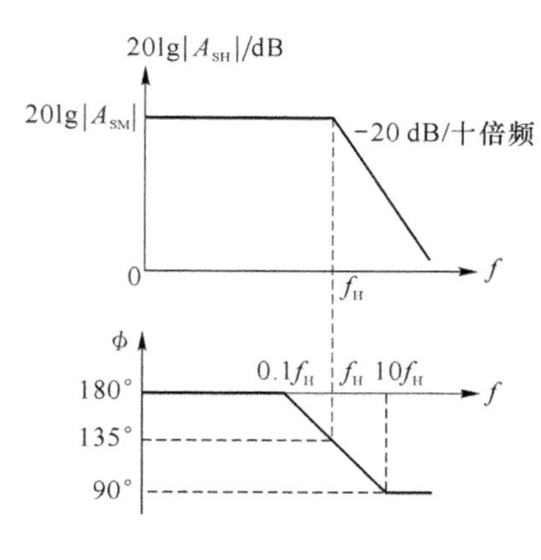

图 3-19　高频段波特图

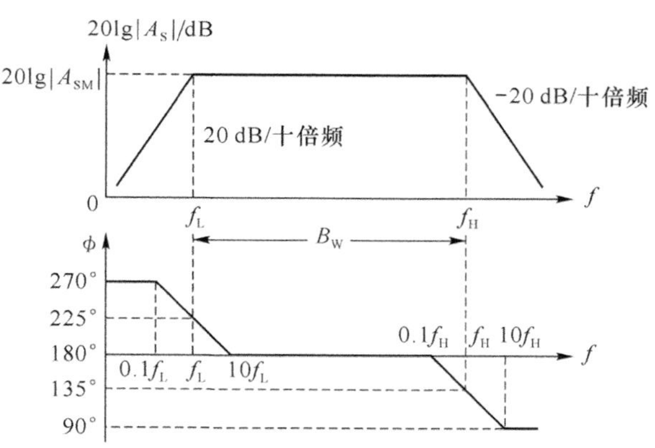

图 3-20　全频段波特图

5. 放大电路的增益带宽积

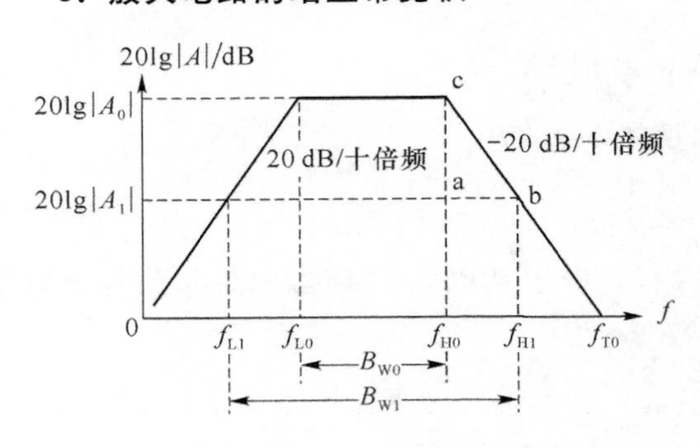

图 3-21　增益带宽积

具有一阶低通和一阶高通特性的放大电路的对数幅频特性如图 3-21 所示。

该放大电路在中频增益为 A_0 时，对应的上下截止频率和通频带分别为 f_{H0}、f_{L0} 和 B_{W0}。如果把增益降低，通频带加宽，设在中频增益为 A_1 时，对应的上下截止频率和通频带分别为 f_{H1}、f_{L1} 和 B_{W1}。放大电路的增益与带宽满足一定的关系。

在图 3-21 中，由直角三角形 abc 的边角关系得到

$$\frac{20\lg|A_0|-20\lg|A_1|}{\lg f_{H1}-\lg f_{H0}}=20 \tag{3.43}$$

整理后得到

$$\frac{|A_0|}{|A_1|}=\frac{f_{H1}}{f_{H0}} \text{或} |A_0|f_{H0}=|A_1|f_{H1} \tag{3.44}$$

设该放大电路在增益 $|A|=1$(0 dB)时对应的上限频率为 f_{T0}，称 f_{T0} 为放大电路的 0 dB 带宽。采用同样方法可以得到

$$|A_0|f_{H0}=|A_1|f_{H1}=f_{T0} \tag{3.45}$$

为此，放大电路的增益与其所对应上截止频率的乘积不变，等于放大电路增益为 0 dB 时所对应的上限频率 f_{T0}。

同样，在下截止频率时，由直角三角形的边角关系得到关系式

$$\frac{20\lg|A_0|-20\lg|A_1|}{\lg f_{L0}-\lg f_{L1}}=20 \tag{3.46}$$

整理后得到

$$\frac{|A_0|}{|A_1|}=\frac{f_{L0}}{f_{L1}} \text{或} f_{L1}=\frac{|A_1|}{|A_0|}f_{L0} \tag{3.47}$$

由此看到，放大电路在中频增益由 A_0 降低到 A_1 时，对应的下截止频率降低到 $|A_1|/|A_0|$。

一般情况下，放大电路的下截止频率很低(只有几赫兹到几十赫兹)，尤其是直接耦合放大电路，下截止频率为 0，为此，放大电路的通频带近似为

$$B_W=f_H-f_L\approx f_H \tag{3.48}$$

由式(3.45)得到

$$|A_0|B_{W0}=|A_1|B_{W1}=f_{T0} \tag{3.49}$$

因此，放大电路的增益带宽积不变，等于放大电路的 0 dB 带宽 f_{T0}。

式(3.49)表明了具有一阶低通和一阶高通特性的放大电路的增益与通频带的关系，说明了可以用降低放大电路增益的方法来获取更大的通频带宽。

对于高阶低通和高通特性的放大电路，增益降低，通频带加宽，但通频带增加的程度比一阶的要低。

例 3-1　在如图 3-13(a)所示的阻容耦合放大电路中,三极管发射极的导通电压 $U_D=0.7\ \text{V}$,$r_{bb'}=133\ \Omega$,$\beta_0=100$,$C_{ob}=4\ \text{pF}$,$f_T=100\ \text{MHz}$,$V_{CC}=12\ \text{V}$,$R_b=377\ \text{k}\Omega$,$R_S=1\ \text{k}\Omega$,$R_C=2\ \text{k}\Omega$,电容 $C=10\ \mu\text{F}$。

(1) 计算静态工作点;

(2) 计算截止频率 f_L、f_H 及源电压放大倍数 A_S,画出波特图;

(3) 计算通频带 B_W。

解:(1) 画出该放大电路的直流通路如图 3-22(a)所示。由直流通路可得

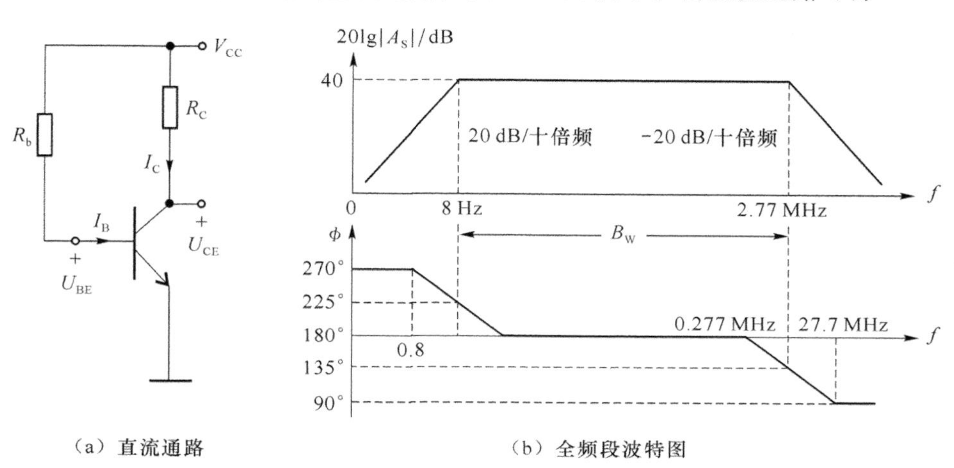

(a) 直流通路　　　　(b) 全频段波特图

图 3-22　图 3-13(a)所示电路的直流通路和全频段波特图

$$I_{BQ}=\frac{V_{CC}-U_{BEQ}}{R_b}=\frac{V_{CC}-U_D}{R_b}=\frac{12-0.7}{377}\approx 30\ \mu\text{A}$$

$$I_{CQ}=\beta\cdot I_{BQ}=100\times 30=3\ \text{mA}$$

$$U_{CEQ}=V_{CC}-I_{CQ}R_C=12-3\times 2=6\ \text{V}$$

$U_{CEQ}=V_{CC}/2$,说明静态工作点比较合适。

(2) 先求出混合 π 等效电路参数。根据图 3-17 的高频混合 π 等效电路,由式(2.22)和(2.24)可得,

$$r_{b'e}=\beta\frac{U_T}{I_{CQ}}=100\,\frac{26}{3}=867\ \Omega$$

$$r_{be}=r_{bb'}+\beta\frac{U_T}{I_{CQ}}=123+100\,\frac{26}{3}=1\ \text{k}\Omega$$

由式(3.13)得

$$g_m=\frac{I_{CQ}}{U_T}=\frac{3}{26}\ \text{S}$$

集电结电容

$$C_{b'c}=C_{ob}=4\ \text{pF}$$

由式(3.22)可得密勒电容

$$C_M=(1+g_mR_C)C_{b'c}=(1+2\,000\times 3/26)\times 4=927\ \text{pF}$$

由式(3.29)得

$$C_{b'e}=\frac{g_m}{2\pi f_T}-C_{b'c}=\frac{3}{2\times 26\pi\times 100\times 10^6}-4=180\ \text{pF}$$

$$R_i=R_b /\!/ r_{be}=377 /\!/ 1\approx 1\ \text{k}\Omega$$

由式(3.30)可得中频源电压放大倍数

$$A_{SM}=-\frac{R_i}{R_S+R_i}\cdot\frac{r_{b'e}}{r_{be}}\cdot g_m R_C=-\frac{1}{1+1}\times\frac{867}{1\ 000}\times\frac{3}{26}\times 2\ 000=-100$$

$$C'=C_{b'e}+C_M=180+927=1\ 107\ \text{pF}$$

$$R'=r_{b'e} /\!/ (r_{bb'}+R_S /\!/ R_b)=867 /\!/ [133+(1 /\!/ 377)\times 1\ 000]=867 /\!/ 1\ 133=491\ \Omega$$

由式(3.39)可得上截止频率

$$f_H=\frac{1}{2\pi R'C'}=\frac{1}{2\pi\times 491\times 1\ 107\times 10^{-12}}=2.77\ \text{MHz}$$

由式(3.33)可得下截止频率

$$f_L=\frac{1}{2\pi(R_S+R_i)C}=\frac{1}{2\pi(1\ 000+1\ 000)\times 10\times 10^{-6}}\approx 8\ \text{Hz}$$

由式(3.42)可得全频段源电压放大倍数

$$A_S(jf)=\frac{A_{SM}}{\left(1-j\frac{f_L}{f}\right)\left(1+j\frac{f}{f_H}\right)}=\frac{-100}{\left(1-j\frac{f_L}{f}\right)\left(1+j\frac{f}{f_H}\right)}$$

全频段波特图如图 3-22(b)所示。

(3) 由式(3.9)可得通频带

$$B_w=f_H-f_L=2.77\ \text{MHz}-8\ \text{Hz}\approx 2.77\ \text{MHz}$$

3.5 小信号谐振放大电路

谐振放大电路,尤其是集成放大电路组成的谐振放大电路,在通信及其他领域中应用非常广泛,例如:收音机、电视机、手机等等。谐振放大电路主要应用于高频放大。在放大电路中采用谐振回路组成滤波器,使放大电路的频率特性是在高频段某个较窄的频率范围内。其滤波器的形式多种多样,如 LC 谐振滤波器、陶瓷滤波器、石英晶体滤波器、声表面波滤波器等。所采用的器件有晶体管、场效应管或集成放大电路。各种谐振放大电路的工作原理以及分析和设计方法类似,其中以 LC 谐振回路组成滤波器的小信号窄带放大电路是最基本的小信号谐振放大电路。

1. 单管小信号 LC 谐振放大电路

图 3-23(a)给出了单管小信号 LC 谐振放大电路的基本电路。图中所用电感的直流电阻较小,可以忽略,放大电路的直流通路如图 3-23(b)所示。通过直流通路来设计和分析放大电路的静态特性,使放大电路工作于适当的静态工作点。小信号 LC 谐振放大电路的静态特性与普通的小信号放大电路相同。

C_B 和 C_E 均为交流旁路电容。在工作频率范围内,C_B 的容抗应远小于器件从基极看进去的输入阻抗,C_E 的容抗应远小于器件从发射极看进去的输入阻抗。小信号谐振放大电路的交流通路如图 3-23(c)所示,图 3-24 为其高频混合 π 等效电路。

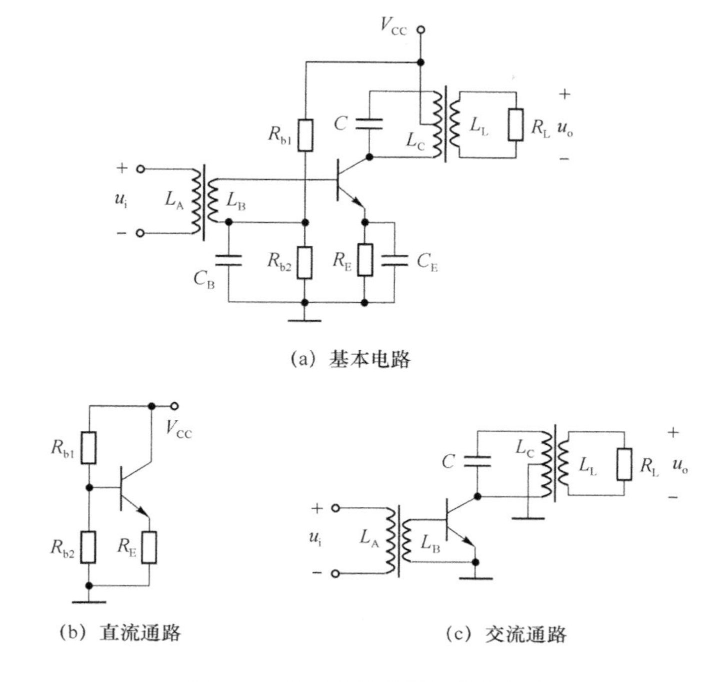

(a) 基本电路

(b) 直流通路

(c) 交流通路

图 3-23 单管小信号谐振放大电路

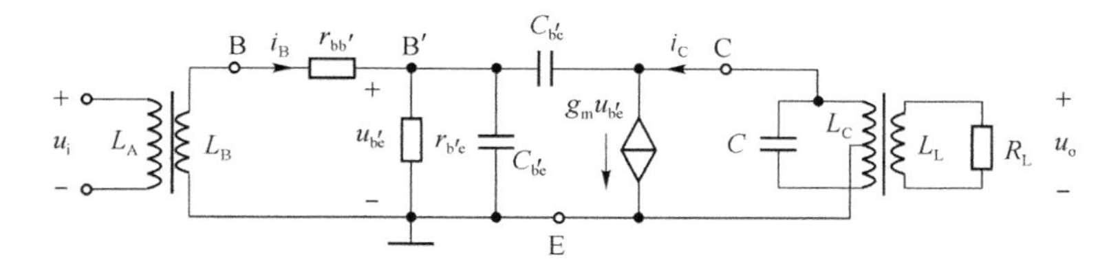

图 3-24 单管小信号谐振放大电路高频混合 π 等效电路

图中 L_A 和 L_B 组成输入耦合回路，以变压器耦合方式和三极管输入端连接。采用这种方式的优点主要是直流静态特性和交流动态特性的前后级隔离，减少相互影响。在实际应用中，前级也可能是谐振放大电路，而本级谐振放大电路的输入阻抗往往较小，采用变压器耦合的方式可减小后级对前级的影响，有利于提高前级谐振回路的 Q 值和放大倍数等技术指标。同样，输出谐振回路 L_C 的抽头连接到电源 V_{CC} 的正端，以及以采用变压器耦合的方式与负载 R_L 相连的原因也是如此。

单管小信号谐振放大电路的分析步骤是：首先画出放大电路的交流通路；然后将三极管用其等效电路代替，通常采用高频混合 π 等效电路；接下来用前面介绍过的以及电路分析中的方法，可求出电路的谐振放大倍数、通频带及矩形系数等。

在这种单管共射极小信号谐振放大电路中，由于三极管的基极和集电极之间有结电容 $C_{b'c}$，形成一个交流反馈通路，再加上输入和输出回路都可能是谐振回路，其阻抗特性随频率的变化而有很大的变化，谐振放大电路容易产生自激振荡，使放大电路不能正常工作。为了提高放大电路工作的频率和稳定性，通常从电路结构上采取措施。用得较多的方法是采用共射-共基混合连接电路，或是选用集成放大电路。

2. 共射-共基级联小信号谐振放大电路

在实际应用中，尤其是在集成电路中，共射-共基混合连接电路可用来扩展放大电路的通频带，提高高频工作的稳定性。其原理是共射-共基混合连接电路减小了三极管的基极和集电极之间结电容 $C_{b'c}$ 的影响，减小了通过 $C_{b'c}$ 所形成的三极管内部反馈。由于篇幅和学时的限制，在此不作详细的推导和证明。

图 3-25 和 3-26 分别为共射-共基级联的小信号谐振放大电路的交流通路和高频混合 π 等效电路。

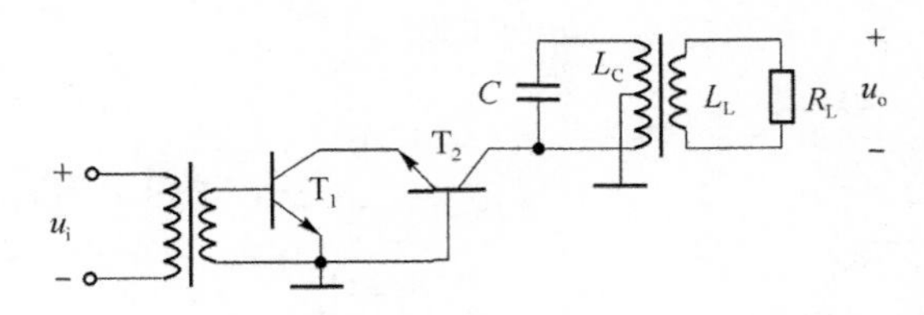

图 3-25　共射-共基级联小信号谐振放大电路的交流通路

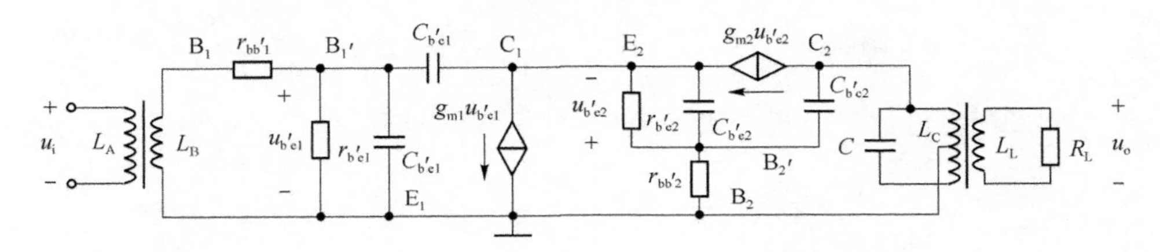

图 3-26　共射-共基级联小信号谐振放大电路高频混合 π 等效电路

由图 3-26 可以看出，由于电容串联使电容值减少以及 $r_{b'e2} >> r_{bb'2}$，从输出谐振回路到输入谐振回路的反馈通路中，与简单的共射电路(图 3-24)相比，反馈信号减少了很多。从而，扩展了放大电路的通频带，提高了高频工作的稳定性。

思考题与习题

3.1　什么是低通电路？什么是高通电路？如何用波特图来描述它们的频率特性？

3.2　三极管的高频放大倍数下降的原因是什么？

3.3　什么是三极管的截止频率？什么是三极管特征频率？两者有何关系？

3.4　高频混合 π 等效电路各参数的物理意义是什么？它们与三极管的工作电压、电流有何关系？

3.5　影响放大电路的高频特性的因素是什么？影响放大电路的低频特性的因素是什么？

3.6　放大电路如图 P3-1 所示，设三极管 VT 的 $r_{bb'}=100\ \Omega$，$\beta_0=100$，$f_\beta=4.5\ \text{MHz}$，$C_{ob}=3\ \text{pF}$，导通电压 $U_D=0.7\ \text{V}$，$V_{CC}=12\ \text{V}$，$R_{b1}=15.69\ \text{k}\Omega$，$R_{b2}=1\ \text{k}\Omega$，$R_C=3\ \text{k}\Omega$。

（1）计算静态工作点；

（2）画出单向化后高频混合 π 等效电路；

（3）计算该电路的频率特性，画出波特图。

3.7　放大电路如图 P3-2 所示，设三极管的 $r_{bb'}=100\ \Omega$，$r_{b'e}=1.3\ k\Omega$，$C'=C_{b'e}+C_M=240\ pF$，$\beta_0=100$，导通电压 $U_D=0.7\ V$，$V_{CC}=12\ V$，$C=10\ \mu F$，$R_B=15.69\ k\Omega$，$R_S=1\ k\Omega$，$R_C=R_L=3\ k\Omega$。

（1）计算静态工作点；

（2）画出该电路的单向化后高频混合 π 等效电路；

（3）计算该电路的低频放大倍数、频率特性，画出波特图。

3.8　在如图 P3-3 所示的阻容耦合放大电路中，三极管发射极的导通电压 $U_D=0.7\ V$，$r_{bb'}=200\ \Omega$，$\beta_0=100$，$C_{ob}=4\ pF$，$f_T=100\ MHz$，$V_{CC}=12\ V$，$R_b=565\ k\Omega$，$R_S=1\ k\Omega$，$R_C=3\ k\Omega$，电容 $C=10\ \mu F$。

（1）计算静态工作点；

（2）计算截止频率 f_L、f_H 及源电压放大倍数 A_S，画出波特图；

（3）计算通频带 B_W。

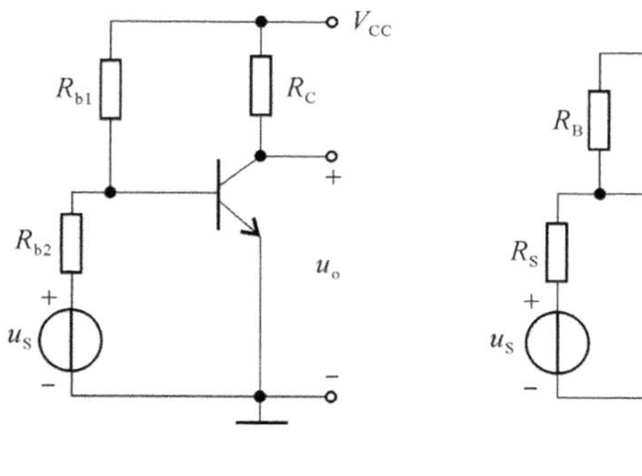

图 P3-1

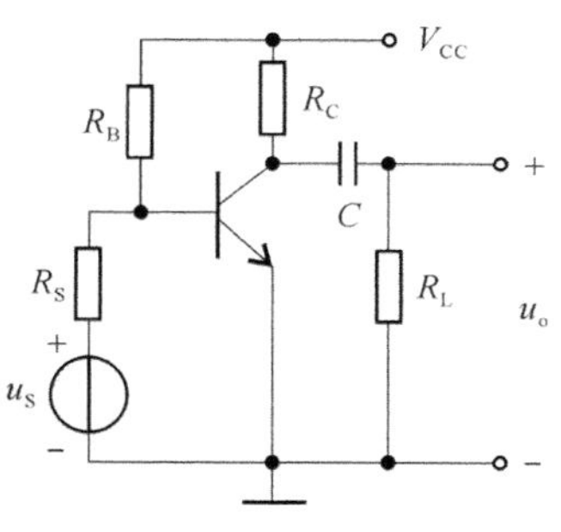

图 P3-2

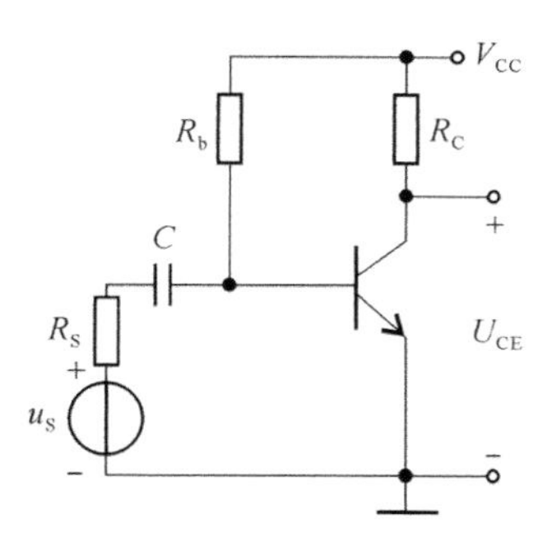

图 P3-3

第 4 章　场效应管放大电路特性分析

场效应晶体三极管，简称场效应管，也是一类半导体电子器件。它与前面所介绍的晶体三极管在内部特性的主要区别在于，场效应管内部只有一种载流子——电子或空穴。在外部特性上，场效应管的输出和转移特性与晶体三极管类似，但有所区别。

由于材料和制造工艺的不同，场效应管主要分为三类：结型场效应管、绝缘栅场效应管和金属场效应管。虽然它们的内部结构有很大区别，但是外部特性却大同小异。

4.1　场效应管特性

1. 结型场效应管符号及特性

(1) 符号

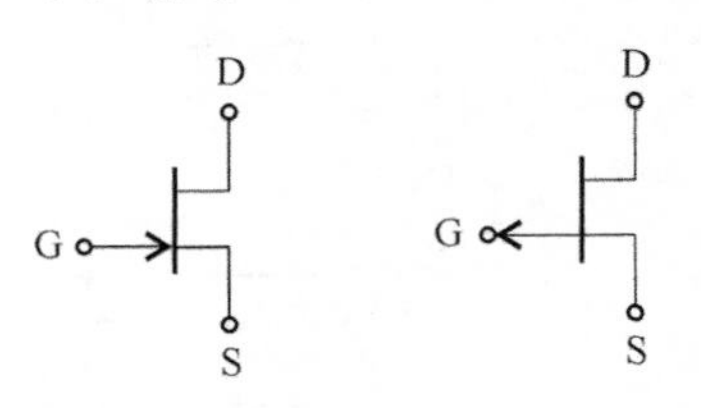

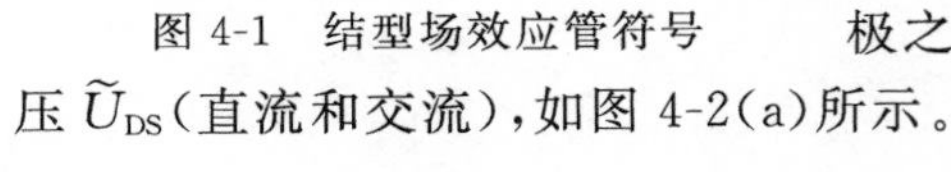

图 4-1　结型场效应管符号

结型场效应管有 N 沟道型和 P 沟道型之分，与晶体三极管的 NPN 型和 PNP 型类似，其符号分别如图 4-1(a)和(b)所示。三个极分别称为栅极，用符号 G(Grid)表示；漏极，用符号 D(Drain)表示；源极，用符号 S(Source)表示。

(2) 转移特性

为了使场效应管正常工作，需要在场效应管栅源极之间加电压 $\widetilde{U}_{GS}$(直流和交流)和在漏源极之间加电压 $\widetilde{U}_{DS}$(直流和交流)，如图 4-2(a)所示。

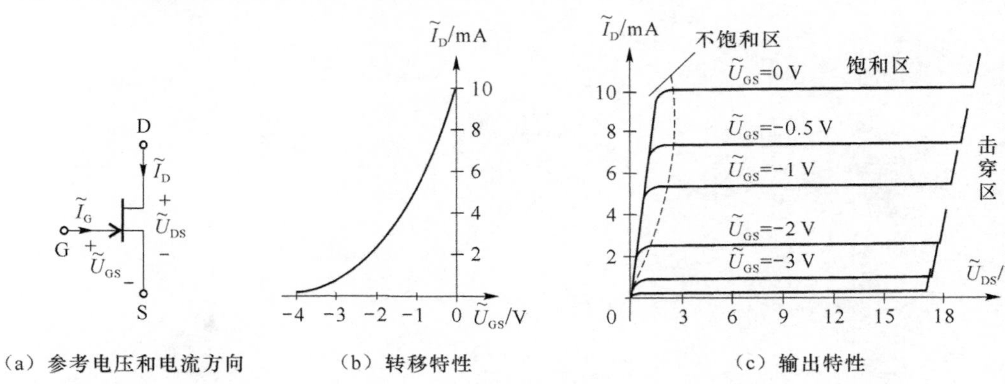

图 4-2　结型场效应管特性

由于场效应管的输入电阻非常大，认为栅极电流 $\widetilde{I}_G=0$。漏极电流 $\widetilde{I}_D$ 受栅源极间电压 $\widetilde{U}_{GS}$控制，在 $\widetilde{U}_{GS}=0$ 时，$\widetilde{I}_D$ 最大，随着 $\widetilde{U}_{GS}$的减小(负压)，$\widetilde{I}_D$ 减小。理论分析表明，当栅源极间电压 $\widetilde{U}_{GS}$足够大时，漏极电流 $\widetilde{I}_D$ 与栅源极间电压 $\widetilde{U}_{GS}$呈平方关系，即

$$\widetilde{I}_D=I_{DSO}(1-\widetilde{U}_{GS}/U_{GS(off)})^2 \tag{4.1}$$

其中 I_{DSO}为 $\widetilde{U}_{GS}=0$ 时的漏极电流，$U_{GS(off)}$称为夹断电压。图 4-2(b)给出了常见结型 N 沟道型场效应管的转移特性曲线。

(3) 输出特性

图 4-2(c)给出了常见结型场效应管的输出特性曲线。在输出特性曲线中，分为不饱和区、饱和区和击穿区。在不饱和区，漏源极间电压 $\widetilde{U}_{DS}$较小，此时漏极电流 $\widetilde{I}_D$ 随着 $\widetilde{U}_{DS}$的增加近似线性增加。在饱和区，漏源极间电压 $\widetilde{U}_{DS}$足够大，此时漏极电流 $\widetilde{I}_D$ 随着 $\widetilde{U}_{DS}$的增加而增加甚微，$\widetilde{I}_D$ 主要受栅源极间电压 $\widetilde{U}_{GS}$控制，它们之间呈平方关系。当 $\widetilde{U}_{DS}$很大时，出现击穿区，$\widetilde{I}_D$ 随着 $\widetilde{U}_{DS}$的增加而迅猛增加。

2. 结型场效应管主要参数

(1) 直流参数

结型场效应管的直流参数主要有：

① 栅源(交流)短路电流 I_{DSO}：结型场效应管在饱和区、$U_{GS}=0$ 时的漏极电流，它实际上是漏极电流 I_D 的最大值。

② 夹断电压 $U_{GS(off)}$：在饱和区结型场效应管的漏极电流 $I_D\approx0$(通常规定 $I_D=50\ \mu A$)所对应的栅源间的电压值。

③ 栅源间电阻 R_{GS}：漏源极短路时，栅源极在一定条件下的等效电阻，R_{GS}可达十几兆欧。

(2) 小信号交流参数

结型场效应管的小信号交流参数主要有：

① 正向跨导 g_m：在饱和区，固定漏极电压、漏极电流 i_D 的变化量与栅源极间电压 u_{GS}的变化量之比，即$g_m=\left.\frac{\partial i_d}{\partial u_{GS}}\right|_{u_{DS}=C}$。$g_m$ 的大小表明了栅极电压对漏极电流的控制能力。

由式(4.1)可知，正向跨导 g_m 可表示为

$$g_m=-\frac{2I_{DSO}}{U_{GS(off)}}\left(1-\frac{u_{GS}}{U_{GS(off)}}\right)=-\frac{2\sqrt{I_{DSO}i_D}}{U_{GS(off)}} \tag{4.2}$$

② 漏源等效电阻 r_{DS}：固定栅源极间电压，漏源极间的等效电阻。在不饱和区，r_{DS}较小，在百欧的量级。在饱和区，r_{DS}较大，在几十千欧左右。

3. 绝缘栅场效应管符号及特性

(1) 符号

绝缘栅场效应管，简称 MOS 场效应管(MOS：Metal Oxide Semiconductor，金属氧化物半导体)，由于工艺和材料上的区别，有四种不同的类型：N 沟道增强型和耗尽型、P 沟道增强型和耗尽型，其符号分别如图 4-3 所示。

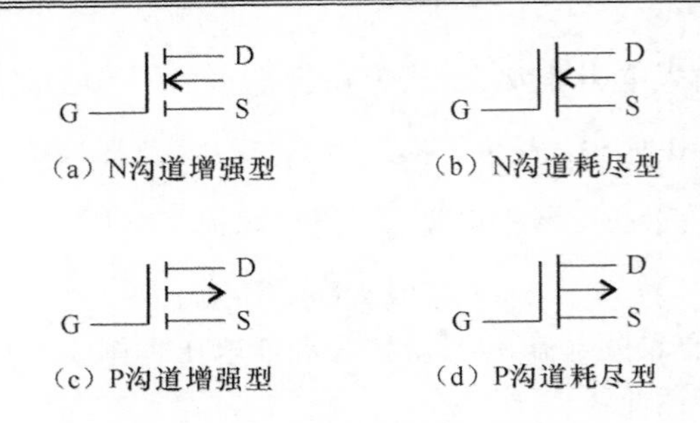

图 4-3　绝缘栅场效应管符号

(2) 转移特性

与结型场效应管类似，为了使场效应管正常工作，需要在绝缘栅场效应管栅源极之间加电压 $\widetilde{U}_{GS}$和在漏源极之间加电压 $\widetilde{U}_{DS}$，如图 4-4(a)所示。

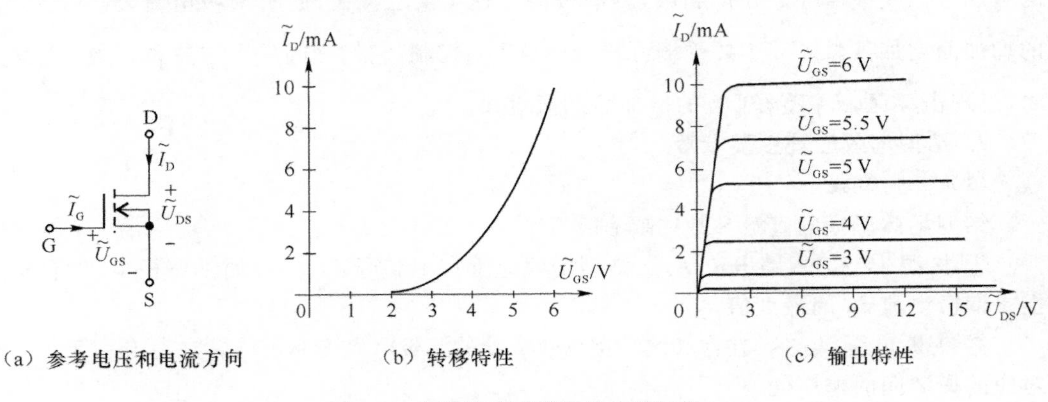

图 4-4　绝缘栅增强型场效应管特性

由于场效应管的输入电阻非常大，认为栅极电流 $\widetilde{I}_G=0$。漏极电流 $\widetilde{I}_D$ 受栅源极间电压 $\widetilde{U}_{GS}$控制，当漏源极间电压 $\widetilde{U}_{DS}$足够大时，漏极电流 $\widetilde{I}_D$ 与栅源极间电压 $\widetilde{U}_{GS}$也呈平方关系

$$\widetilde{I}_D=I_{DSX}\left(1-\frac{U_{GSX}-\widetilde{U}_{GS}}{U_{GSX}-U_{GS(th)}}\right)^2 \tag{4.3}$$

其中 I_{DSX}为 $\widetilde{U}_{GS}=U_{GSX}$时的漏极电流，$U_{GS(th)}$ 称为开启电压。图 4-4(b)给出了常见绝缘栅 N 沟道增强型场效应管的转移特性曲线。

对应耗尽型的场效应管，漏极电流 $\widetilde{I}_D$ 与栅源极间电压 $\widetilde{U}_{GS}$之间的关系与式(4.3)相同，只是 U_{GSX}的值不同。图 4-5(a)给出了常见绝缘栅 N 沟道耗尽型场效应管的转移特性曲线。

(3) 输出特性

图 4-4(c)和 4-5(b)分别给出了常见绝缘栅 N 沟道增强型和耗尽型场效应管的输出特性曲线。与结型场效应管的输出特性曲线没有多大区别。

4. 绝缘栅场效应管主要参数

(1) 直流参数

绝缘栅场效应管的直流参数主要有：

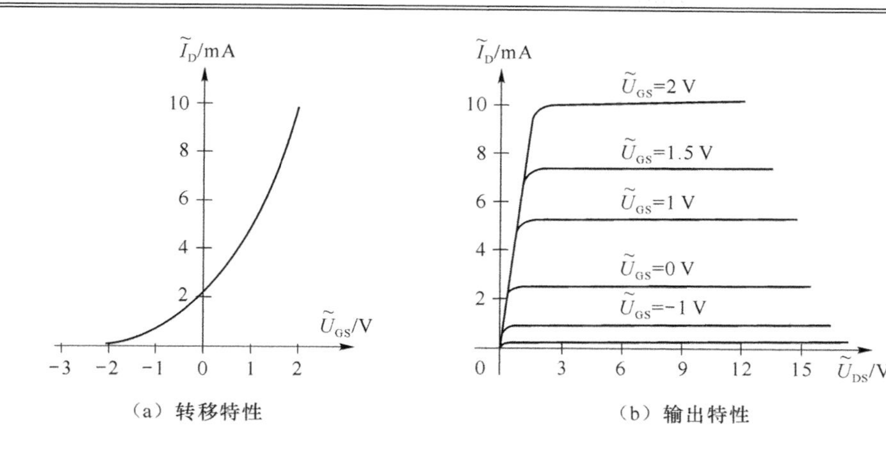

图 4-5　绝缘栅耗尽型场效应管特性

① 栅源(交流)短路电流 I_{DSX}:绝缘栅型场效应管在饱和区、$U_{GS}=U_{GSX}$时的漏极电流。I_{DSX}与结型场效应管的 I_{DSO}略有区别,I_{DSX}不表示绝缘栅场效应管的漏极电流的最大值。

② 开启电压 $U_{GS(th)}$:与结型场效应管的夹断电压 $U_{GS(off)}$相同。

③ 栅源间电阻 R_{GS}:与结型场效应管相同。绝缘栅场效应管的 R_{GS}比结型场效应管的要大,绝缘栅的 R_{GS}可达几千兆欧。

(2) 小信号交流参数

绝缘栅场效应管的正向跨导 g_m 与结型的相同,具有式(4.2)的形式。

漏源等效电阻 r_{DS}与结型的相同。

4.2　场效应管的工作点设置及静态特性分析

1. 共源放大电路

与前面所介绍的晶体三极管一样,场效应管也有三种基本放大电路,即共源、共栅、共漏放大电路。其分析方法也类同。

图 4-6 是绝缘栅 N 沟道增强型场效应管的共源放大电路的常见形式。图 4-7 是其直流通路。

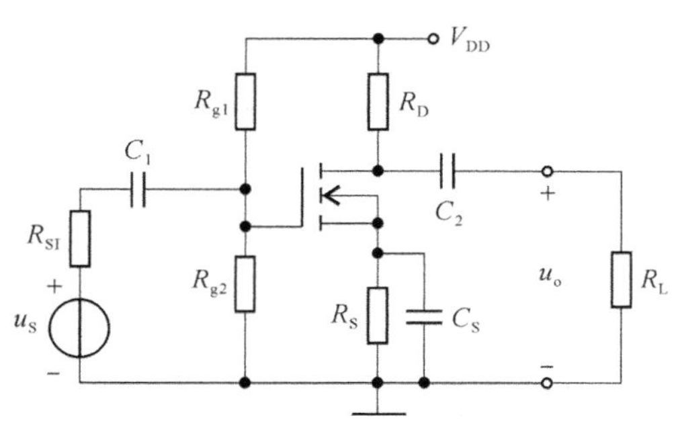

图 4-6　共源放大电路

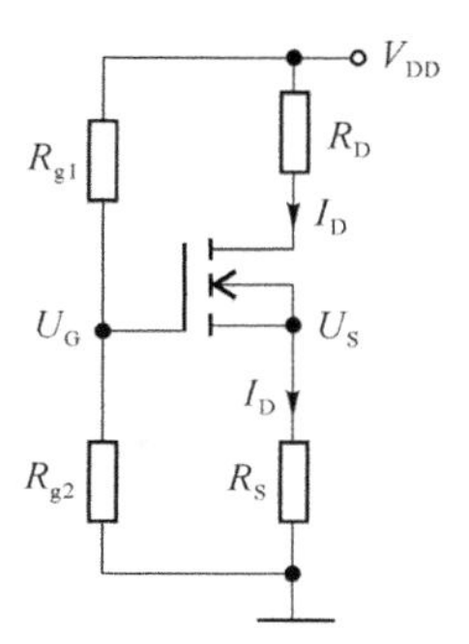

图 4-7　直流通路

对于直流通路，因为场效应管的输入等效电阻很大，栅极电流可以忽略，源极电流与漏极电流相等。因此

$$U_{GQ}=\frac{R_{g2}}{R_{g1}+R_{g2}}V_{DD} \tag{4.4}$$

$$U_{SQ}=I_{DQ}R_S \tag{4.5}$$

$$U_{GSQ}=U_{GQ}-U_{SQ} \tag{4.6}$$

由式(4.3)可得

$$I_{DQ}=I_{DSX}\left(1-\frac{U_{GSX}-U_{GSQ}}{U_{GSX}-U_{GS(th)}}\right)^2 \tag{4.7}$$

解式(4.5)～(4.7)联立方程，得到 U_{GSQ} 和 I_{DQ}，并得到

$$U_{DSQ}=V_{DD}-I_{DQ}(R_D+R_S) \tag{4.8}$$

直流负载线方程为

$$U_{DS}=V_{DD}-I_D(R_D+R_S) \tag{4.9}$$

顺便给出交流负载线方程为

$$\tilde{U}_{DS}=U_{DSQ}+I_{DQ}R_D/\!/R_L-\tilde{I}_D R_D/\!/R_L \tag{4.10}$$

静态工作点和交、直流负载线如图 4-8 中所示。

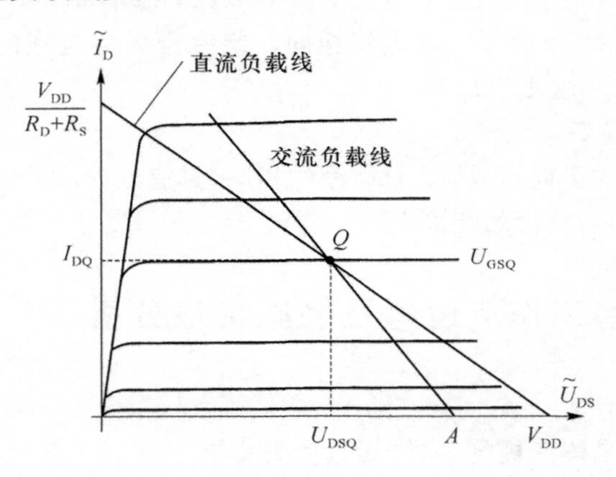

图 4-8　静态工作点及负载线

2. 自生偏置电路

由于结型和绝缘栅耗尽型场效应管可以工作在栅源极间电压 U_{GS} 为负压状态，放大电路可以自生偏置电压。常见电路如图 4-9 所示。图 4-10 为其直流通路。

对于直流通路，因为场效应管的输入等效电阻很大，栅极电流可以忽略，所以栅极电压 $U_{GQ}=0$。而源极电压为

$$U_{SQ}=I_{DQ}R_S \tag{4.11}$$

$$U_{GSQ}=U_{GQ}-U_{SQ}=-U_{SQ} \tag{4.12}$$

由式(4.1)可得

$$I_{DQ}=I_{DSO}\left(1-\frac{U_{GSQ}}{U_{GS(off)}}\right)^2=I_{DSO}\left(1+\frac{U_{SQ}}{U_{GS(off)}}\right)^2 \tag{4.13}$$

解式(4.11)和(4.13)联立方程，得到 U_{GSQ} 和 I_{DQ}，并得到

$$U_{DSQ}=V_{DD}-I_{DQ}(R_D+R_S) \tag{4.14}$$

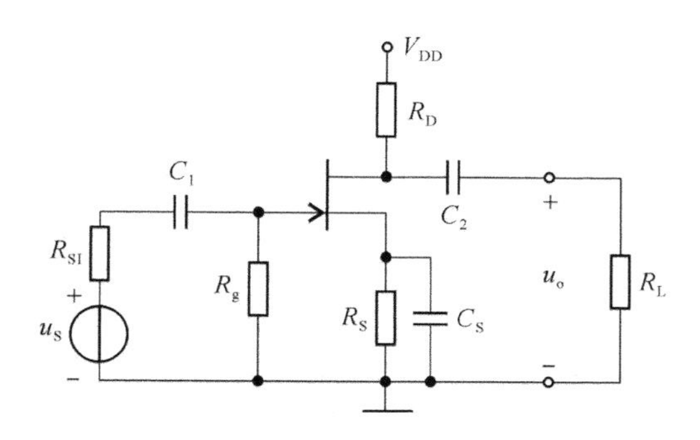

图 4-9　自生偏置放大电路

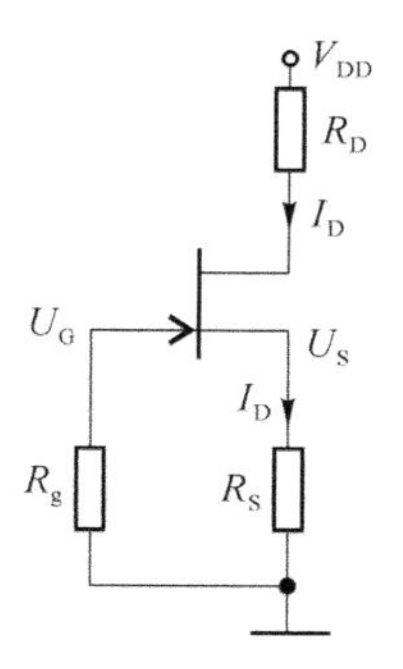

图 4-10　直流通路

例 4-1　如图 4-9 所示的结型场效应管电路中，$R_g=1\ \text{M}\Omega$，$R_S=2\,00\ \Omega$，$R_{SI}=R_D=R_L=1\ \text{k}\Omega$，$V_{DD}=12\ \text{V}$，$U_{GS(off)}=-4\ \text{V}$，$I_{DSO}=10\ \text{mA}$，试分析静态工作特性并画出负载线。

解：由式(4.11)～(4.14)可知

$$U_{SQ}=I_{DQ}R_S=0.2I_{DQ}=-U_{GSQ}$$

$$I_{DQ}=10\left(1-\frac{0.2I_{DQ}}{4}\right)^2$$

整理得

$$I_{DQ}^2-80I_{DQ}+400=0$$

解之得 $I_{DQ}\approx 5.36\ \text{mA}$，$I_{DQ}\approx 74.64\ \text{mA}$（舍去）

$$U_{GSQ}=-I_{DQ}\times R_S=-0.2\times 5.36=-1.072\ \text{V}$$

$$U_{DSQ}=V_{DD}-I_{DQ}\times(R_S+R_D)=12-5.36\times 1.2=5.568\ \text{V}$$

直流负载线方程

$$U_{DS}=V_{DD}-I_D(R_D+R_S)=12-1.2I_D$$

交流负载线方程

$$\tilde{U}_{DS}=U_{DSQ}+I_{DQ}R_D/\!/R_L-\tilde{I}_DR_D/\!/R_L=5.568+5.36\times 0.5-0.5\tilde{I}_D=8.248-0.5\tilde{I}_D$$

静态工作点和交直流负载线如图 4-11 所示。

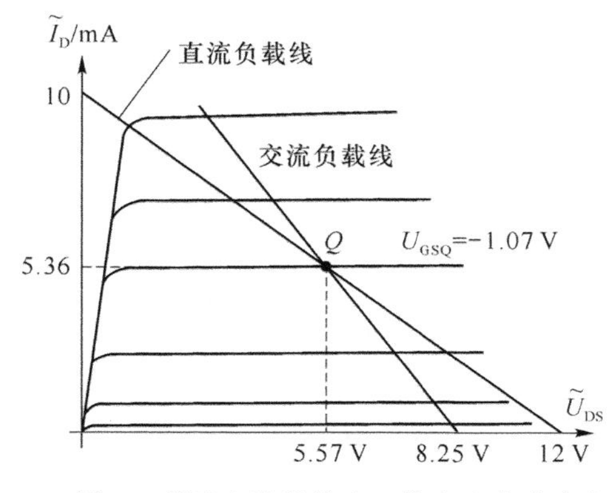

图 4-11　图 4-9 所示电路的静态工作点和交直流负载线

4.3 场效应管的动态特性分析

与晶体三极管类似，场效应管的动态特性分析也有大信号和小信号之分。对于大信号需要采用第2章中的图解法；对于小信号使用等效电路法。场效应管的等效模型与晶体三极管有所不同。

由于场效应管的输入、输出等各等效电阻都很大，一般情况都远远大于外接电阻，所以在场效应管的等效模型中，等效电阻都被忽略了。图4-12给出了场效应管小信号时的低频和高频等效模型，其中 g_m 为场效应管的正向跨导，各种场效应管的 g_m 都具有式(4.2)的形式。

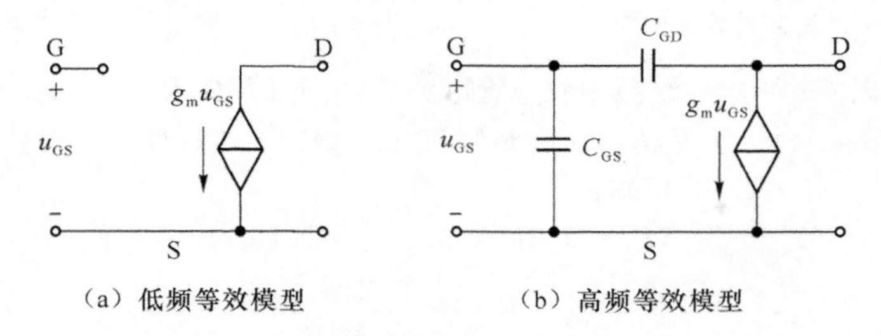

图4-12 场效应管等效模型

在小信号时，有了场效应管的等效模型，分析场效应管放大电路的动态特性和频率特性与前几章介绍的分析方法没有什么不同。

例4-2 在例4-1中，设图4-9电路中各电容值足够大，试计算该电路的电压放大倍数、输入和输出电阻。

解：画出交流等效电路如图4-13所示。首先求出 g_m。

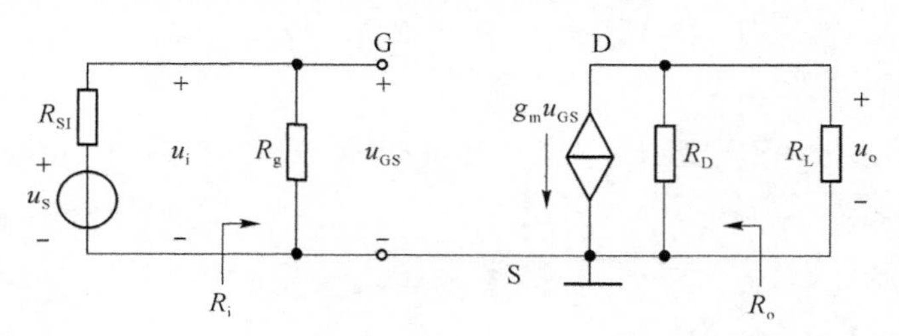

图4-13 交流等效电路

由式(4.2)及例4-1中各值可得

$$g_m = -\frac{2\sqrt{I_{DSO}I_{DQ}}}{U_{GS(off)}} = \frac{2\sqrt{10\times5.36}}{4} = 3.66\ \text{mS}$$

输入电压放大倍数 $A_u = \frac{u_o}{u_i} = -\frac{g_m u_{GS} R_D /\!/ R_L}{u_i} = -g_m R_D /\!/ R_L = -3.66\times1/\!/1 = -1.88$ 因为 $u_i/u_S = R_g/(R_{SI}+R_g) = 1\,000/1\,001 \approx 1$，所以源电压放大倍数

$$A_{uS} = \frac{u_o}{u_S} = \frac{u_o}{u_i}\cdot\frac{u_i}{u_S} \approx \frac{u_o}{u_i} = A_u = -1.88$$

由此看到，由于场效应管的等效输入电阻很大，源电压放大倍数与输入电压放大倍数几乎相等。

输入电阻 $R_i = R_g = 1\ \mathrm{M\Omega}$，输出电阻 $R_o = R_D = 1\ \mathrm{k\Omega}$。

例 4-3　图 4-14 是常见的场效应管共漏放大电路，设 $R_{g1} = 8.83\ \mathrm{k\Omega}$，$R_{g2} = 40\ \mathrm{k\Omega}$，$R_{g3} = 3\ \mathrm{M\Omega}$，$R_S = 1\ \mathrm{k\Omega}$，$V_{DD} = 12\ \mathrm{V}$，$U_{GS(th)} = 2\ \mathrm{V}$，$U_{GSX} = 6\ \mathrm{V}$，$I_{DSX} = 10\ \mathrm{mA}$，各电容值足够大，试分析静态工作特性，计算该电路的电压放大倍数、输入和输出电阻。

解：因为场效应管的输入等效电阻很大，栅极电流可以忽略，电阻 R_{g3} 上的直流电压为 0（相当于短路），所以直流通路如图 4-15 所示。

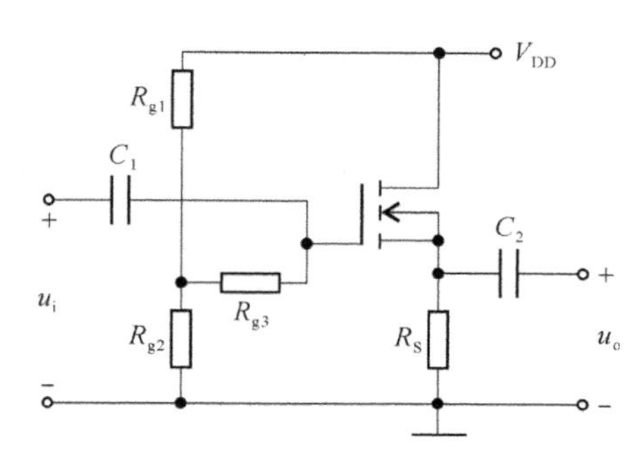

图 4-14　共漏放大电路

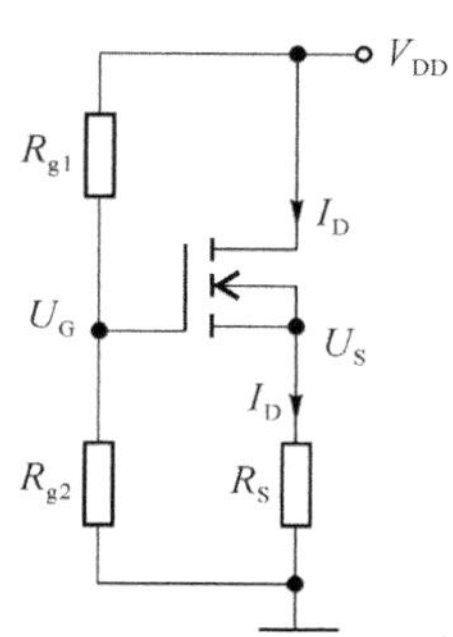

图 4-15　直流通路

由直流通路以及式(4.3)～(4.7)可得

$$U_{GQ} = \frac{R_{g2}}{R_{g1} + R_{g2}} V_{DD} = \frac{40}{8.83 + 40} \times 12 = 9.83\ \mathrm{V}$$

$$U_{SQ} = I_{DQ} R_S = I_{DQ}$$

$$U_{GSQ} = U_{GQ} - U_{SQ} = 9.83 - I_{DQ}$$

$$I_{DQ} = I_{DSX}\left(1 - \frac{U_{GSX} - U_{GSQ}}{U_{GSX} - U_{GS(th)}}\right)^2 = 10 \times \left(1 - \frac{6 - 9.83 + I_{DQ}}{6 - 2}\right)^2 = 10 \times \left(1 - \frac{I_{DQ} - 3.83}{4}\right)^2$$

整理得

$$10 I_{DQ}^2 - 172.6 I_{DQ} + 613.1 = 0$$

解之得 $I_{DQ} \approx 5.00\ \mathrm{mA}$，$I_{DQ} \approx 12.26\ \mathrm{mA}$（舍去）。

$$U_{GSQ} = U_{GQ} - I_{DQ} \times R_S = 9.83 - 5 = 4.83\ \mathrm{V}$$

$$U_{DSQ} = V_{DD} - I_{DQ} \times R_S = 12 - 5 \times 1 = 7\ \mathrm{V}$$

静态工作点合适。

画出交流等效电路如图 4-16 所示，其中 $R'_g = R_{g1} /\!/ R_{g2}$。

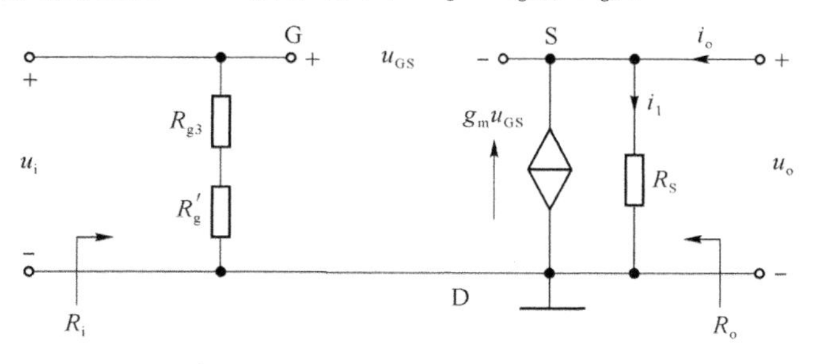

图 4-16　交流等效电路

首先求出 g_m。由式(4.2)可得

$$g_m=\frac{2\sqrt{I_{DSX}I_{DQ}}}{U_{GSX}-U_{GS(th)}}=\frac{2\sqrt{10\times5}}{6-2}\approx3.535\ \mathrm{mS}$$

输入电压放大倍数

$$A_u=\frac{u_o}{u_i}=\frac{u_o}{u_{GS}+u_o}=\frac{g_m u_{GS}R_S}{u_{GS}+g_m u_{GS}R_S}=\frac{g_m R_S}{1+g_m R_S}=\frac{3.535}{1+3.535}\approx0.78$$

由此看到,场效应管共漏放大电路的输入电压放大倍数小于1。

输入电阻

$$R_i=R_{g3}+R'_g\approx R_{g3}=3\ \mathrm{M\Omega}$$

R_{g3} 的存在使电路的输入电阻很大。

令 $u_i\equiv0$,在输出端加电压 u_o,$u_{GS}=-u_o$,则电流

$$i_o=i_1+g_m u_o=u_o/R_S+g_m u_o$$

输出电阻

$$R_o=R_S//(1/g_m)=1//(1/3.535)\approx220\ \Omega$$

思考题与习题

4.1 结型场效应管和MOS场效应管的转移特性的特点是什么?与晶体三极管的转移特性的主要区别是什么?

4.2 场效应管放大电路为什么可以自生偏置?

4.3 如图P4-1所示的结型场效应管电路中,$R_g=1\ \mathrm{M\Omega}$,$R_S=R_{SI}=1\ \mathrm{k\Omega}$,$R_D=5\ \mathrm{k\Omega}$,$R_L=10\ \mathrm{k\Omega}$,$V_{DD}=12\ \mathrm{V}$,$U_{GS(off)}=-4\mathrm{V}$,$I_{DSO}=3\ \mathrm{mA}$。

(1) 分析静态工作特性;

(2) 计算该电路的电压放大倍数、输入和输出电阻。

4.4 如图P4-2所示的结型场效应管电路中,$R_g=1\ \mathrm{M\Omega}$,$R_s=200\ \Omega$,$V_{DD}=12\ \mathrm{V}$,$U_{GS(off)}=-4\mathrm{V}$,$I_{DSO}=10\ \mathrm{mA}$。

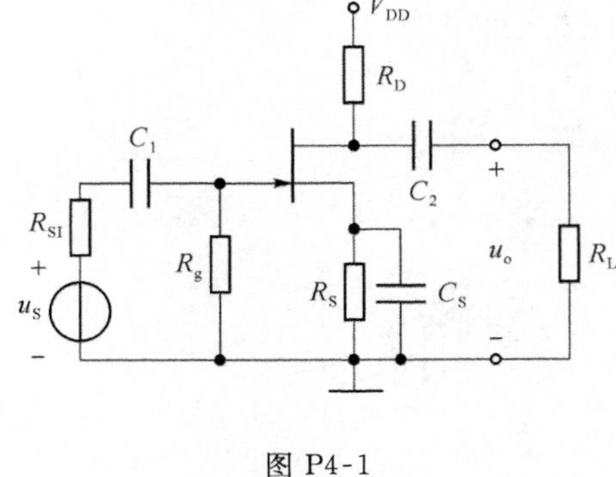

图 P4-1

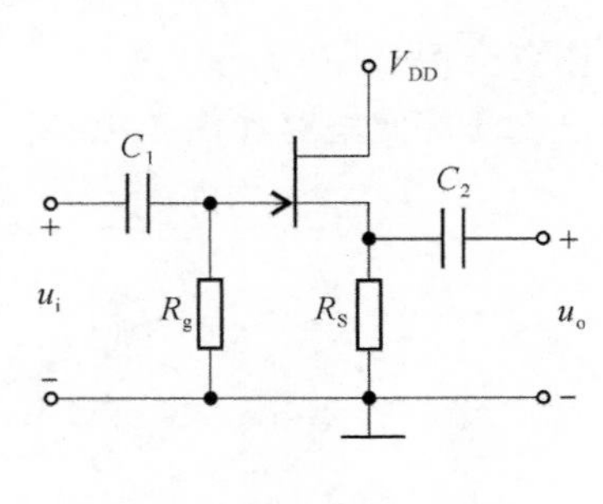

图 P4-2

(1) 分析静态工作特性；

(2) 计算该电路的电压放大倍数、输入和输出电阻。

4.5　在图 P4-3 所示的放大电路中，设 $R_{g1}=14\ \mathrm{k\Omega}$，$R_{g2}=10\ \mathrm{k\Omega}$，$R_{g3}=3\ \mathrm{M\Omega}$，$R_S=1\ \mathrm{k\Omega}$，$R_D=5\ \mathrm{k\Omega}$，$R_L=10\ \mathrm{k\Omega}$，$V_{DD}=12\ \mathrm{V}$，$U_{GS(th)}=2\ \mathrm{V}$，$U_{GSX}=6\ \mathrm{V}$，$I_{DSX}=4\ \mathrm{mA}$，各电容值足够大。

(1) 分析静态工作特性；

(2) 计算该电路的电压放大倍数、输入和输出电阻。

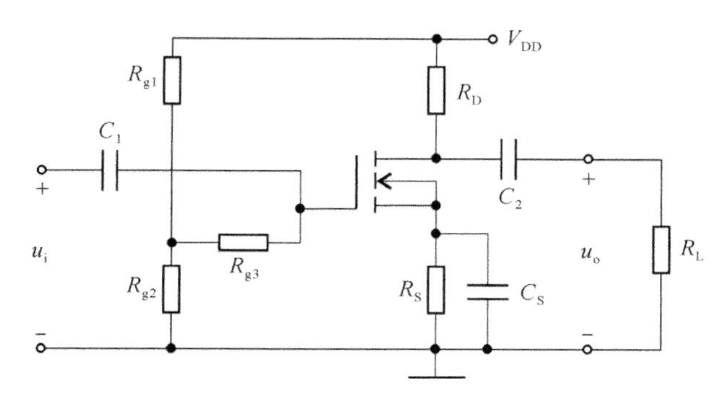

图 P4-3

第 5 章　负反馈放大电路

5.1　反馈基本概念及判断方法

1. 基本概念

(1) 反馈的概念

反馈,也称回授,是指在一个系统中,系统的输出量的部分或全部回送到输入端,用于调整输入量,改变系统的运行状态的过程。

反馈几乎无处不在。在动物和植物长期生长繁衍过程中,不断地根据地域、气候等环境的变化,调整自身的机制;在日常社会中,国家机关通过对某项政策、法规或法律在执行中遇到的新问题或新情况,不断地进行调整和修改;在商业活动中,通过对商品销售的调研、统计来调整进货品种或数量;在控制系统中,通过对执行机构偏移量的监测来修正系统的输入量;等等。在这些例子中,都蕴含了反馈的概念。

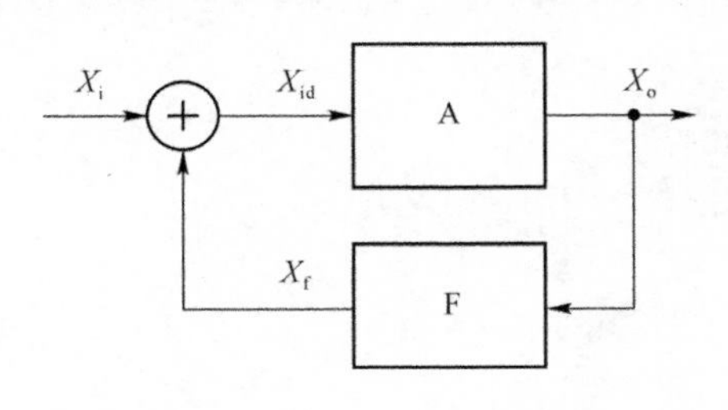

图 5-1　反馈放大电路组成

在电子电路系统中,将电路的输出量(输出电压或电流)的一部分或全部通过相应的电路网络送回到输入回路,调整放大电路输入量(输入电压或电流)大小的过程称为反馈。

引入反馈的放大电路,称为反馈放大电路。反馈放大电路的基本组成如图 5-1 所示。其中 A 为基本放大电路,可以是单级、多级或集成放大电路,主要功能是放大信号;F 为反馈网络,一般是二端口无源网络,主要功能是传输反馈信号。基本放大电路的净输入量 X_{id} 经过基本放大电路 A 放大后产生输出量 X_o;输出量 X_o 经过反馈网络 F 得到反馈量 X_f;反馈量 X_f 与输入量 X_i 进行加或减运算,得到基本放大电路的净输入量 X_{id}。从而形成了一个闭合环路,简称闭环。

因此引入反馈的放大电路所对应的放大倍数称为闭环放大倍数,或称闭环增益。没有引入反馈的放大电路所对应的放大倍数称为开环放大倍数,或称开环增益。

如图 5-2(a)所示的放大电路,由于电容 C 的隔直作用,电阻 R_f 对于电路的静态特性没有影响,但在放大电路工作的频率范围内,对于交流信号相当于短路,如图 5-2(b)交流通路所示。

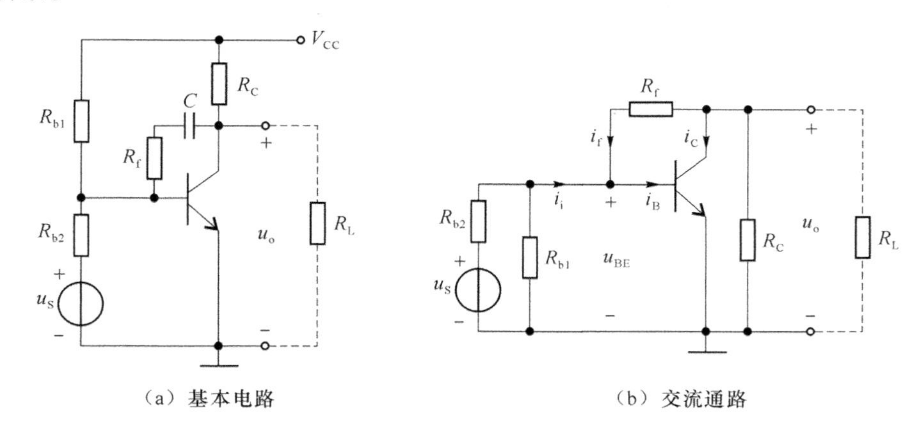

（a）基本电路　　　　（b）交流通路

图 5-2　反馈放大电路

从该电路的交流通路看到，三极管和 R_C 等组成基本放大电路，放大电路的交流输出电压 u_o 通过电阻 R_f 送回到输入回路，电阻 R_f 是反馈网络，电流 i_f 是反馈量，反馈量 i_f 随着输出电压 u_o 的变化而改变，所以放大电路的输出量是输出电压 u_o；放大电路的净输入量（电流）i_B 等于输入量（电流）i_i 与反馈量 i_f 的代数和。

（2）反馈放大电路中的正、负反馈

在反馈放大电路中，如果反馈量 X_f 使基本放大电路的净输入量 X_{id} 在输入量 X_i 的基础上增大，即 $X_{id}=X_i+X_f$，称电路中的反馈为正反馈，同时称反馈放大电路为正反馈放大电路；反之，反馈量 X_f 使净输入量 X_{id} 在输入量 X_i 的基础上减小，即 $X_{id}=X_i-X_f$，称电路中的反馈为负反馈，同时称反馈放大电路为负反馈放大电路。

在图 5-2(b)中，当输入电流 i_i 为正值时，对应放大电路的净输入电流 i_B 和电压 u_{BE} 为正，经过基本放大电路放大后，得到电流 i_C 为正以及输出电压 u_o。但是，由于 u_o 与 i_C 是反相的，所以 u_o 为负，$u_o=-|u_o|$，从而 $i_f=-(u_{BE}-u_o)/R_f=-(u_{BE}+|u_o|)/R_f=-|i_f|$，可见，反馈电流 i_f 与输入电流 i_i 和净输入电流 i_B 也是反相的，由于 $i_B=i_i+i_f=i_i-|i_f|$，所以反馈电流 i_f 使净输入 i_B 在输入电流为 i_i 的基础上减小了，故在该反馈放大电路中反馈是负反馈，该反馈放大电路为负反馈放大电路。

（3）反馈放大电路中的直流反馈和交流反馈

在直流通路中存在的反馈称为直流反馈。在交流通路中存在的反馈称为交流反馈。如图 5-2(b)所示电路交流通路中，存在交流反馈。

直流反馈如图 5-3 所示。在图 5-3(b)直流通路中，由于某种原因，例如电源电压 V_{CC} 的波动，使三极管的基极电压 U_B 升高，则 B-E 间的电压 U_{BE} 升高，导致基极电流 I_B 增大，发射极电流 I_E 增大，发射极电阻 R_E 上的电压 U_F 增大，从而使 U_{BE} 减小。也就是说，由于发射极电阻 R_E 的存在，因基极电压 U_B 的升高而引起的 U_{BE} 的增大值将减小，从而 I_B、I_C、I_E 的增大值将减小。

反之，如果三极管的基极电压 U_B 降低，则 B-E 间的电压 U_{BE} 降低，导致基极电流 I_B 减小，发射极电流 I_E 减小，发射极电阻 R_E 上的电压 U_F 减小，从而使 U_{BE} 增大。也就是说，由于发射极电阻 R_E 的存在，因基极电压 U_B 的降低而引起的 U_{BE} 的减小值将减小，从而 I_B、I_C、I_E 的减小值将增大。因此，稳定了静态工作点。

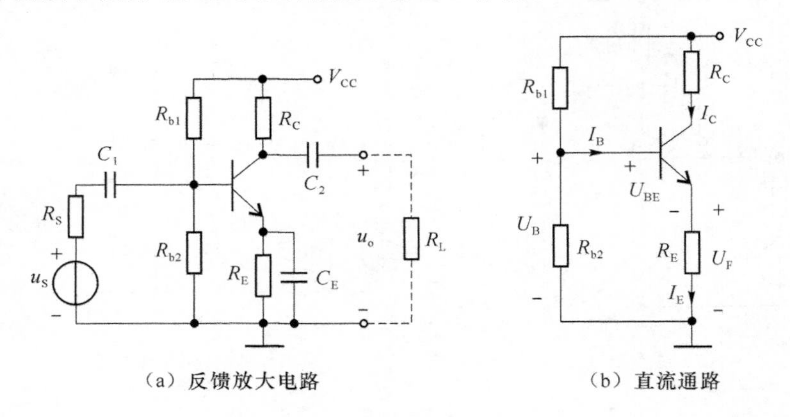

图 5-3 直流反馈电路

因此，在该放大电路中，反馈电压 U_F 是随着输出电流 I_E（或 I_C）的变化而变化，即输出电流 I_E（或 I_C）通过电阻 R_E 作用到了输入回路，使净输入量向相反的方向变化。所以输出量是 I_E（或 I_C），输入量是 U_B，净输入量是 U_{BE}，反馈量是 U_F，净输入量 $U_{BE}=U_B-U_F$，是负反馈，故该电路是直流负反馈放大电路。

同样，当环境发生变化时，譬如温度升高（或降低）使三极管各极电流加大（或减小），由于电阻 R_E 的存在，电路具有直流负反馈的功能，因此 I_E 增大（或减小）时，则反馈量 U_F 增大（或减小），从而使 U_{BE} 减小（或增大），I_B、I_C、I_E 都减小（或增大），稳定了静态工作点。

由于发射极电容 C_E 对交流信号的短路作用，该电路不存在交流反馈。

在很多放大电路中，经常是交、直流反馈同时存在，如图 5-4(a)所示。该放大电路的直流通路(图 5-4(b))与图 5-3(b)是完全相同的形式，故该放大电路引入了直流负反馈。

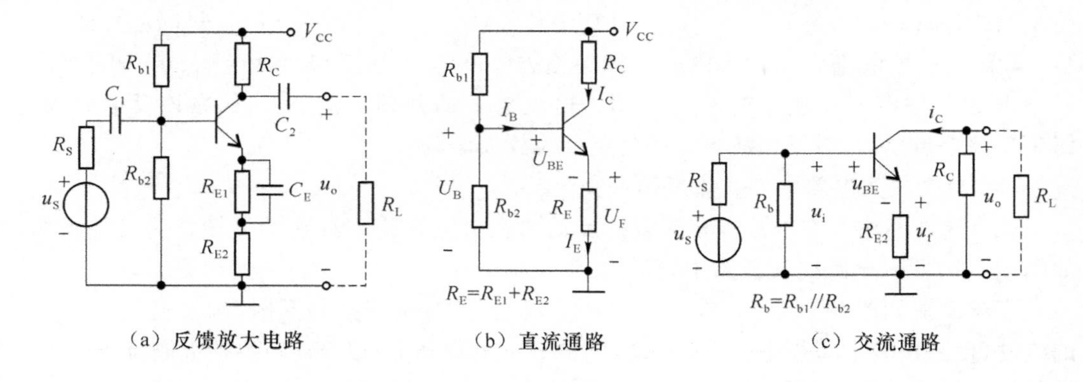

图 5-4 交、直流反馈电路

在交流通路(图 5-4(c))中，与直流负反馈类似，反馈电压 u_f 是随着输出电流 i_E（或 i_C）的变化而变化，即输出电流 i_E（或 i_C）通过电阻 R_{E2} 作用到了输入回路，所以输出量是 i_E（或 i_C）；输入量（交流电压）u_i，产生净输入量（电压）u_{BE} 和输出量 i_C，i_C 通过电阻 R_{E2} 产生

反馈电压 u_f，R_{E2} 组成交流反馈网络，放大电路的净输入量 $u_{BE}=u_i-u_f$，所以该放大电路中又存在交流负反馈。

直流负反馈的主要功能是稳定静态工作点。在本章中，重点介绍交流负反馈放大电路的特性。

2．负反馈放大电路的四种组态

在负反馈放大电路中，输入量、净输入量和反馈量的关系不同，放大电路的特性有所改变；同样，输出量（电压还是电流）的不同，放大电路的特性也不相同，其特性在随后的几节中将详细介绍。

在图 5-2(b)所示的交流通路中看到，输入量 i_i、净输入量 i_B 和反馈量 i_f 所对应的三个支路是并联关系，称为（输入）并联反馈；而在图 5-4(c)中，输入量 u_i、净输入量 u_{BE} 和反馈量 u_f 所对应的三个支路是串联关系，称为（输入）串联反馈。所以反馈放大电路在输入回路的形式有两种——并联和串联。

在图 5-2(b)中，反馈量是随着输出电压变化而改变的，输出量是电压 u_o，称为（输出）电压反馈；在图 5-4(c))中，反馈量是随着输出电流变化而改变的，输出量是电流 i_E（或 i_C），称为（输出）电流反馈。所以反馈放大电路在输出回路的形式也有两种——电压和电流。

因此，在负反馈放大电路中，有四种组态（组合状态）：电压串联负反馈、电压并联负反馈、电流串联负反馈、电流并联负反馈。

例如在图 5-2(b)中，引入了电压并联负反馈；在图 5-4(c)中，引入了电流串联负反馈。

3．四种组态的判断

(1) 输入回路形式的判断

反馈放大电路在输入回路的形式——并联或串联——的判断较为简单，主要看反馈量对应的支路与输入量和净输入量所对应的支路的关系是并联还是串联。

(2) 输出回路形式的判断

反馈放大电路在输出回路的形式——电压或电流——的判断，要看是何种输出量（电压还是电流）直接影响反馈量。在电压反馈电路中，因为反馈量是随着输出电压 u_o 变化而变化的，所以，若输出电压 $u_o\equiv 0$，则反馈量与输出无关，即反馈消失。

因此，负反馈放大电路在输出回路的形式——电压或电流——的判断方法为：令反馈放大电路的输出电压 u_o 为零，若反馈消失（反馈量与输出无关），则说明电路中引入了电压反馈；若反馈依然存在，则说明电路中引入了电流反馈。

例如在图 5-2(b)中，令输出电压 $u_o\equiv 0$，反馈量 $i_f=-u_{BE}/R_f$，与输出无关，是电压反馈；在图 5-4(c)中，令输出电压 $u_o\equiv 0$，输出电流 i_E（或 i_C）依然存在，反馈量 $u_f=i_E R_f$ 不变，是电流反馈。

4．正、负反馈的判断

对反馈放大电路的正确判断（包括组态的判断、正或负反馈的判断）是研究反馈放大电路的基础。在分析反馈放大电路的动态特性过程中，比较直观和不容易出错的方法是首先画出交流通路，在交流通路的基础上判断放大电路的反馈组态，根据组态选择输入量、净输入量以及反馈量的形式是电压还是电流，然后进行正、负反馈的判断。

（1）输入量、净输入量和反馈量的选择

在决定了反馈放大电路的组态基础上，选择输入量、净输入量和反馈量形式的原则是：并联反馈选择电流、串联反馈选择电压。

（2）正、负反馈的判断

判断正、负反馈的基本方法是：在放大电路的交流通路中，规定输入量瞬间对地的极性，并以此为依据，逐级判断各相关点电流的方向和电位的极性，得到输出量的极性。然后根据输出量的极性判断出反馈量的极性：若反馈量使净输入量增大，则为正反馈；若反馈量使净输入量减小，则为负反馈。

例 5-1 如图 5-5(a)所示的反馈放大电路，试判断组态和正、负反馈。

解： 画出交流通路如图 5-5(b)所示。由于电阻 R_f 的存在，电路引入了反馈。反馈量 u_f 与输入量 u_i、净输入量 u_{BE} 串联，是串联反馈；令 $u_o \equiv 0$，反馈量 u_f 与输出无关，是电压反馈，所以该电路是电压串联反馈。

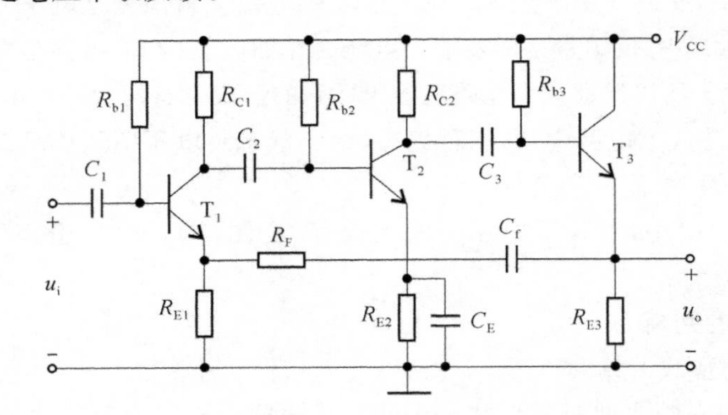

（a）反馈放大电路

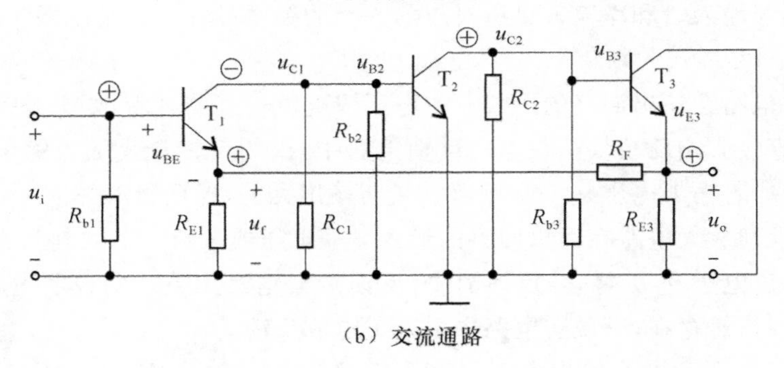

（b）交流通路

图 5-5 反馈放大电路及其交流通路

设输入量 u_i 的瞬间极性为正（增大），即三极管 T_1 的基极电压为正（增大），则净输入量 u_{BE} 增大，T_1 的集电极（T_2 的基极）电压为负（减小），T_2 的集电极（T_3 的基极）电压为正（增大），T_3 的发射极电压为正（增大），从而使反馈量 u_f 增大，净输入量 u_{BE} 减小，为负反馈。

判断过程可描述为

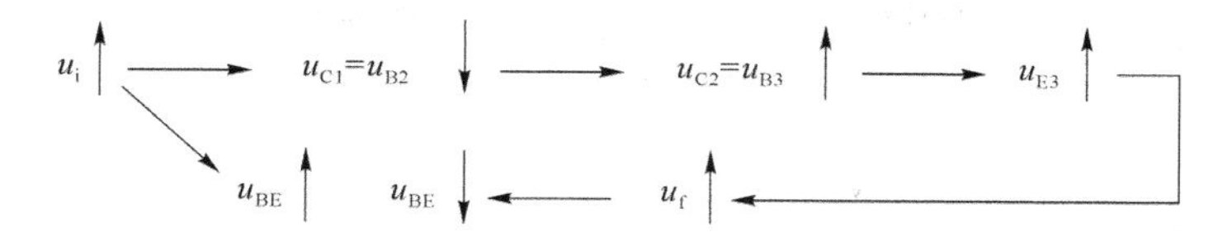

因此该电路是电压串联负反馈。

例 5-2　如图 5-6(a)所示的反馈放大电路，试判断组态和正、负反馈。

解：画出交流通路如图 5-6(b)所示。由于电阻 R_f 的存在，电路引入了反馈。反馈量 i_f 与输入量 i_i、净输入量 i_B 并联，是并联反馈。令 $u_o\equiv0$，反馈存在，是电流反馈，所以该电路是电流并联反馈。

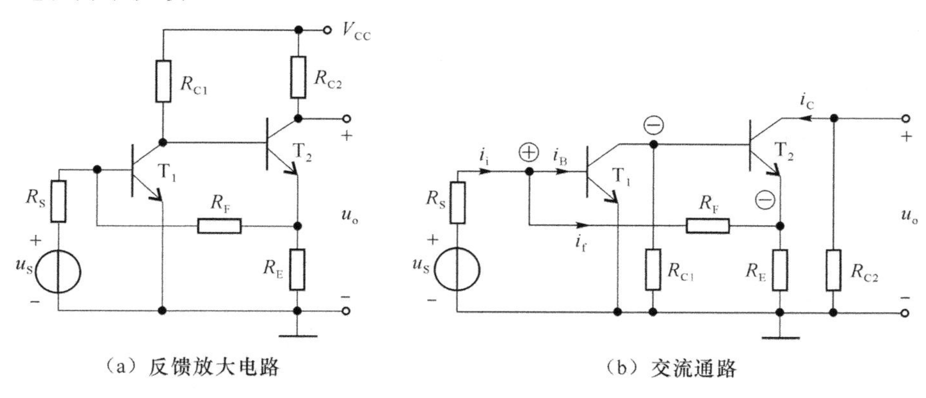

(a) 反馈放大电路　　　　(b) 交流通路

图 5-6　反馈放大电路及其交流通路

设输入量 i_i 的瞬间极性为正(增大)，则净输入量 i_B 为正(增大)，三极管 T_1 的基极电压为正(增大)，T_1 的集电极电压为负(减小)，T_2 的发射极电压为负(减小)，反馈电阻 R_F 两端的电压加大，从而使反馈量 i_f 增大，因此净输入量 i_B 减小，为负反馈。

判断过程可描述为

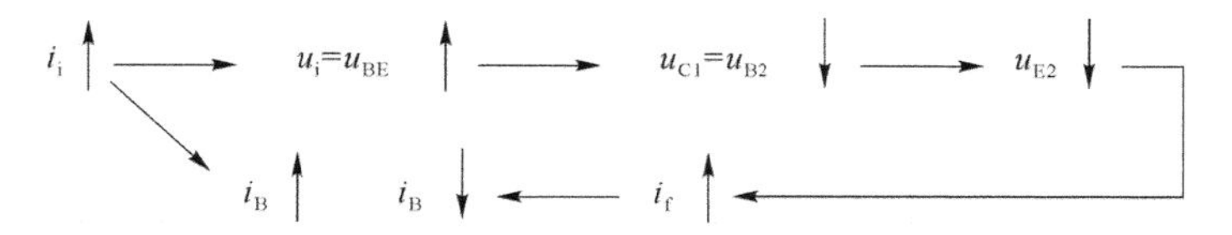

故该电路是电流并联负反馈。

例 5-3　如图 5-7(a)所示的反馈放大电路，试判断组态和正、负反馈。

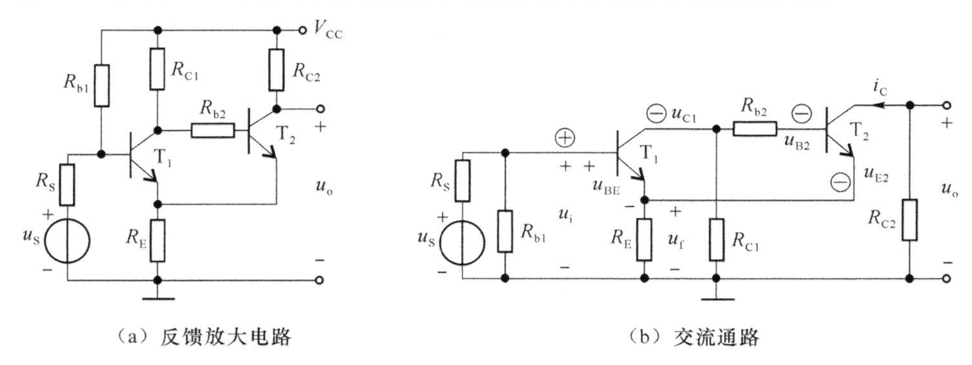

(a) 反馈放大电路　　　　(b) 交流通路

图 5-7　反馈放大电路及其交流通路

解：画出交流通路如图 5-7(b)所示。R_E 为反馈电阻。反馈量 u_f 与输入量 u_i、净输入量 u_{BE} 串联，是串联反馈。令 $u_o \equiv 0$，反馈存在，是电流反馈，所以该电路是电流串联反馈。

设输入量 u_i 的瞬间极性为正（增大），则净输入量 u_{BE} 为正（增大），三极管 T_1 的集电极电压为负（减小），T_2 的基极电压为负（减小），T_2 的发射极电压为负（减小），从而使反馈量 u_f 减小，所以净输入量 u_{BE} 增大，为正反馈。

判断过程可描述为

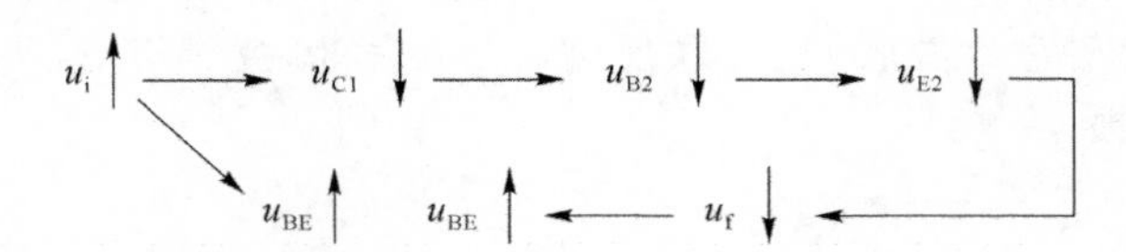

因此该电路是电流串联正反馈。

5. 集成放大电路的反馈

随着科学技术的发展，集成放大电路的应用越来越普遍。集成放大电路是指在一块半导体单晶硅片上，制作了许许多多个三极管、二极管、电阻等器件，并把它们按功能要求组成一个完整的放大电路。图 5-8 是集成放大电路的通用符号，其中电源常被省略。

集成放大电路有两个输入端，同相输入端是指此端输入的信号与输出端信号同相变化，反相输入端是指此端输入的信号与输出端信号反相变化。

由于集成放大电路是把多级放大电路集成在一起，因此，集成放大电路的最大特点是放大倍数非常大，通常在 10^5 的量级。

采用集成放大电路组成反馈电路在电路形式上、判断正负反馈的过程等都可以大大简化。

如图 5-9 所示的电路，输入信号加在集成放大电路的反相输入端，即输出电压 u_o 与输入电压 u_i 呈反相变化关系，所以称之为反相放大电路。由图中看到，反馈量 i_f 与输入量 i_i、净输入量 i_{id} 并联，是并联反馈。令 $u_o \equiv 0$，反馈量 u_f 与输出无关，是电压反馈，所以该电路是电压并联反馈。

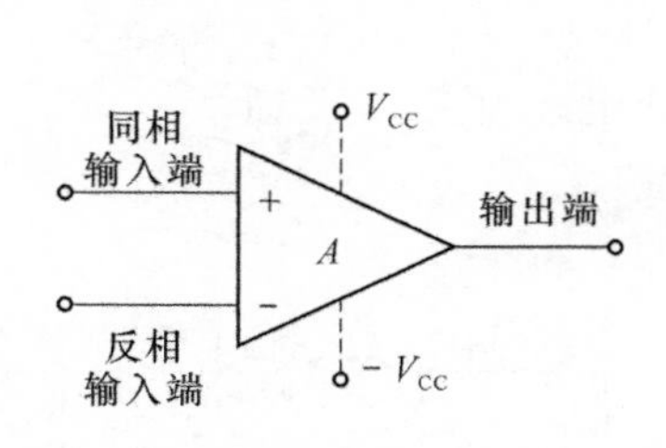

图 5-8　集成放大电路符号

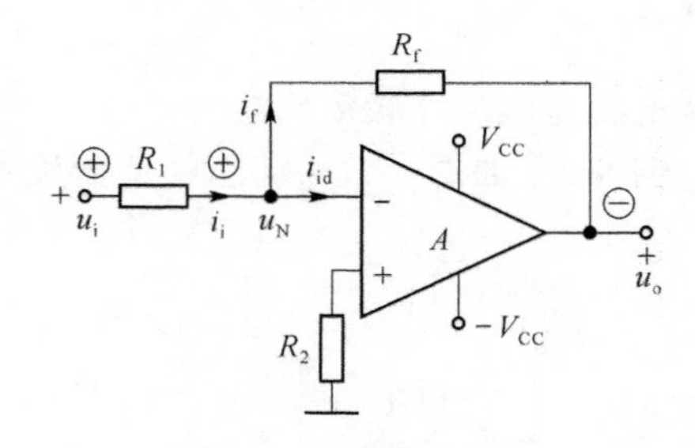

图 5-9　电压并联反馈电路

设输入量 u_i 的瞬间极性为正（增大），则净输入量 i_i 为正（增大），由于输入信号加在集成放大电路的反相输入端，所以输出电压 u_o 为负（减小），从而使反馈量 i_f 增大，所以净输入量 i_{id} 减小，为负反馈。

判断过程可描述为

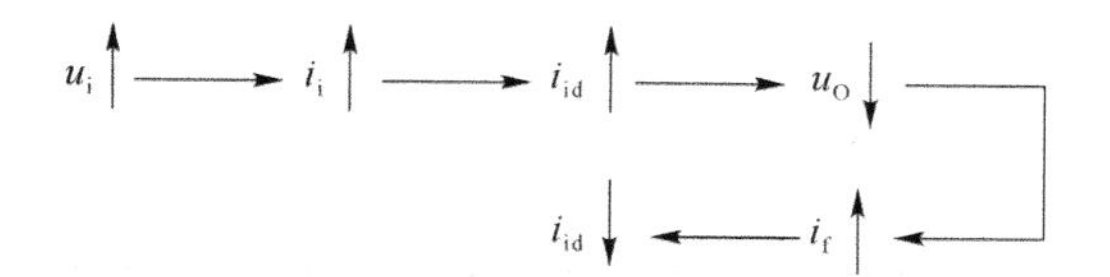

因此该电路是电压并联负反馈。

如图 5-10 所示的电路，输入信号加在集成放大电路的同相输入端，即输出电压 u_o 与输入电压 u_i 呈同相变化关系，所以称之为同相放大电路。

不难判断，该电路是电压串联负反馈。

图 5-11 和 5-12 所示的电路分别是电流串联和电流并联负反馈(判断过程留作习题)。

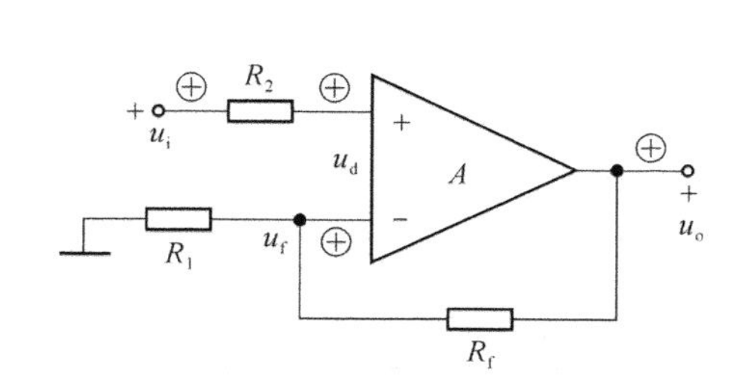

图 5-10　电压串联负反馈电路

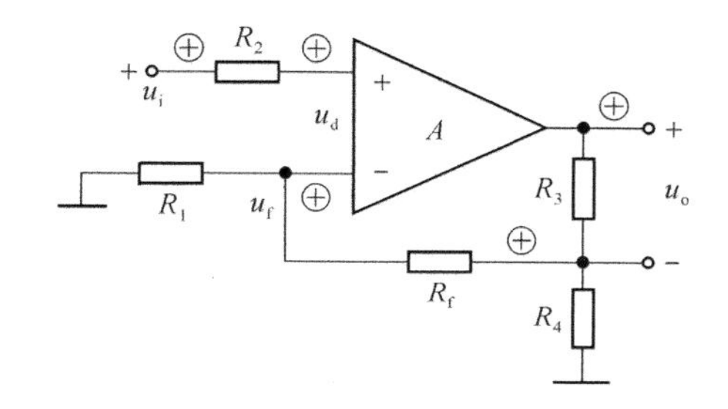

图 5-11　电流串联负反馈电路

如图 5-13 所示的电路，反馈电阻 R_f 连接在集成放大电路的同相输入端与输出之间，从而电路引入了电压正反馈。

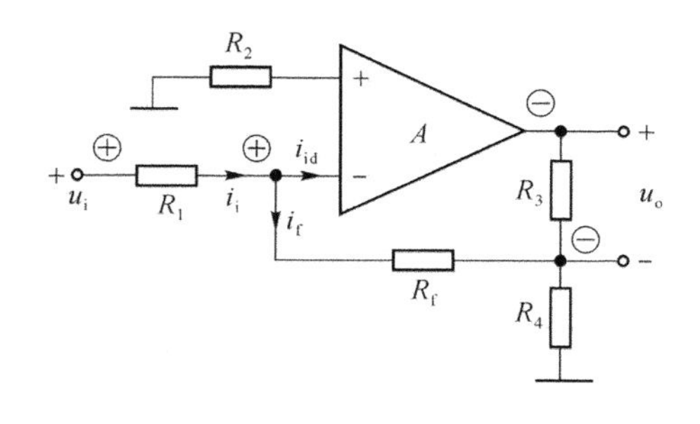

图 5-12　电流并联负反馈电路

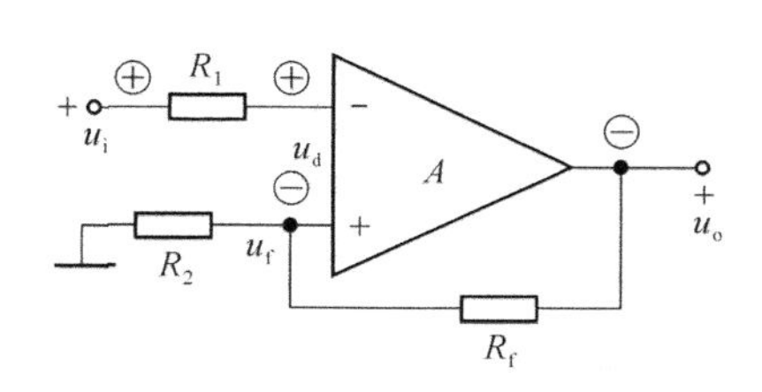

图 5-13　电压串联正反馈电路

判断过程如下

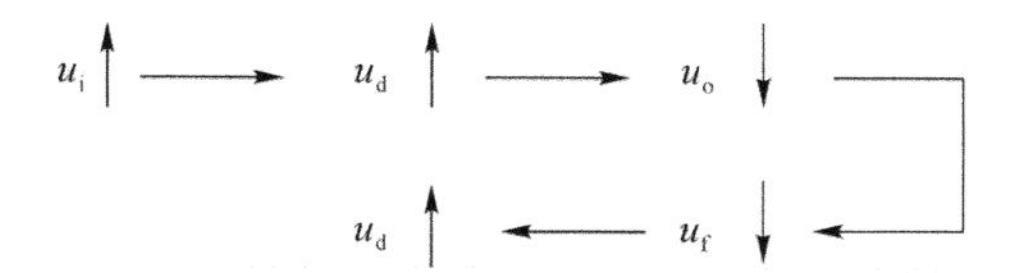

因此该电路是电压串联正反馈。

5.2 负反馈放大电路的特性分析

1. 负反馈放大电路的基本表达形式

负反馈放大电路的基本形式如图 5-14 所示。在负反馈放大电路中，净输入量等于输入量与反馈量之差，基本表达式为

$$X_{id}=X_i-X_f \tag{5.1}$$

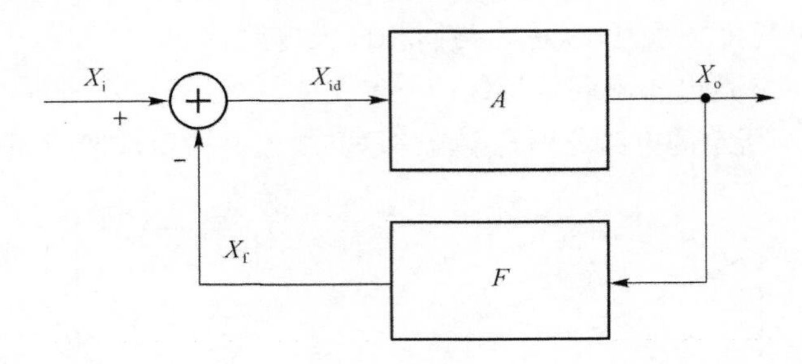

图 5-14 负反馈放大电路基本形式

定义基本放大电路的放大倍数(也称开环放大倍数)为

$$A=\frac{X_o}{X_{id}} \tag{5.2}$$

定义反馈系数为

$$F=\frac{X_f}{X_o} \tag{5.3}$$

定义负反馈放大电路的放大倍数(也称闭环放大倍数)为

$$A_f=\frac{X_o}{X_i} \tag{5.4}$$

由式(5.2)～(5.3)得

$$AF=\frac{X_o}{X_{id}}\cdot\frac{X_f}{X_o}=\frac{X_f}{X_{id}} \tag{5.5}$$

AF 称为电路的环路放大倍数。

由式(5.1)～(5.5)有

$$A_f=\frac{X_o}{X_i}=\frac{X_o}{X_f+X_{id}}=\frac{X_o}{AFX_{id}+X_{id}}=\frac{1}{1+AF}\cdot\frac{X_o}{X_{id}}=\frac{A}{1+AF} \tag{5.6}$$

负反馈放大电路的基本放大电路是在断开反馈且考虑了反馈网络的负载效应的情况下所构成的放大电路；反馈网络是指与反馈系数 F 有关的所有元器件所构成的网络。

在负反馈放大电路中，$AF>0$，式(5.6)表明引入负反馈后电路的放大倍数等于基本放大电路放大倍数的$(1+AF)$分之一。

当 $AF+1\gg1$ 时，称电路为深度负反馈放大电路。

在深度负反馈放大电路中，由式(5.6)得到

$$A_f \approx \frac{A}{AF} = \frac{1}{F} \tag{5.7}$$

上式表明，在深度负反馈放大电路中，可以认为放大倍数 A_f 仅取决于电路的反馈系数 F。由于在深度负反馈放大电路中 $A_f = \frac{1}{F} = \frac{X_o}{X_f}$，与式(5.4)比较发现，此时 $X_i = X_f$，由式(5.1)得到 $X_{id} = 0$。也就是说，在深度负反馈放大电路中，净输入量远远小于输入量或反馈量，可以认为净输入量等于0，这就是在之后分析深度负反馈放大电路(包括引入负反馈的集成放大电路)过程中，引入虚短路和虚开路概念的基础。

2. 电压串联负反馈放大电路的特性

(1) 基本形式

电压串联负反馈放大电路的基本形式如图5-15所示，净输入量、输入量与反馈量分别是 u_{id}、u_i 和 u_f，基本放大电路的放大倍数为 $A_u = u_o / u_{id}$、反馈系数为 $F_u = u_f / u_o$。

在深度负反馈时，电压串联负反馈放大电路的电压放大倍数 A_{uf} 为

$$A_{uf} = \frac{u_o}{u_i} = \frac{1}{F_u} \tag{5.8}$$

(2) 输入电阻

如图5-16所示，基本放大电路的输入电阻 $R_i = u_{id} / i_i$，整个电路的输入电阻为 $R_{if} = \frac{u_i}{i_i} = \frac{u_{id} + u_f}{i_i}$，由式(5.5)得到

$$R_{if} = \frac{u_{id} + A_u F_u u_{id}}{i_i} = (1 + A_u F_u) \frac{u_{id}}{i_i} = (1 + A_u F_u) R_i \tag{5.9}$$

上式表明电压串联负反馈放大电路的输入电阻增大到基本放大电路输入电阻 R_i 的 $(1 + A_u F_u)$ 倍。

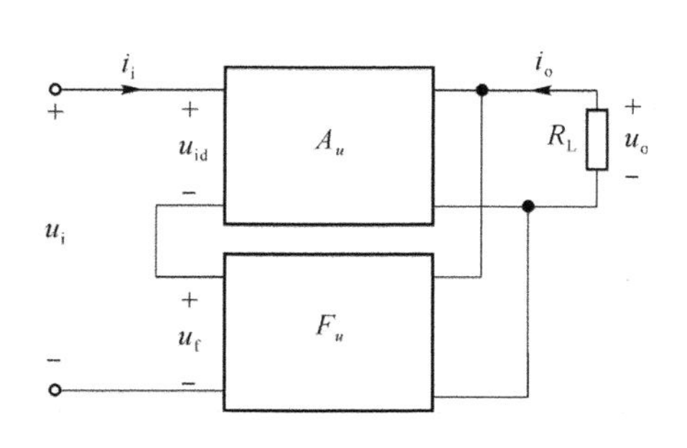

图5-15 电压串联负反馈放大电路基本形式

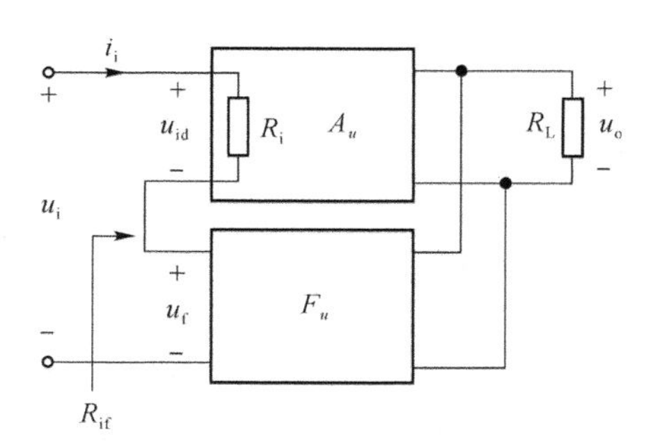

图5-16 电压串联负反馈放大电路输入电阻

(3) 输出电阻

如图5-17所示，基本放大电路的输出等效为受控电压源和输出电阻 R_o。令输入量 $u_i \equiv 0$，在输出端加交流电压 u_o，产生电流 i_o，u_o 通过反馈网络，得到反馈量 $u_f = F_u u_o$，由于 $u_i \equiv 0$，$u_{id} = -u_f = -F_u u_o$，使基本放大电路产生输出电压为 $-A_u F_u u_o$。

一般情况下，由于反馈网络所引起的电流 i' 远远小于电流 i_o，可以忽略。电流 i_o 为

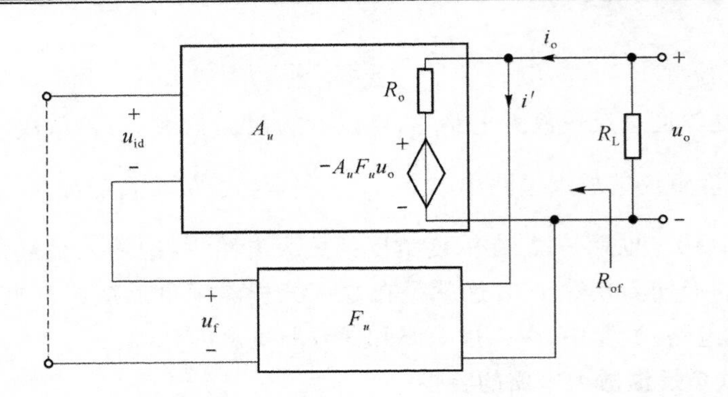

图 5-17　电压串联负反馈放大电路输出电阻

$$i_o=\frac{u_o-(-A_uF_uu_o)}{R_o}=(1+A_uF_u)\frac{u_o}{R_o}$$

整个电路的输出电阻 R_{of} 为

$$R_{of}=\frac{u_o}{i_o}=\frac{R_o}{1+A_uF_u} \tag{5.10}$$

上式表明引入电压负反馈后输出电阻仅为其基本放大电路输出电阻的$(1+A_uF_u)$分之一，$1+A_uF_u\to\infty$，$R_{of}\to 0$，因此深度电压负反馈电路的输出可近似认为恒压源。

应该指出，式(5.10)只是近似值，因为在推导过程中忽略了图 5-17 中反馈网络所引起电流 i' 的影响，实际输出电阻比式(5.10)要小。

例 5-4　如图 5-5(a)所示的电压串联负反馈放大电路，设该电路的静态工作点合适，且满足深度负反馈条件，试求该电路的电压放大倍数、输入和输出电阻。

解：重新画出该电路的交流通路如图 5-18 所示。在该电路中，反馈网络是由 R_F 和 R_{E1} 组成。由于满足深度负反馈条件，所以净输入量 u_{BE} 远远小于输入量 u_i 或反馈量 u_f，

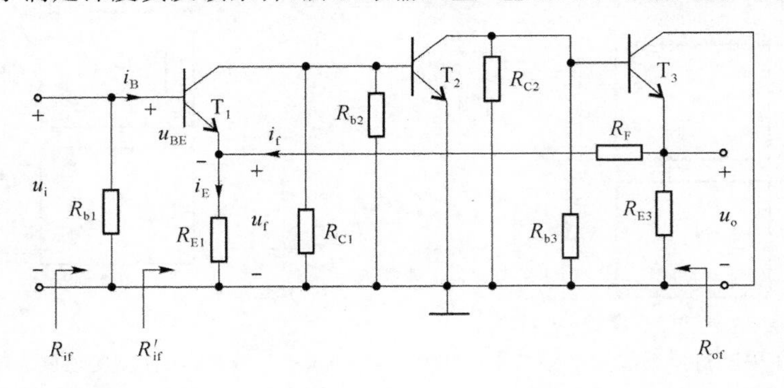

图 5-18　交流通路

认为 $u_{BE}=0$(虚短路特性)，从而 $i_B=0$(虚开路特性)，$i_E=i_f$。故反馈系数为

$$F_u=\frac{u_f}{u_o}=\frac{R_{E1}}{R_{E1}+R_F}$$

由式(5.8)可知，电压放大倍数为

$$A_{uf}=\frac{u_o}{u_i}=\frac{1}{F_u}=1+\frac{R_F}{R_{E1}}$$

也可以直接计算该电路的电压放大倍数。

在图5-18中频等效电路中，由深度负反馈放大电路的虚短路和虚开路特性得到，$u_i=u_f$以及$u_o=(R_F+R_{E1})u_f/R_{E1}=(R_F+R_{E1})u_i/R_{E1}$，所以电压放大倍数为

$$A_{uf}=\frac{u_o}{u_i}=1+\frac{R_F}{R_{E1}}$$

在该电路中，基本放大电路的输入电阻$R_i=u_{BE}/i_B=r_{be1}$，由式(5.9)可知，输入电阻

$$R'_{if}=(1+A_uF_u)R_i=(1+A_uF_u)r_{be1}$$

整个放大电路的输入电阻

$$R_{if}=R_{b1}/\!/R'_{if}=R_{b1}/\!/(1+A_uF_u)r_{be1}$$

该电路的基本放大电路的输出级是共集电路，所以基本放大电路的输出电阻$R_o=R_{E3}/\!/[(r_{be3}+R_{C2}/\!/R_{b3})/(1+\beta_3)]$。注意，如果不是在该电路的中频等效电路中计算$R_o$，往往会漏掉$R_{C2}$。

由式(5.10)可得整个放大电路的输出电阻

$$R_{of}=R_o/(1+A_uF_u)$$

例5-5　如图5-10所示的集成放大电路组成的电压串联负反馈放大电路，试求该电路的电压放大倍数。

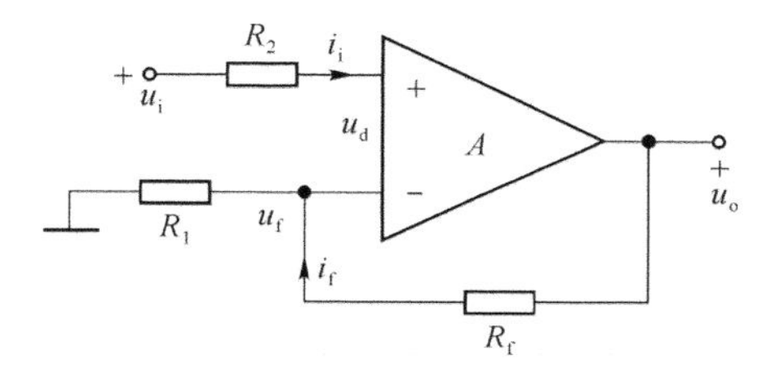

图5-19　电压串联负反馈电路

解：重新画出该电路如图5-19所示。在该电路中，反馈网络是由R_f和R_1组成。由于集成放大电路的放大倍数很大，所以电路满足深度负反馈条件。由虚短路和虚开路特性得到$u_d=0$和$i_i=0$，因此反馈系数为$F_u=\dfrac{u_f}{u_o}=\dfrac{R_1}{R_1+R_f}$，由式(5.8)可得电压放大倍数

$$A_{uf}=\frac{u_o}{u_i}=\frac{1}{F_u}=1+\frac{R_f}{R_1}$$

也可以直接计算该电路的电压放大倍数。

由深度负反馈放大电路的虚短路和虚开路特性得$u_i=u_f$以及$u_o=(R_f+R_1)u_f/R_1=(R_f+R_1)u_i/R_1$，所以电压放大倍数为

$$A_{uf}=\frac{u_o}{u_i}=1+\frac{R_f}{R_1}$$

3. 电流并联负反馈放大电路的特性

(1) 基本形式

电流并联负反馈放大电路的基本形式如图5-20所示，净输入量、输入量与反馈量分别是i_{id}、i_i和i_f，基本放大电路的放大倍数为$A_i=i_o/i_{id}$、反馈系数为$F_i=i_f/i_o$。

在深度负反馈时，电流并联负反馈放大电路的电流放大倍数A_{if}为

$$A_{if}=\frac{i_o}{i_i}=\frac{1}{F_i} \tag{5.11}$$

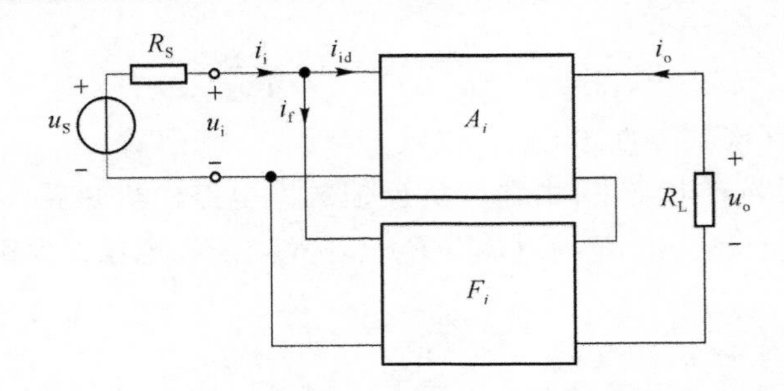

图 5-20　电流并联负反馈放大电路基本形式

(2) 电压放大倍数

如图 5-20 所示,在深度负反馈时,净输入量 i_{id} 远远小于输入量 i_i 或反馈量 i_f,认为 $i_{id}=0$(虚开路特性)。因为基本放大电路的输入电阻 $R_i<\infty$,从而 $u_i=i_{id}R_i=0$(虚短路特性),所以

$$u_S=i_iR_S$$

电流并联负反馈放大电路的电压放大倍数 A_{uf} 为

$$A_{uf}=\frac{u_o}{u_S}=\frac{-i_oR_L}{i_iR_S}=-\frac{R_L}{R_S}\cdot\frac{1}{F_i} \tag{5.12}$$

在并联负反馈放大电路中,如图 5-20 所示,电阻 $R_S>0$ 是必须的。如果 $R_S=0$,则净输入量 $i_{id}=u_S/R_i$ 与反馈量无关,电路的负反馈作用消失。

(3) 输入电阻

如图 5-21 所示,基本放大电路的输入电阻 $R_i=u_i/i_{id}$,整个电路的输入电阻为 $R_{if}=\frac{u_i}{i_i}=\frac{u_i}{i_{id}+i_f}$,由式(5.5)得到

$$R_{if}=\frac{u_i}{i_{id}+A_iF_ii_{id}}=\frac{u_i}{(1+A_iF_i)i_i}=\frac{R_i}{1+A_iF_i} \tag{5.13}$$

上式表明电流并联负反馈放大电路的输入电阻减小到基本放大电路输入电阻 R_i 的 $(1+A_iF_i)$ 分之一。

(4) 输出电阻

在图 5-20 中,令 $u_S\equiv0$,一般情况 R_S 较大,同时由于电路满足深度负反馈条件,基本放大电路的放大倍数很大,基本放大电路的输入电压较小,所以 $u_S\equiv0$ 时,$i_i\ll i_{id}$,此时,i_i 的影响可以忽略,等效电路如图 5-22 所示。

在图 5-22 中,基本放大电路的输出等效为受控电流源和输出电阻 R_o。

图 5-22 中,在输出端加电压 u_o,产生电流 i_o,u_o 通过反馈网络,得到反馈量 $i_f=F_ii_o$,$i_{id}=-i_f=-F_ii_o$,使基本放大电路产生输出电流为 $-A_iF_ii_o$。

一般情况下,由于反馈网络所引起的电压 u'_o 远远小于电压 u_o,可以忽略。电流

$$i_o=\frac{u_o}{R_o}+(-A_iF_ii_o)$$

即

$$i_o=\frac{u_o}{R_o}\cdot\frac{1}{1+A_iF_i}$$

整个电路的输出电阻 R_{of} 为

$$R_{of}=\frac{u_o}{i_o}=(1+A_iF_i)R_o \tag{5.14}$$

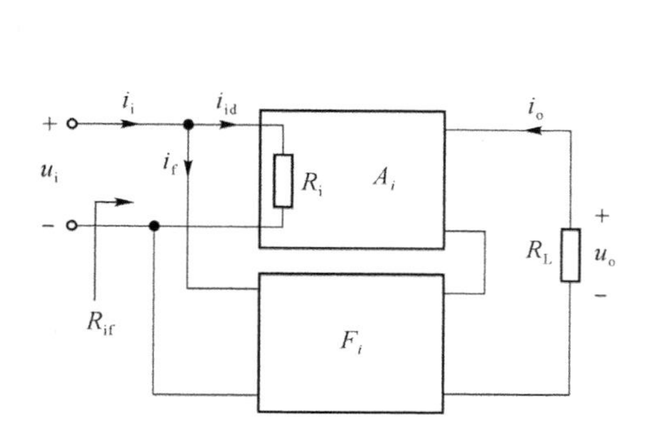

图 5-21　电流并联负反馈放大电路输入电阻

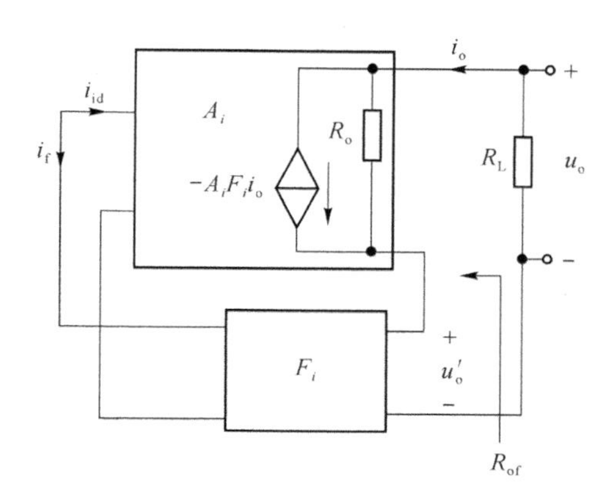

图 5-22　电流并联负反馈放大电路输出电阻

上式说明 R_{of} 增大到 R_o 的 $(1+A_iF_i)$ 倍。当 $(1+A_iF_i)\to\infty$ 时，$R_{of}\to\infty$，深度电流负反馈电路的输出等效为恒流源。

同样应该指出，式(5.14)只是近似值，因为在推导过程中忽略了图 5-22 中反馈网络所引起电压 u_o' 的影响，实际输出电阻比式(5.14)要大。

例 5-6　如图 5-6(a)所示的电流并联负反馈放大电路，设该电路的静态工作点合适，且满足深度负反馈条件，试求该电路的电压放大倍数、输入和输出电阻。

解：重新画出该电路的中频交流等效电路如图 5-23 所示。

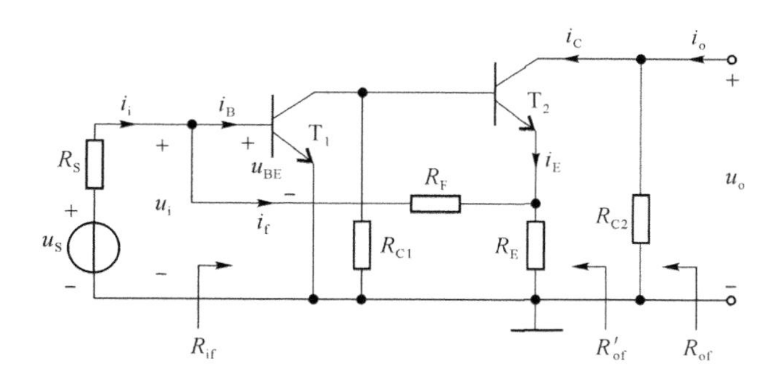

图 5-23　交流通路

在该电路中，反馈网络是由 R_F 和 R_E 组成。由于满足深度负反馈条件，所以净输入量 i_B 远远小于输入量 i_i 或反馈量 i_f，认为 $i_B=0$(虚开路特性)，从而 $u_{BE}=0$(虚短路特性)。故反馈系数为

$$F_i=\frac{i_f}{i_C}\approx\frac{i_f}{i_E}=-\frac{R_E}{R_E+R_F}$$

由式(5.12)可得源电压放大倍数

$$A_{uf}=\frac{u_o}{u_S}=\frac{-i_E R_{C2}}{i_i R_S}=\frac{R_{C2}}{R_S}\cdot\frac{R_E+R_F}{R_E}$$

也可以直接计算该电路的电压放大倍数。

在中频等效电路中，由深度负反馈放大电路的虚短路和虚开路特性得到

$$i_f=i_i=u_S/R_S, i_C\approx-(i_f+i_f R_F/R_E)=-(1+R_F/R_E)u_S/R_S$$

及
$$u_o=-i_C R_{C2}=(1+R_F/R_E)u_S R_{C2}/R_S$$

所以电压放大倍数为

$$A_{uf}=\frac{u_o}{u_S}=\frac{R_{C2}}{R_S}\cdot\frac{R_E+R_F}{R_E}$$

在该电路中，基本放大电路的输入电阻 $R_i=u_{BE}/i_B=r_{be1}$，由式(5.13)可得整个放大电路的输入电阻

$$R_{if}=\frac{r_{be1}}{1+A_i F_i}$$

该电路的基本放大电路的输出电阻为 r_{CE2}，由式(5.14)得

$$R'_{of}=(1+A_i F_i)r_{CE2}$$

整个电路的输出电阻为

$$R_{of}=R'_{of}/\!/R_{C2}=(1+A_i F_i)r_{CE2}/\!/R_{C2}\approx R_{C2}$$

例 5-7 图 5-12 所示是由集成放大电路组成的电流并联负反馈放大电路，试求该电路的电压放大倍数。

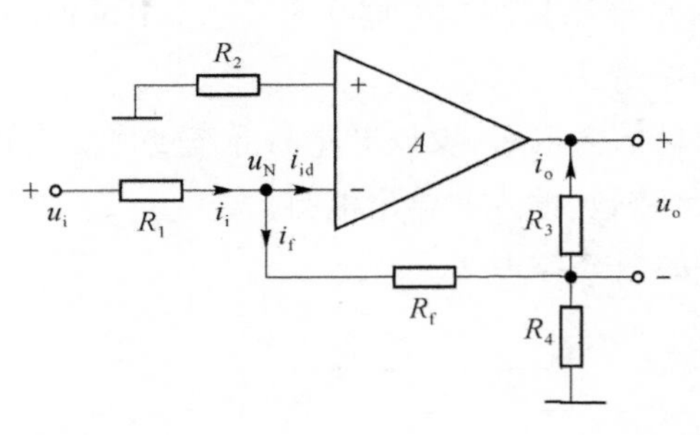

图 5-24 电流并联负反馈电路

解：重新画出该电路如图 5-24 所示。在该电路中，反馈网络是由 R_f 和 R_4 组成。由于集成放大电路的放大倍数很大，所以电路满足深度负反馈条件。由虚短路和虚开路特性得到 $i_i=i_f$ 和 $i_{id}=0$，因此 $u_N=0$，反馈系数为 $F_i=\frac{i_f}{i_o}=\frac{R_4}{R_4+R_f}$，由式(5.12)可得电压放大倍数

$$A_{uf}=\frac{u_o}{u_i}=\frac{-i_o R_3}{i_i R_1}=-\frac{R_3}{R_1}\cdot\frac{R_4+R_f}{R_4}$$

也可以直接计算该电路的电压放大倍数。

由深度负反馈放大电路的虚短路和虚开路特性得到

$$i_f=i_i=u_i/R_1, i_o=(i_f+i_f R_f/R_4)=(1+R_f/R_4)u_i/R_1$$

以及

$$u_o=-i_o R_3=-(1+R_f/R_4)u_i R_3/R_1$$

所以电压放大倍数为

$$A_{uf}=\frac{u_o}{u_i}=-\frac{R_3}{R_1}\cdot\frac{R_4+R_f}{R_4}$$

4. 电压并联负反馈放大电路的特性

(1) 基本形式

电压并联负反馈放大电路的基本形式如图 5-25 所示，净输入量、输入量与反馈量分别是 i_{id}、i_i 和 i_f，基本放大电路的放大倍数为 $A_r = u_o / i_{id}$，反馈系数为 $F_g = i_f / u_o$。

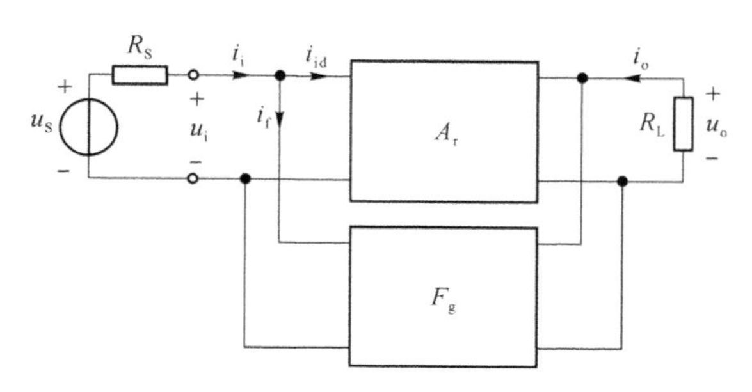

图 5-25　电压并联负反馈放大电路基本形式

在深度负反馈时，电压并联负反馈放大电路的放大倍数 A_{rf} 为

$$A_{rf} = \frac{u_o}{i_i} = \frac{1}{F_g} \tag{5.15}$$

(2) 电压放大倍数

如图 5-25 所示，在深度负反馈时，净输入量 i_{id} 远远小于输入量 i_i 或反馈量 i_f，认为 $i_{id} = 0$，虚开路特性。因为基本放大电路的输入电阻 $R_i < \infty$，从而 $u_i = i_B R_i = 0$，虚短路特性，所以 $u_S = i_i R_S$。

电流并联负反馈放大电路的源电压放大倍数 A_{uf} 为

$$A_{uf} = \frac{u_o}{u_S} = \frac{u_o}{i_i R_S} = \frac{1}{R_S} \cdot \frac{1}{F_g} \tag{5.16}$$

同样，因为是并联负反馈，在图 5-25 中，电阻 $R_S > 0$ 是必须的。

(3) 输入电阻

因为是并联负反馈，与电流并联负反馈放大电路类似，整个电路的输入电阻为

$$R_{if} = \frac{R_i}{1 + A_r F_g} \tag{5.17}$$

(4) 输出电阻

因为是电压负反馈，与电压串联负反馈类似，整个电路的输出电阻 R_{of} 为

$$R_{of} = \frac{R_o}{1 + A_r F_g} \tag{5.18}$$

例 5-8　如图5-26(a)所示的反馈放大电路，设该电路的静态工作点合适，图中稳压管 D_1 和 D_2 的动态电阻为 0，各电容值足够大。

(1) 判断组态、正和负反馈；

(2) 若该电路满足深度负反馈条件，求该电路的电压放大倍数、输入和输出电阻。

解：画出交流通路如图 5-26(b)所示。

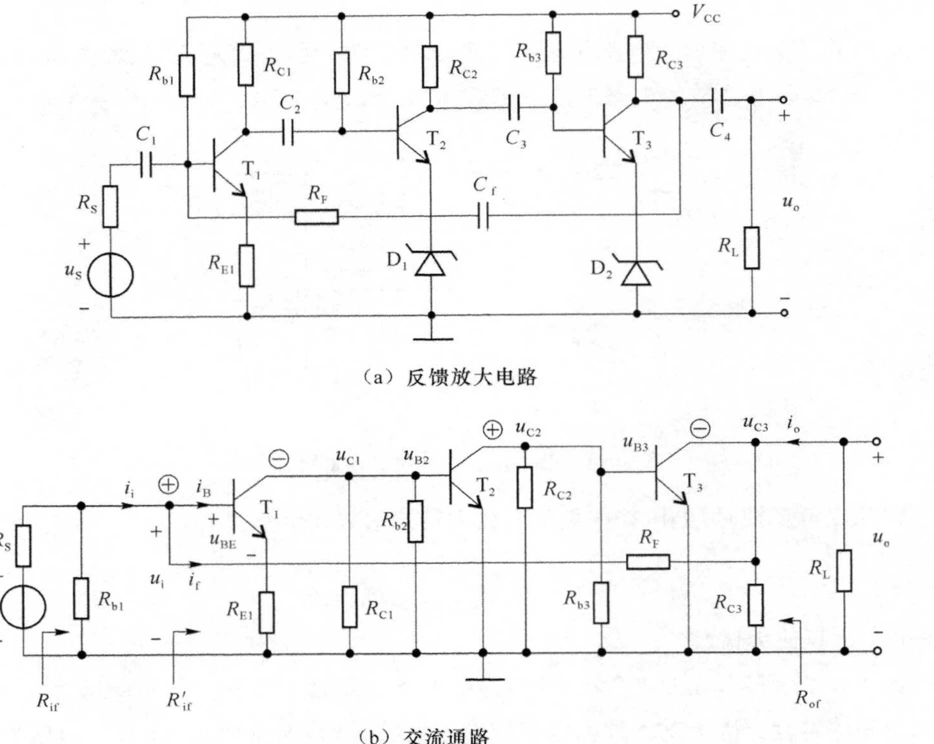

（a）反馈放大电路

（b）交流通路

图 5-26　反馈放大电路及其交流通路

(1) 反馈量 i_f 与输入量 i_i、净输入量 i_B 并联，是并联反馈。令 $u_o \equiv 0$，反馈量 i_f 与输出无关，是电压反馈，所以该电路是电压并联反馈。

在图 5-26(b)中，设输入量 i_i 的瞬间极性为正(增大)，则净输入量 i_B 为正(增大)，三极管 T_1 的基极电压为正(增大)，T_1 的集电极电压(T_2 的基极电压)为负(减小)，T_2 的集电极电压(T_3 的基极电压)为正(增大)，T_3 的集电极电压为负(减小)，反馈电阻 R_F 两端的电压加大，从而使反馈量 i_f 增大，因此净输入量 i_B 减小，为负反馈。

判断过程或者为

$$i_i\uparrow \longrightarrow u_i\uparrow \longrightarrow u_{C1}=u_{B2}\downarrow \longrightarrow u_{C2}=u_{B3}\uparrow \longrightarrow u_{C3}\downarrow$$

$$i_i\uparrow \searrow i_B\uparrow \quad i_B\downarrow \longleftarrow i_f\uparrow \longleftarrow (u_{C3}\downarrow)$$

故该电路是电压并联负反馈。

(2) 在该电路中，反馈网络是由 R_F 组成。由于满足深度负反馈条件，所以净输入量 i_B 远远小于输入量 i_i 或反馈量 i_f，认为 $i_B=0$(虚开路特性)，从而 $u_{BE}=0$ 和 $u_i=0$(虚短路特性)。故反馈系数为

$$F_g=\frac{i_f}{u_o}=-\frac{1}{R_F}$$

由式(5.16)可得电压放大倍数

$$A_{uf}=\frac{1}{R_S}\cdot\frac{1}{F_g}=-\frac{R_F}{R_S}$$

也可以直接计算该电路的电压放大倍数。

在图 5-26(b)中频等效电路中，由深度负反馈放大电路的虚短路和虚开路特性得到，$u_i=0$，$i_f=i_i=u_S/R_S$，以及 $u_o=-i_fR_F=-R_Fu_S/R_S$。所以电压放大倍数为

$$A_{uf}=\frac{u_o}{u_S}=-\frac{R_F}{R_S}$$

在该电路中，基本放大电路的输入电阻 $R_i=u_i/i_B=r_{be1}+(1+\beta_1)R_{E1}$，由式(5.17)可得，输入电阻

$$R'_{if}=\frac{R_i}{1+A_rF_g}=\frac{r_{be1}+(1+\beta_1)R_{E1}}{1+A_rF_g}$$

整个放大电路的输入电阻

$$R_{if}=R_{b1}/\!/R'_{if}=R_{b1}/\!/\frac{r_{be1}+(1+\beta_1)R_{E1}}{1+A_rF_g}$$

该电路的基本放大电路的输出电阻为 R_{C3}，由式(5.18)可得整个电路的输出电阻为

$$R_{of}=\frac{R_{C3}}{1+A_rF_g}$$

例 5-9　如图 5-9 所示是由集成放大电路组成的电压并联负反馈放大电路，试求该电路的电压放大倍数。

解：重新画出该电路如图 5-27 所示。在该电路中，反馈网络是由 R_f 组成。由于集成放大电路的放大倍数很大，所以电路满足深度负反馈条件。由虚短路和虚开路特性得到 $i_i=i_f$ 和 $i_{id}=0$，因此 $u_N=0$，反馈系数为

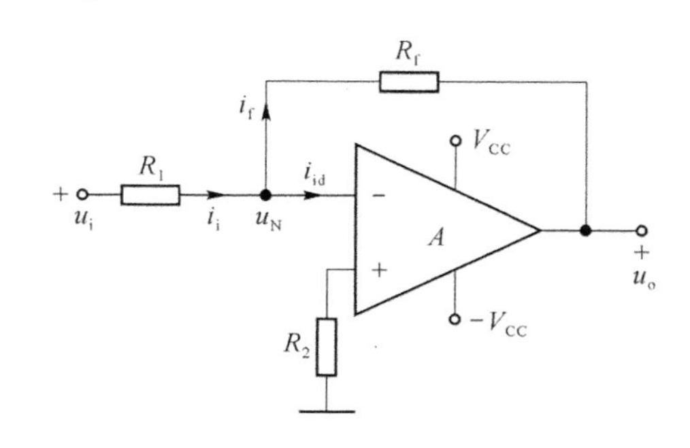

图 5-27　电压并联反馈电路

$$F_g=\frac{i_f}{u_o}=-\frac{1}{R_f}$$

由式(5.16)可得电压放大倍数

$$A_{uf}=\frac{1}{R_1}\cdot\frac{1}{F_g}=-\frac{R_f}{R_1}$$

也可以直接计算该电路的电压放大倍数。

由深度负反馈放大电路的虚短路和虚开路特性得到，$i_f=i_i=u_i/R_1$，以及 $u_o=-i_fR_f=-u_iR_f/R_1$

所以电压放大倍数为

$$A_{uf}=\frac{u_o}{u_i}=-\frac{R_f}{R_1}$$

5. 电流串联负反馈放大电路的特性

(1) 基本形式

电流串联负反馈放大电路的基本形式如图 5-28 所示，净输入量、输入量与反馈量分别是 u_{id}、u_i 和 u_f，基本放大电路的放大倍数 $A_g=i_o/u_{id}$，反馈系数 $F_r=u_f/i_o$。

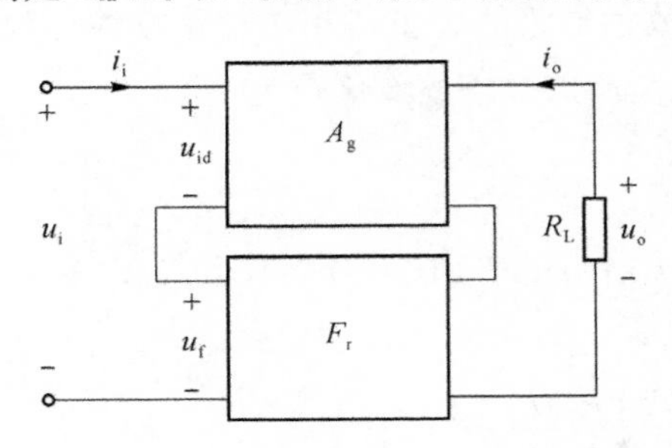

图 5-28 电流串联负反馈放大电路基本形式

在深度负反馈时，电流串联负反馈放大电路的放大倍数 A_{gf} 为

$$A_{gf}=\frac{i_o}{u_i}=\frac{1}{F_r} \tag{5.19}$$

(2) 电压放大倍数

电流串联负反馈放大电路的电压放大倍数 A_{uf} 为

$$A_{uf}=\frac{u_o}{u_i}=\frac{-i_oR_L}{u_i}=-\frac{R_L}{F_r} \tag{5.20}$$

(3) 输入电阻

因为是串联负反馈，与电压串联负反馈放大电路类似，整个电路的输入电阻为

$$R_{if}=(1+A_gF_r)R_i \tag{5.21}$$

(4) 输出电阻

因为是电流负反馈，与电流并联负反馈类似，整个电路的输出电阻 R_{of} 为

$$R_{of}=(1+A_gF_r)R_o \tag{5.22}$$

例 5-10 如图 5-29(a)所示的反馈放大电路，设该电路的静态工作点合适，图中稳压管 D_1 的动态电阻为 0，各电容值足够大。

(1) 试判断组态和正、负反馈；

(2) 若该电路满足深度负反馈条件，试求该电路的电压放大倍数、输入和输出电阻。

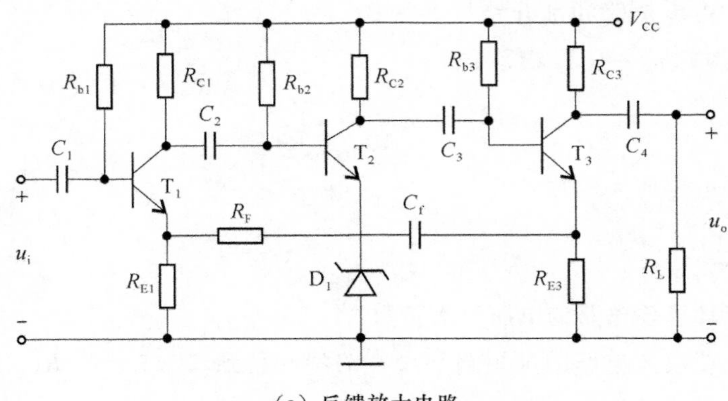

(a) 反馈放大电路

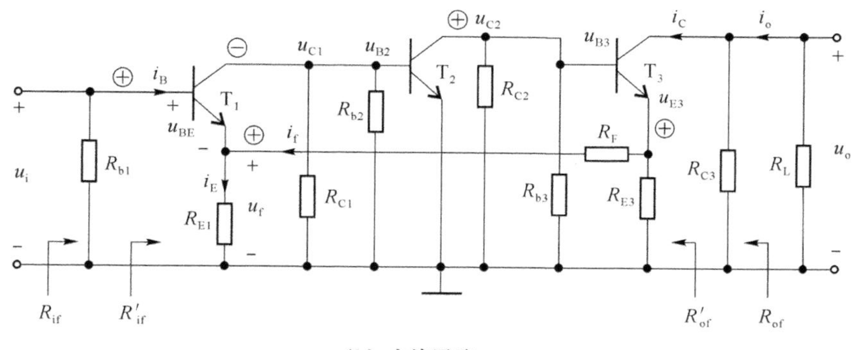

(b) 交流通路

图 5-29 反馈放大电路及其交流通路

解：画出交流通路如图 5-29(b)所示。

(1) 反馈量 u_f 与输入量 u_i、净输入量 u_{BE} 串联，是串联反馈。令 $u_o\equiv 0$，反馈存在，是电流反馈，所以该电路是电流串联反馈。

设输入量 u_i 的瞬间极性为正(增大)，即三极管 T_1 的基极电压为正(增大)，则净输入量 u_{BE} 增大，T_1 的集电极(T_2 的基极)电压为负(减小)，T_2 的集电极(T_3 的基极)电压为正(增大)，T_3 的发射极电压为正(增大)，从而使反馈量 u_f 增大，净输入量 u_{BE} 减小，为负反馈。

判断过程或者为

$$u_i\uparrow \longrightarrow u_{C1}=u_{B2}\downarrow \longrightarrow u_{C2}=u_{B3}\uparrow \longrightarrow u_{E3}\uparrow \longrightarrow u_f\uparrow \longrightarrow u_{BE}\downarrow$$

$$u_i\uparrow \longrightarrow u_{BE}\uparrow$$

因此该电路是电流串联负反馈。

(2) 在该电路中，反馈网络是由 R_F 和 R_{E1} 组成。由于满足深度负反馈条件，所以净输入量 u_{BE} 远远小于输入量 u_i 或反馈量 u_f，认为 $u_{BE}=0$(虚短路特性)，从而 $i_B=0$(虚开路特性)，$i_E=i_f$。故反馈系数为

$$F_r\approx\frac{u_f}{i_C}=\frac{R_{E1}R_{E3}}{R_{E1}+R_F+R_{E3}}$$

由式(5.20)可得电压放大倍数

$$A_{uf}=-\frac{R'_L}{F_r}=-\frac{R_F+R_{E1}+R_{E3}}{R_{E1}R_{E3}}R'_L,R'_L=R'_{C3}/\!/R_L$$

也可以直接计算该电路的电压放大倍数。

在图 5-29(b)中频等效电路中，由深度负反馈放大电路的虚短路和虚开路特性得到

$$u_i=u_f,i_f=i_E=u_i/R_{E1}$$

$$i_C\approx i_f+i_f(R_F+R_{E1})/R_{E3}=[1+(R_F+R_{E1})/R_{E3}]u_i/R_{E1}$$

$$u_o=-i_C R'_L=-(R_F+R_{E1}+R_{E3})R'_L u_i/R_{E3}/R_{E1}$$

所以电压放大倍数为

$$A_{uf}=\frac{u_o}{u_i}=-\frac{R_F+R_{E1}+R_{E3}}{R_{E1}R_{E3}}R'_L=-\frac{R_F+R_{E1}+R_{E3}}{R_{E1}R_{E3}}R_{C3}/\!/R_L$$

在该电路中，基本放大电路的输入电阻 $R_i=u_{BE}/i_B=r_{be1}$，由式(5.21)可得输入电阻

$$R'_{if}=(1+A_g F_r)r_{be1}$$

整个放大电路的输入电阻

$$R_{if}=R_{b1}/\!/R'_{if}=R_{b1}/\!/(1+A_g F_r)r_{be1}$$

该电路的基本放大电路的输出电阻为 r_{CE3}，由式(5.22)可得

$$R'_{of}=(1+A_g F_r)r_{CE3}$$

整个电路的输出电阻为

$$R_{of}=R'_{of}/\!/R_{C3}=(1+A_g F_r)r_{CE3}/\!/R_{C3}\approx R_{C3}$$

例 5-11 如图 5-11 所示的集成放大电路组成的电流串联负反馈放大电路，试求该电路的电压放大倍数。

解：重新画出该电路如图 5-30 所示。在该电路中，反馈网络是由 R_f、R_1 和 R_4 组成。由于集成放大电路的放大倍数很大，所以电路满足深度负反馈条件。由虚短路和虚开路特性得到 $u_{id}=0$ 和 $i_i=0$，因此电流 i_f 和 i_o 的关系为 $i_f=-i_o R_4/(R_1+R_4+R_f)$，反馈电压 $u_f=i_f R_1$，反馈系数为

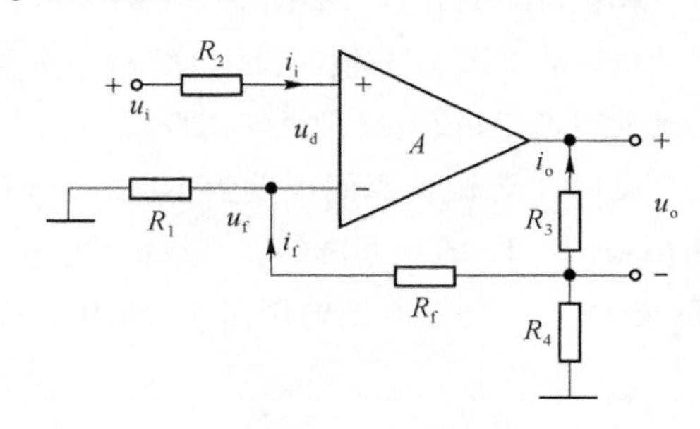

图 5-30 电流串联负反馈电路

$$F_r=\frac{u_f}{i_o}=-\frac{R_1 R_4}{R_1+R_4+R_f}$$

由式(5.20)可得电压放大倍数

$$A_{uf}=-\frac{R_3}{F_r}=\frac{R_1+R_4+R_f}{R_1 R_4}R_3$$

也可以直接计算该电路的电压放大倍数。

由深度负反馈放大电路的虚短路和虚开路特性得到，$i_f=u_i/R_1$，$i_o=-i_f-i_f(R_1+R_f)/R_4=-[1+(R_1+R_f)/R_4]u_i/R_1$，以及 $u_o=-i_o R_3$，得到电压放大倍数为

$$A_{uf}=\frac{u_o}{u_i}=\frac{R_1+R_4+R_f}{R_1 R_4}R_3$$

5.3 负反馈对放大电路性能的影响

1. 对输入回路的影响

通过上一节中的分析看到，负反馈放大电路在输入回路的组态有两种：并联和串联负反馈。由于在输入回路的组态形式不同，放大电路的性能也有很大区别。

(1) 对信号源的要求

在上一节中的电流并联负反馈放大电路的特性分析中提到,并联负反馈电路的输入信号源不能是电压源,否则电路不能达到负反馈的目的。所以,并联负反馈适合信号源为恒流源或近似恒流源。

同样,在串联负反馈电路中,输入信号源不能是恒流源。如果采用恒流源,因为输入电流是瞬间恒定的,则净输入电压不会因负反馈而发生变化(参见图 5-15 和 5-28),电路达不到负反馈的目的。所以,串联负反馈适合信号源为恒压源或近似恒压源。

(2) 对输入电阻的影响

在上一节的分析中看到,串联负反馈电路输入电阻的表达式为

$$R_{if}=(1+AF)R_i \tag{5.23}$$

因此说,引入串联负反馈,使输入回路的等效输入电阻增大到基本放大电路输入电阻的$(1+AF)$倍。

对于并联负反馈放大电路,输入电阻 R_{if}的表达式为

$$R_{if}=\frac{R_i}{1+AF} \tag{5.24}$$

所以引入并联负反馈后,整个电路的输入电阻仅为基本放大电路输入电阻的$(1+AF)$分之一。

2. 对输出回路的影响

(1) 对输出量的影响

在电压负反馈放大电路中,输出量是输出电压,即输出电压直接影响反馈量的变化。当输出电压发生变化时,通过反馈网络影响到输入回路,返回来使输出电压向相反的方向改变,从而使输出电压更加稳定。为此,负反馈放大电路有稳定输出量的作用,电压负反馈使电路的输出电压更加稳定。

同样,在电流负反馈放大电路中,输出量是输出电流,即输出电流直接影响反馈量的变化。当输出电流发生变化时,通过反馈网络影响到输入回路,返回来使输出电流向相反的方向改变,从而使输出电流更加稳定。所以,电流负反馈使电路的输出电流更加稳定。

(2) 对输出电阻的影响

在上一节的分析中同样得到,电压负反馈电路输出电阻的近似表达式为

$$R_{of}=\frac{R_o}{1+AF} \tag{5.25}$$

上式表明引入电压负反馈后输出电阻仅为其基本放大电路输出电阻的$(1+AF)$分之一。当 $1+AF$ 较大时,R_{of}较小,并且电压负反馈有稳定输出电压的作用,因此,电压负反馈放大电路的输出可近似认为是恒压源。

在电流负反馈放大电路中,电路输出电阻的近似表达式为

$$R_{of}=(1+AF)R_o \tag{5.26}$$

这说明引入电流负反馈后输出电阻为其基本放大电路输出电阻的$(1+AF)$倍。当 $1+AF$ 较大时,R_{of}很大,并且电流负反馈有稳定输出电流的作用,因此电流负反馈放大电路的输出可近似认为是恒流源。

3. 不同组态的特性要点概括

不同组态形式负反馈放大电路的特性有较大差别,包括特性表达式、输入和输出特性

等。表 5-1 给出了各种组态特性要点的概括总结。

表 5-1　深度负反馈放大电路特性概括

反馈组态	输入量、净输入量、反馈量	输出量	基本放大倍数	反馈系数	反馈放大倍数	深度负反馈电压放大倍数
电压串联	u_i, u_{id}, u_f	u_o	$A_u=\frac{u_o}{u_{id}}$	$F_u=\frac{u_f}{u_o}$	$A_{uf}=\frac{u_o}{u_i}$	$A_{uf}=\frac{1}{F_u}$
电流并联	i_i, i_{id}, i_f	i_o	$A_i=\frac{i_o}{i_{id}}$	$F_i=\frac{i_f}{i_o}$	$A_{if}=\frac{i_o}{i_i}$	$A_{uf}=-\frac{R_L}{R_S}\frac{1}{F_i}$
电压并联	i_i, i_{id}, i_f	u_o	$A_r=\frac{u_o}{i_{id}}$	$F_g=\frac{i_f}{u_o}$	$A_{rf}=\frac{u_o}{i_i}$	$A_{uf}=\frac{1}{R_S F_g}$
电流串联	u_i, u_{id}, u_f	i_o	$A_g=\frac{i_o}{u_{id}}$	$F_r=\frac{u_f}{i_o}$	$A_{gf}=\frac{i_o}{u_i}$	$A_{uf}=-\frac{R_L}{F_r}$

表 5-1(续)　深度负反馈放大电路特性概括

反馈组态	信号源形式	输入电阻	输出电阻	输出功能
电压串联	恒压源	$(1+A_uF_u)R_i$	$\frac{R_o}{1+A_uF_u}$	稳定电压、恒压源
电流并联	恒流源	$\frac{R_i}{1+A_iF_i}$	$(1+A_iF_i)R_o$	稳定电流、恒流源
电压并联	恒流源	$\frac{R_i}{1+A_rF_g}$	$\frac{R_o}{1+A_rF_g}$	稳定电压、恒压源
电流串联	恒压源	$(1+A_gF_r)R_i$	$(1+A_gF_r)R_o$	稳定电流、恒流源

在表 5-1 中看到，不同组态的基本放大电路的放大倍数 A、反馈系数 F、反馈电路的放大倍数 A_f 具有不同的量纲。其中，电压串联的 A_u、F_u、A_{uf} 和电流并联的 A_i、F_i、A_{if} 无量纲；电压并联的 A_r、F_g、A_{rf} 的量纲分别是电阻、电导、电阻；电流并联的 A_g、F_r、A_{gf} 的量纲分别是电导、电阻、电导。

在表中深度负反馈电压放大倍数一列中，不同组态对应的 A_{uf} 有正有负，这是基于在本章第二节分析过程中所定义的电压和电流方向，对应不同的定义以及到具体的电路，各正负号有可能发生变化。

以上分析过程和所列的结果都是放大电路工作在中频段的情况，由第 3 章的内容联想到，由于电路中存在(等效)电抗元件，放大电路在低频或高频段时，特性将发生相应的变化。

4. 稳定放大倍数

对于深度负反馈放大电路，反馈放大倍数 $A_f \approx 1/F$，几乎仅取决于反馈网络，而反馈网络通常是无源网络，因此可获得很好的稳定性。

在一般情况下

$$A_f=\frac{A}{1+AF} \tag{5.27}$$

对上式微分得到

$$dA_f=\frac{(1+AF)dA-AFdA}{(1+AF)^2}=\frac{dA}{(1+AF)^2} \tag{5.28}$$

式(5.28)除(5.27)，得到

$$\frac{dA_f}{A_f}=\frac{1}{(1+AF)}\frac{dA}{A} \tag{5.29}$$

上式表明负反馈放大电路的放大倍数 A_f 的相对变化量 dA_f/A_f 为基本放大电路放大倍数 A 的相对变化量 dA/A 的$(1+AF)$分之一；或者说，A_f 的稳定性是 A 的$(1+AF)$倍。

例如，当 A 变化 10%时，若 $1+AF=100$，则 A_f 仅变化 0.1%。

因此，在负反馈放大电路中，由于负反馈的存在，因环境温度的变化、电源电压的波动、元件的老化、器件的更换等原因引起的放大倍数的变化都相对减小，电路的稳定性得到提高。代价是牺牲了增益，因为 A_f 减小到 A 的$(1+AF)$分之一。

5. 展宽通频带

由第3章第4节可知，具有一阶低通和一阶高通特性的放大电路的增益带宽积不变，等于放大电路的0 dB带宽 f_{T0}。由式(5.6)可知，放大电路中引入负反馈后，全频段源电压放大倍数 A_f 的形式为 $A_f=\frac{A}{1+AF}$。所以，放大电路中引入负反馈后，增益降低到$(1+AF)$分之一，通频带增加约$(1+AF)$倍。

对于高阶低通和高通特性的放大电路，增益降低，通频带加宽，但通频带增加的程度比一阶的要低。

6. 改善非线性失真

在第1章中介绍过，由于三极管的输入输出特性的非线性，使电路的输出产生非线性失真。在负反馈放大电路中，当深度反馈时，放大倍数 $A_f\approx 1/F$，几乎仅取决于反馈网络，而反馈网络通常是线性无源网络，与三极管特性无关，因此电路输出几乎无非线性失真。

在一般情况下，与上面稳定性分析类似，在负反馈放大电路中，同样以牺牲增益为代价，非线性改善程度是基本放大电路的$(1+AF)$倍。

思考题与习题

5.1 什么是放大电路的开环增益和闭环增益？

5.2 什么是反馈？什么是正反馈？什么是负反馈？

5.3 放大电路的有哪四种组态？如何判断？

5.4 串联和并联负反馈对放大电路的输入电阻有何影响？它们各适合哪种输入信号形式？

5.5 电压和电流负反馈对输出电阻有何影响？它们稳定了什么输出量？

5.6 什么是放大电路的虚短路和虚开路？条件是什么？

5.7 负反馈放大电路满足深负反馈条件时，闭环放大倍数有何特点？

5.8 负反馈对放大电路的性能都有何影响？

5.9 试判断图P5-1中各电路所引入的反馈组态，设各电容对交流信号视为短路。

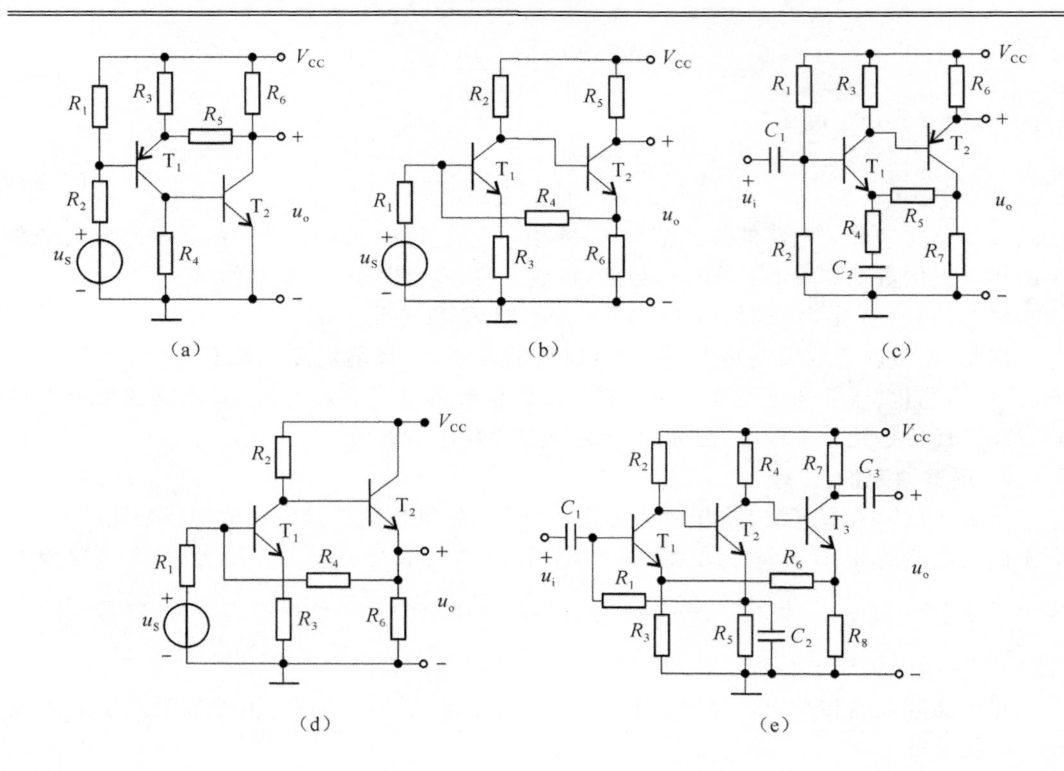

图 P5-1

5.10 若图 P5-1 中各电路满足深负反馈条件，试计算反馈系数和（源）电压放大倍数。

5.11 因为引入了负反馈，试列出在图 P5-1 各电路中输入和输出电阻的变化（增大或减小）。

5.12 试画出图 P5-1(d)和(e)所示电路的交流通路，并计算输入和输出电阻。

5.13 集成放大电路所组成的电路如图 P5-2 所示，试判断图 P5-2 中各电路所引入的反馈组态。

5.14 在图 P5-2(a)和(b)所示电路中，$R_1=R_2=R_3=R_4=10\ \text{k}\Omega$，$R_f=100\ \text{k}\Omega$，试计算反馈系数和电压放大倍数。

5.15 试计算图 P5-2(c)所示电路的反馈系数和电压放大倍数。

5.16 试计算图 P5-2(f)所示电路的反馈系数和电压放大倍数。

5.17 在图 P5-3 所示的集成放大电路中，$R_1=R_3=R_4=100\ \text{k}\Omega$，$R_5=1\ 020\ \Omega$。

(1) 判断放大电路的反馈组态；

(2) 计算该电路的反馈系数；

(3) 计算该电路的电压放大倍数。

5.18 在图 P5-4 所示的集成放大电路中，$R_1=R_2=10\ \text{k}\Omega$，$R_4=2\ \text{k}\Omega$，$R_5=1\ \text{k}\Omega$，$R_3=489\ \text{k}\Omega$，三极管 T 的放大倍数足够大。

(1) 电路欲引入电流串联负反馈，电阻 R_3 如何连接；

(2) 计算该电路的反馈系数；

（3）计算该电路的电压放大倍数。

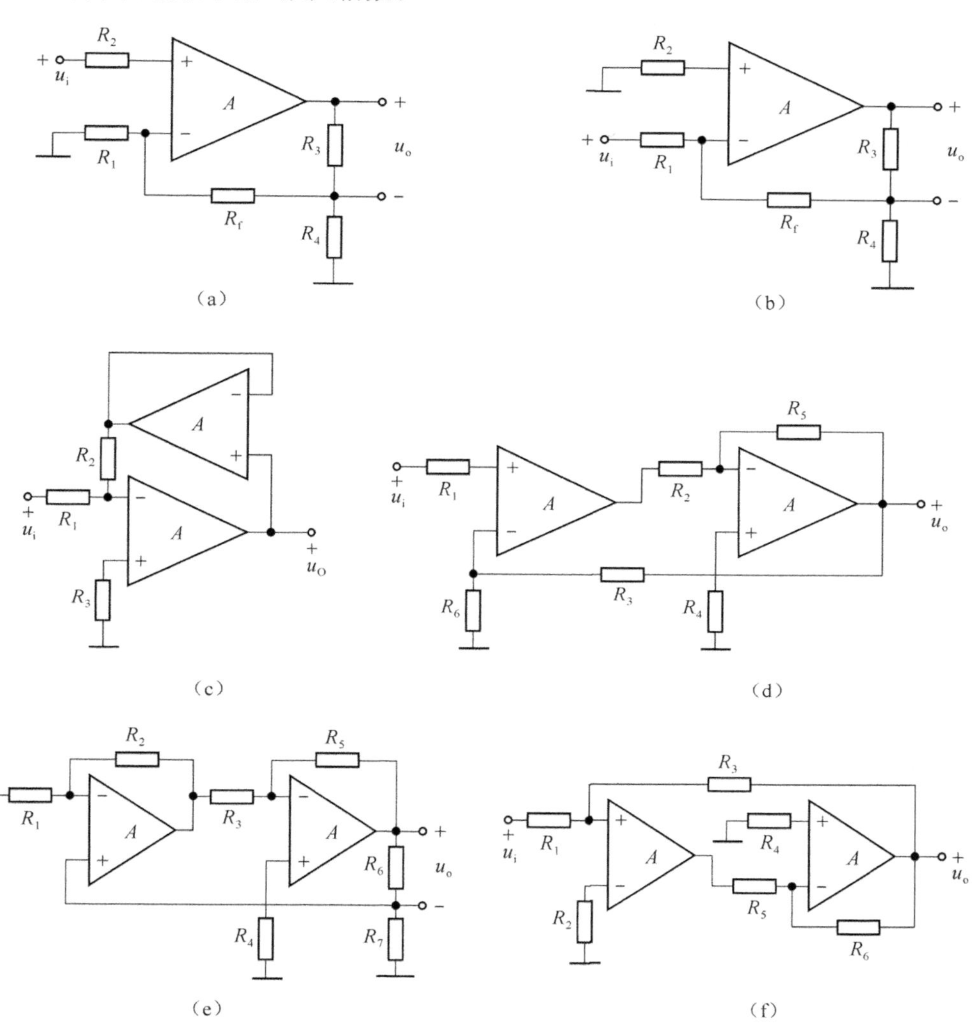

图 P5-2

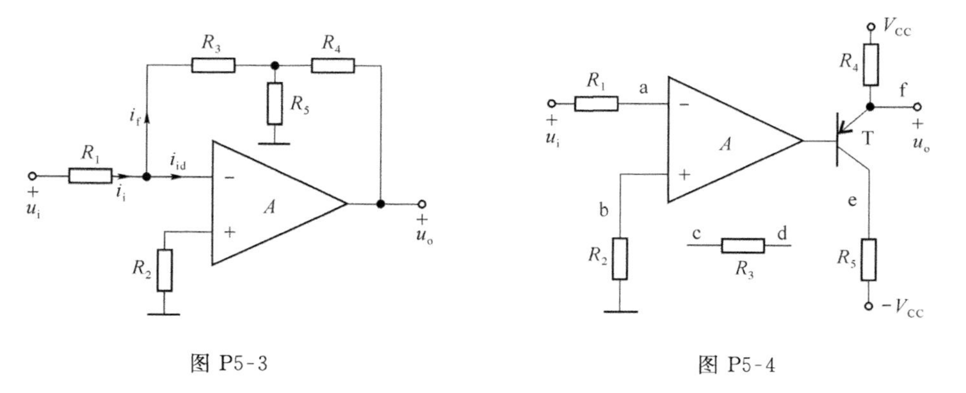

图 P5-3　　　　图 P5-4

5.19 在图 P5-5 所示的集成放大电路中，$R_1=R_2=R_3=1\ \text{k}\Omega$，电位器 $W=2\ \text{k}\Omega$，稳压管的稳压值 $U_Z=3.75\ \text{V}$，三极管 T 的放大倍数足够大。

(1) 判断放大电路的反馈组态；

(2) 计算该电路的输出电压范围。

5.20 在图 P5-6 所示的集成放大电路中

(1) 为了稳定输出电压，电路应引入何种反馈，电阻 R_3 如何连接？

(2) 若 $R_1=R_2=10\ \text{k}\Omega$，要求电压放大倍数为 -50，电阻 R_3 的值为多少？

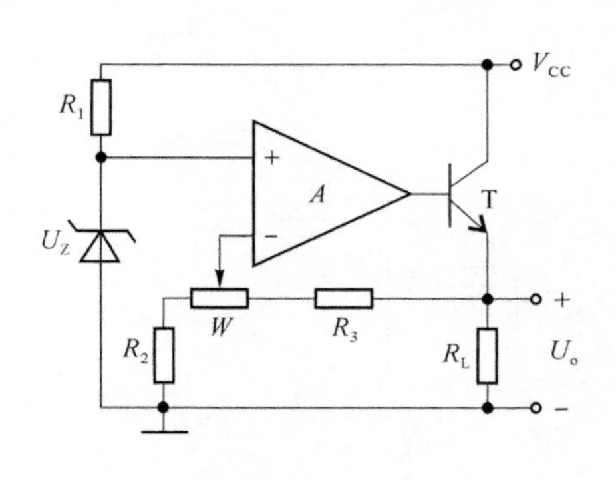

图 P5-5

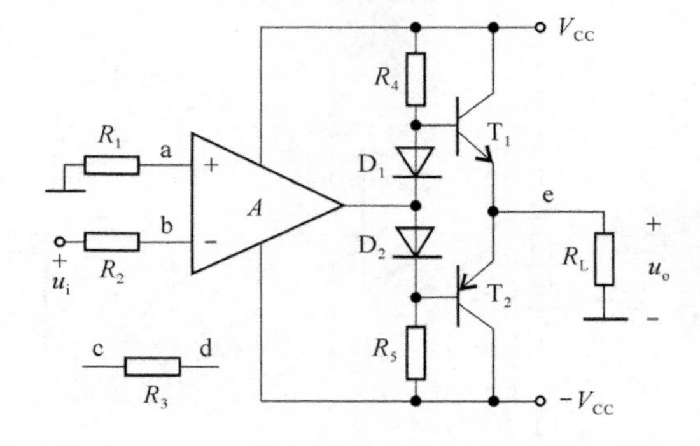

图 P5-6

第6章　功率放大电路

6.1　功率放大电路的特点与要求

功率放大电路是指能够向负载提供较大功率的放大电路，简称功放。一般放大电路也有功率放大的功能，但是它们的主要用途是输出高电压或者输出大电流，而不是输出大功率，即它们的输出电压与输出电流之积不大。由于功率放大电路输出的是大功率，要求输出电压与输出电流之积尽可能大，因此功率放大电路的特点和要求，以及分析和设计方法，都与一般放大电路有着很大的区别。

1. 功率放大电路的特点

(1) 输出大功率

因为功率放大电路的用途是向负载输出大功率，不是单纯地追求输出高电压，也不是单纯地追求输出大电流，而是要求输出电压和输出电流之积尽可能的大。

(2) 大信号

由于功率放大电路输出的是大功率，其输出电压和输出电流都很大，因此功率放大电路必然工作在大信号状态。

(3) 高效率

从能量守恒的角度来看，放大电路要输出功率，首先它要得到功率。放大电路首先从直流电源获得功率，然后按输入信号的要求，将直流功率转换成交流输出的功率。在这个过程中，放大电路自身也要消耗一定的功率，这就存在一个直流输入功率到交流输出功率的转换效率问题。对于一般放大电路，因为输出功率很小，一般不考虑转换效率。对于功率放大电路，转换效率要做到尽可能的高。

(4) 高热量

由于在功率放大电路中，直流输入功率到交流输出功率的转换效率不可能做到100%，有一部分功率消耗在功放三极管上，以热能形式散发出来，一般说来，平均输出功率越高，电路产生的热量越大。

(5) 负载能力强

由于功率放大电路能够输出大电流，因此有很强的带负载能力。

2. 功率放大电路的要求

(1) 输出功率大

功率放大电路的用途是向负载输出大功率，能够输出大功率是其基本要求。

(2) 效率高

功率放大电路的直流输入功率到交流输出功率的转换效率要尽可能高。转换效率愈高,不仅减少了能源的浪费,而且还能减少因功放三极管产生的热量问题所带来的麻烦。

通常功放输出的功率大,电源消耗的直流功率也就多。因此,在一定的输出下,减小直流电源的功耗,是提高电路效率的有效途径。

(3) 失真小

由于功率放大电路工作在大信号状态,很容易产生非线性失真,在设计功率放大电路时,要尽可能地避免之。

(4) 器件安全

由于功率放大电路工作在大信号状态,其输出电压和输出电流都很大,这就要求功放三极管的耐压、功耗、最大输出电流等都要满足要求,以免损坏。

此外,要有适当的散热措施,如安装散热片、通风,甚至水冷,以免功放三极管因温度过高而损坏,保证器件的安全。

(5) 电路保护

由于功率放大电路的外接负载有可能发生一些异常情况,如短路、开路等,要求电路有适当的保护措施。

3. 主要技术指标

(1) 最大输出功率

功率放大电路向负载提供的交流信号功率称为输出功率。在输入为正弦波且输出不失真条件下,输出功率表达式为 $P_o=i_o u_o$,式中 i_o 和 u_o 均为交流有效值。最大输出功率(P_{OM})是在负载上可获得的最大交流功率。

(2) 转换效率

功率放大电路的输出功率与电源所提供的功率之比称为功放的转换效率,简称效率。电源提供的功率是直流功率,其值等于电源输出的电流平均值与其电压之积。

6.2 甲类功率放大电路

1. 基本电路及静态特性

图 6-1(a)所示的是变压器输出甲类功率放大电路。该电路由一个功放管放大,通过变压器耦合,使交流输出到负载 R_L 上。

功放管通过 R_b 得到直流电流 I_{BQ},以及集电结电流 I_{CQ},因为变压器初级线圈的直流电阻很小,可以忽略不计,所以 $U_{CEQ}=V_{CC}$,直流负载线是垂直于横轴的直线,与 I_{CQ} 相交于静态工作点 Q 点,如图 6-1(b)中所示。

因为三极管的基极电流相对较小,可以忽略。电源提供的直流功率为

$$P_D=I_{CQ}V_{CC} \tag{6.1}$$

当输出负载为 R_L 时,通过变压器变换,映射到功放管集电极,等效交流电阻为

$$R'_L=\frac{N_1^2}{N_2^2}R_L \tag{6.2}$$

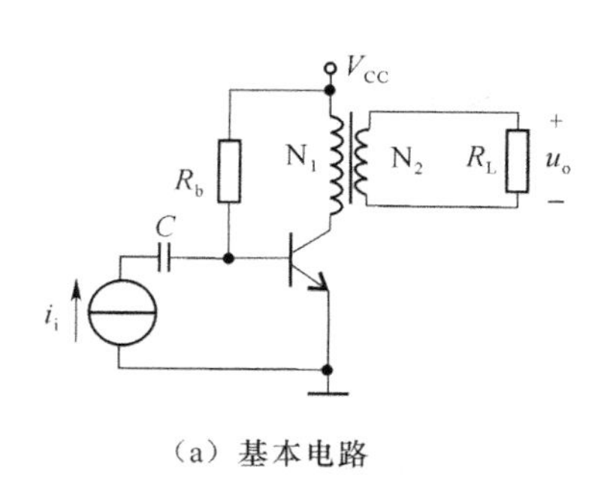

(a) 基本电路

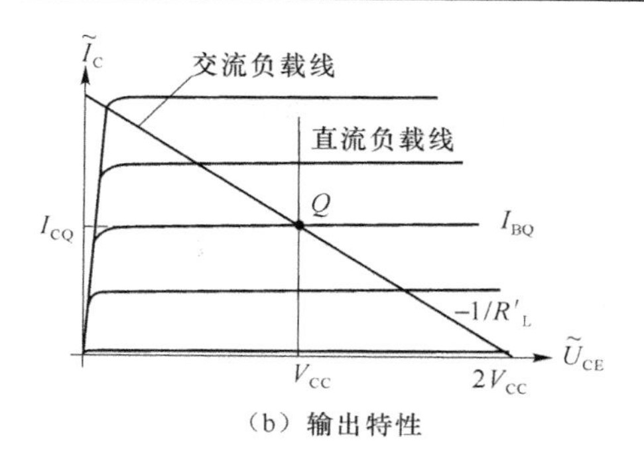

(b) 输出特性

图 6-1　甲类功率放大电路

通过调整变压器的初、次级匝数比 N_1/N_2，获得最佳交流负载，即使交流负载线通过 Q 点，与横轴交于 $2V_{CC}$，Q 点位于交流负载线的中央，如图 6-1(b)中所示。

2. 动态图解分析

由于功放工作在大信号状态，需要使用图解法来分析其动态特性。

当功放输入交流电流 i_B 为正弦波时，在三极管的放大区内，输出电流 i_C 也是正弦波(如图6-2所示)，通过交流负载线得到交流输出电压 u_o。

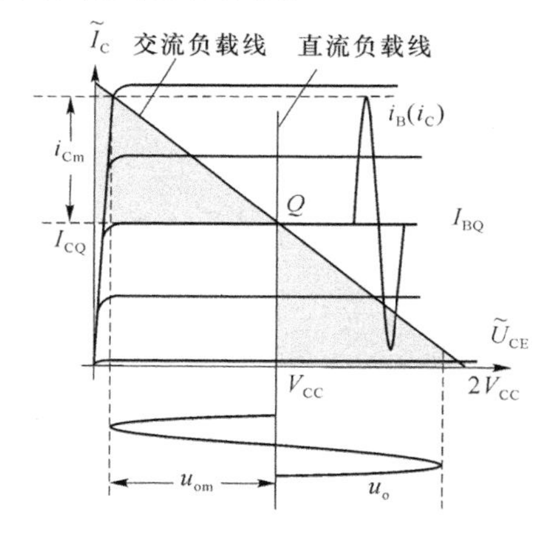

图 6-2　功放图解法分析

由于 Q 点位于交流负载线的中央，当输入交流电流 i_B 为一个完整周期的正弦波(360°)时，输出电流 i_C 也是一个完整周期的正弦波，即功放管在全周期正弦波内都导通，此时称功放管的导通角(度)为 360°。

从而就有甲类功放的定义：功放管的导通角 $\theta=360°$的功率放大电路，称为甲类功放。

在功放管的饱和压降 U_{CES}较小的情况下，电源电压 V_{CC} 远大于功放管的饱和电压，因此输出电压的最大值 $u_{om}\approx V_{CC}$，输出电流的最大值 $i_{Cm}\approx I_{CQ}$。因此，在理想变压器的情况下，最大输出功率为

$$P_{OM}=\frac{1}{2}I_{CQ}V_{CC} \tag{6.3}$$

即为图 6-2 中灰色三角形的面积。

由此可以看到，所谓功放的最佳负载，就是负载所对应交流负载线使图中的两个三角形的面积同时最大，亦即功放的输出功率最大。

此时集电极电流平均值仍为 I_{CQ}，故电源提供的功率仍如式(6.1)所示。

因此，最佳负载时甲类功放的效率为

$$\eta=\frac{P_{OM}}{P_D}=\frac{1}{2}=50\% \tag{6.4}$$

在上面的分析过程中，假设了功放的输入电流 i_B 为正弦波。在输入为恒流源时，只有在基极电阻 R_b 非常大的情况下，上述假设才成立。如果输入电压为正弦波时，由于三极管输入特性的非线性，在大信号时必然产生非线性失真。

6.3 互补推挽功率放大电路

1. 基本电路及静态特性

互补推挽功率放大电路的典型电路如图 6-3 所示。该电路由两个功放管 T_1 和 T_2 组成,其中 T_1 为 NPN 型,T_2 为 PNP 型,要求 T_1 和 T_2 特性对称;电流采用正负双电源供电,T_1 和 T_2 的集电极分别接到电源 V_{CC} 和 $-V_{CC}$;T_1 和 T_2 的发射极接在一起,并与负载电阻 R_L 直接相连。

静态时,在 R_1、D_1、D_2、R_2 和 R_3 上有直流电流,从而在功放管 T_1 和 T_2 两个基极之间有一个直流电压,使两个功放管处于导通状态。适当地调整 R_2,使功放管的集电极电流达到所要求的值 I_{CQ};调整 R_1 或 R_3,使功放管的发射极(图中 B 点)电压为 0。因为两个功放管的特性是对称的,各参数调整适当后,两个功放管的基极直流电流 I_{BQ} 和发射极直流电流 $I_{EQ}(I_{CQ})$ 都大小相等、方向相同,使负载电阻 R_L 上无直流电流通过。功放管的 C-E 间的电压 $|U_{CEQ}|=V_{CC}$,静态工作点如图 6-4 中所示。

每个电源所提供的直流功率同样如式(6.1)所示。

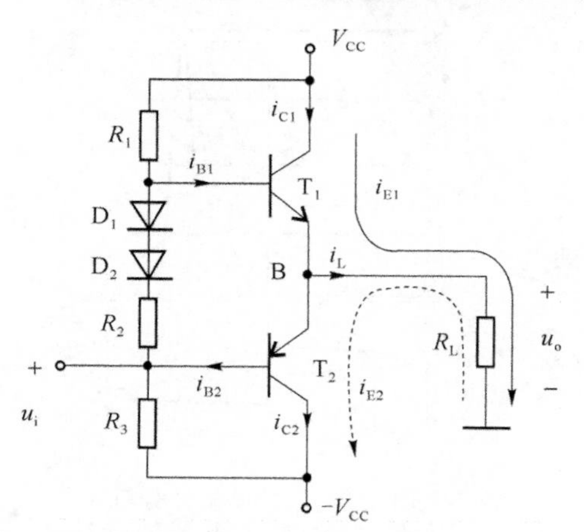

图 6-3 互补推挽功放电路

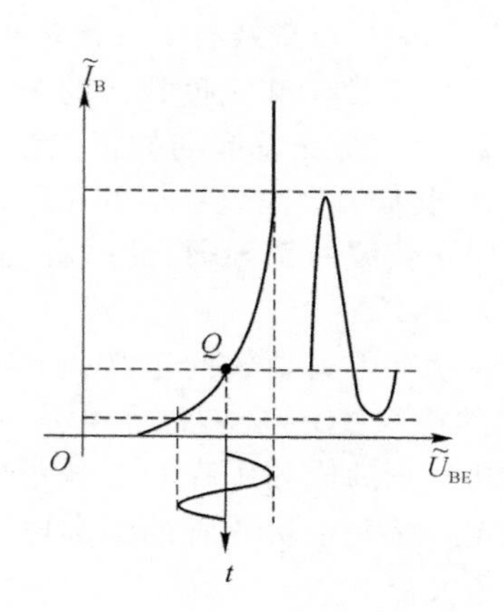

图 6-4 大信号特性

2. 动态特性分析

由于二极管 D_1 和 D_2 中直流电流较大,交流等效电阻较小,电阻 R_2 也较小,因此在动态特性分析时认为功放管 T_1 和 T_2 两个基极之间是短路的。当功放输入交流电压 u_i 为正弦波时,在正半周 $u_i>0$ 时,功放管 T_1 的 $\tilde{U}_{BE1}$ 加大,T_2 的 $\tilde{U}_{BE2}$ 减小,两个功放管的发射极电流不再相等,负载电阻 R_L 上有交流电流 i_L 流过,功放管 T_1 产生交流电流 i_{E1},功放管 T_2 产生交流电流 $-i_{E2}$,负载电流 $i_L=i_{E1}+|i_{E2}|$,R_L 上产生输出电压 u_o 的正半周;在输入交流电压 u_i 的负半周与之相反,功放管 T_1 的 $\tilde{U}_{BE1}$ 减小,T_2 的 $\tilde{U}_{BE2}$ 加大,功放管 T_1 产生交流电流 $-i_{E1}$,T_2 产生交流电流 i_{E2},负载电流 $i_L=-(i_{E1}+|i_{E2}|)$,R_L 上产生输出电压 u_o 的负半周。

如图 6-4 所示,因为是大信号输入,由于功放管输入特性的非线性,电流 $|i_{E1}|$ 和 $|i_{E2}|$ 不再相等。在输入电压 u_i 的正半周,由三极管的输入特性得到,随着 u_i 的增加功放管 T_1 发射极电流 $|i_{E1}|$ 的增加幅度较大,而 T_2 发射极电流 $|i_{E2}|$ 的增加幅度逐渐变小。

输入电压 u_i 的负半周相反。

由上述分析可见，当功放输入交流电压 u_i 为正弦波时，两个功放管产生的电流一个变化较快，另一个变化较慢。因为两个功放管的特性是对称的，变化快慢的程度是相同的，在负载电阻起到互补叠加的效果，因此称之为互补推挽功率放大电路。由于两个功放管输出电流的互补叠加，从而互补推挽功放极大地改善了功放电路的非线性失真。其电压和电流波形如图 6-5 所示。

因为功放管的导通角 $\theta=360°$，所以互补推挽功放也属于甲类功放。当最佳负载时其效率为 50%。

由于电源提供的功率不变，因而输入交流信号为零时，甲类功放输出功率也为零；输入电压愈大，$i_C(i_E)$ 愈大，负载获得的功率愈大，功放管的功耗也愈小，转换效率也就愈高。特别是当输入交流信号为零时，无交流输出，电源提供的功率全部消耗在功放管上，这是甲类功放的一大缺点。但是，因为甲类功放工作在(近似)线性放大状态，有时也称为线性功放，在一些线性度要求较高的系统中经常采用。

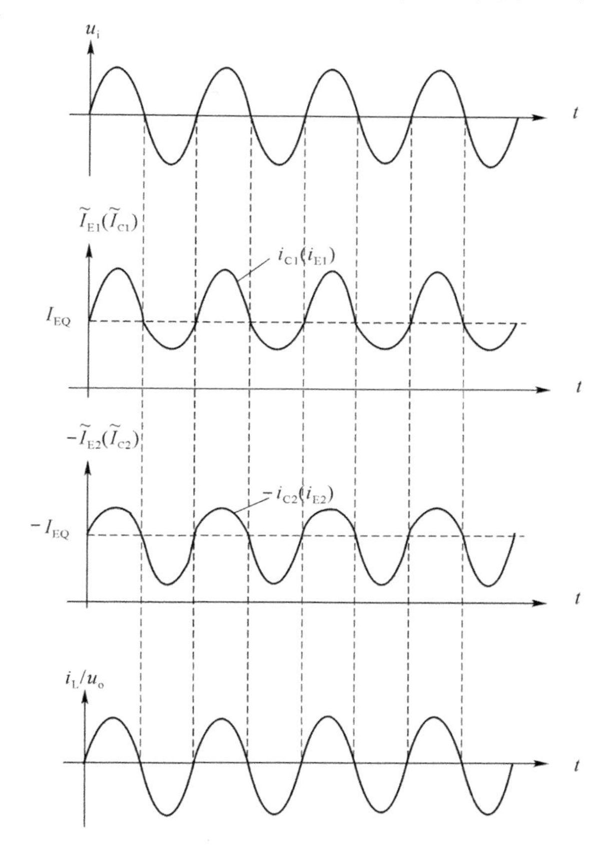

图 6-5　互补推挽功放波形图

6.4　乙类功率放大电路

1. 基本电路及静态特性

乙类功率放大电路的简化原理电路如图 6-6(a)所示。该电路由两个功放管 T_1 和 T_2 组成，其中 T_1 为 NPN 型，T_2 为 PNP 型，要求 T_1 和 T_2 特性对称；电流采用正负双电源供电，T_1 和 T_2 的集电极分别接到电源 V_{CC} 和 $-V_{CC}$；T_1 和 T_2 的发射极接在一起，并与负载电阻 R_L 直接相连。它与互补推挽功放的区别在功放管处于 0 偏置状态。

功放的上一级(功率推动级)使 A 点的直流电压为 0，从而使两个功放管均处于截止状态，即 $I_{BQ}=0$，$I_{CQ}\approx 0$，负载电阻 R_L 上无直流电流，电路中 B 点电压为 0，$U_{CEQ}=V_{CC}$，静态工作点位于坐标横轴上 V_{CC} 处，如图 6-6(b)所示。由此，该功放静态时，无直流输入功率。

图 6-6(b)中画出了当负载电阻为 R_L 时，对应的交流负载线。

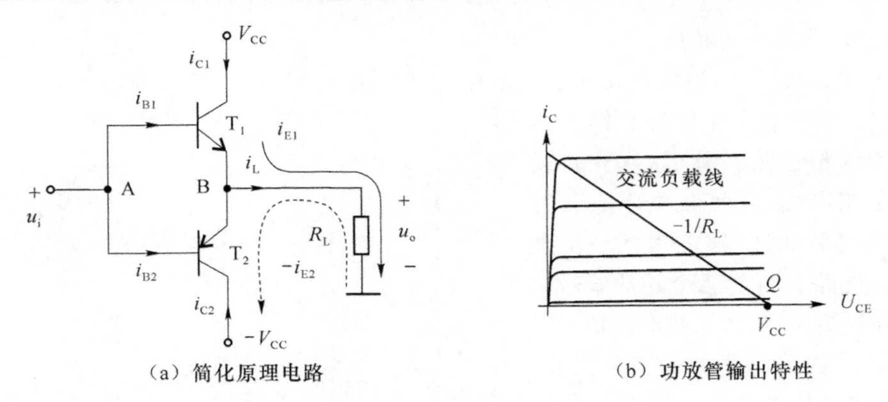

(a) 简化原理电路 (b) 功放管输出特性

图 6-6 乙类功率放大电路

2. 工作原理

为了说明其工作原理,先假设功放管 B-E 间的开启电压为 0。当功放输入交流电压 u_i 为正弦波时,在正半周 $u_i>0$ 时,功放管 T_1 导通,T_2 截止,正电源供电,负载电阻 R_L 上有交流电流 $i_L=i_{E1}$ 流过(如图 6-6(a)中实线所示),并在 R_L 上产生输出电压 u_o 的正半周,由于电路为射极输出形式,$u_o\approx u_i$;在负半周 $u_i<0$ 时,功放管 T_2 导通,T_1 截止,负电源供电,负载电阻 R_L 上有交流电流 $i_L=-i_{E2}$ 流过(如图 6-6(a)中虚线所示),并在 R_L 上产生输出电压 u_o 的负半周,由于电路也为射极输出形式,$u_o\approx u_i$。由此可见电路中功放管 T_1 和 T_2 交替工作,正、负电源轮流供电,两只功放管均为射极输出形式。

从上面的原理分析中看到,该电路的功放管只在输入正弦波的(正或负)半个周期内导通,即功放管的导通角 $\theta=180°$。

由此,乙类功放的定义为:功放管的导通角 $\theta=180°$的功率放大电路,称为乙类功率放大电路,简称乙类功放。

3. 动态特性分析

因为乙类功放是由两只特性对称的 NPN 型和 PNP 型功放管组成,两只功放管交替工作。因此,假设功放管 B-E 间的开启电压为 0 时,乙类功放的动态图解分析如图 6-7 所示。

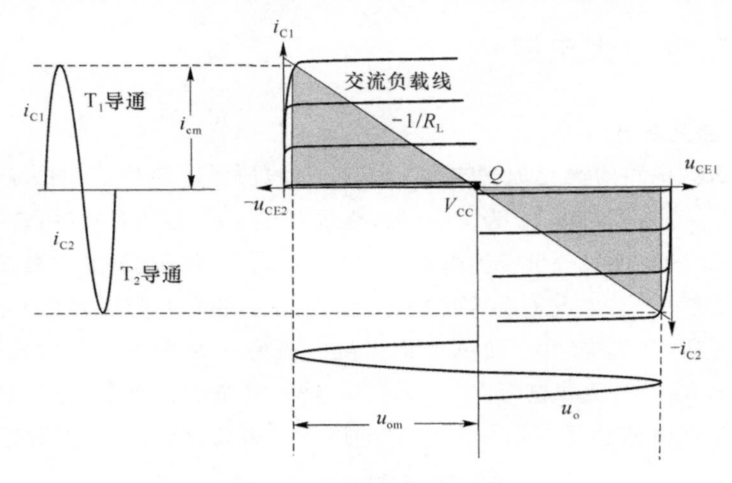

图 6-7 乙类功放图解分析

设功放管的饱和电压为U_{CES}，因此输出电压的最大值$u_{om}=V_{CC}-U_{CES}$，输出电流的最大值$i_{Lm}=u_{om}/R_L=(V_{CC}-U_{CES})/R_L$。因此，最大输出功率为

$$P_{OM}=\frac{1}{2}u_{om}i_{Lm}=\frac{(V_{CC}-U_{CES})^2}{2R_L} \tag{6.5}$$

最大输出功率即是图6-7中灰色三角形的面积。

在导通时功放管集电极电流i_C的表达式为

$$i_C\approx\frac{V_{CC}-U_{CES}}{R_L}\sin t \tag{6.6}$$

功放管集电极平均电流为

$$\bar{i}_C=\frac{1}{\pi}\int_0^{\pi}\frac{V_{CC}-U_{CES}}{R_L}\sin t\cdot \mathrm{d}t=\frac{2}{\pi}\cdot\frac{V_{CC}-U_{CES}}{R_L} \tag{6.7}$$

电源提供的直流功率为

$$P_D=\bar{i}_C V_{CC}\approx\frac{2}{\pi}\cdot\frac{V_{CC}(V_{CC}-U_{CES})}{R_L} \tag{6.8}$$

因此，乙类功放的效率为

$$\eta=\frac{P_{OM}}{P_D}=\frac{\pi}{4}\cdot\frac{V_{CC}-U_{CES}}{V_{CC}} \tag{6.9}$$

忽略功放管的饱和压降，乙类功放的效率为

$$\eta\approx\frac{\pi}{4}\approx 78.5\% \tag{6.10}$$

由上式看到，乙类功放的效率比甲类功放高得多。

4. 交越失真

在以上对乙类功放的分析过程中，假设了功放管B-E间的开启电压为0。由于三极管的开启电压不为0，在输入电压u_i较小时，功放管不导通或导通不充分，从而在负载电阻R_L上得到的输出电流或电压有失真，如图6-8所示。

如图中所示，当功放输入交流电压u_i为正弦波时，由于功放管B-E间的开启电压不为0，在正半周$0<u_i<$开启电压时，功放管T_1不导通，u_i大于开启电压时，T_1也有一段缓慢导通的过程，所以T_1的集电极电流i_{C1}上出现失真；同样，功放管T_2在负半周$|u_i|$较小时也出现失真；为此在负载电阻R_L上的输出电压u_o产生了明显的失真。由于失真出现在正弦波与时间轴的交接处附近，跨越0点，称之为交越失真。

交越失真是乙类功放固有的缺陷。

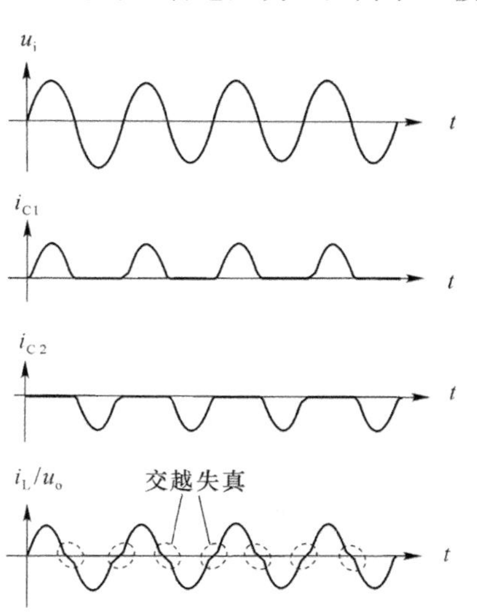

图6-8 乙类功放波形图

6.5 甲乙类功率放大电路

1. 基本电路及静态特性

甲乙类功率放大电路的原理电路如图 6-9(a)所示。该电路由两个功放管 T_1 和 T_2、二极管 D_1 和 D_2 等组成，其中 T_1 为 NPN 型，T_2 为 PNP 型，T_1 和 T_2 特性对称；电流采用正负双电源供电，T_1 和 T_2 的集电极分别接到电源 V_{CC} 和 $-V_{CC}$；T_1 和 T_2 的发射极接在一起，并与负载电阻 R_L 直接相连。

静态时，在 R_1、D_1、D_2、R_2 和 R_3 上有直流电流，从而在功放管 T_1 和 T_2 两个基极之间有一个直流电压，使两个功放管处于微导通状态。因此甲乙类功放与互补推挽功放和乙类功放的区别在功放管处于微导通状态。在甲乙类功放电路中，适当地调整 R_2，使功放管的集电极电流达到所要求的值 $I_{CQ}(I_{EQ})$；调整 R_1 或 R_3，使功放管的发射极(图中 B 点)电压为 0。因为两个功放管的特性是对称的，各参数调整适当后，两个功放管的集电极直流电流 $I_{CQ}(I_{EQ})$ 都大小相等、方向相同，使负载电阻 R_L 上无直流电流通过。功放管的 C-E 间的电压 $|U_{CEQ}|=V_{CC}$，静态工作点如图 6-9(b)中所示。

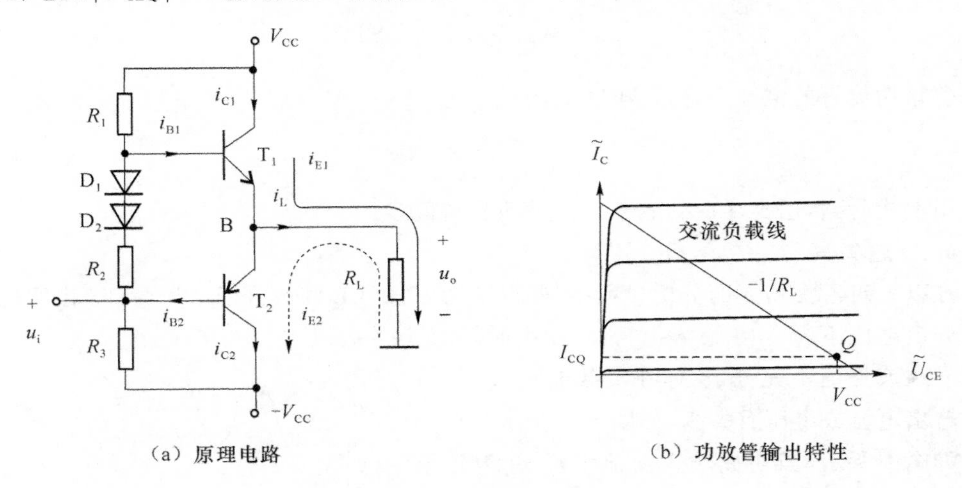

(a) 原理电路　　　　(b) 功放管输出特性

图 6-9　甲乙类功率放大电路

忽略功放电流的输入回路功耗，静态时甲乙类每个电源提供的直流功率为

$$P_D=I_{CQ}V_{CC} \tag{6.11}$$

由于 I_{CQ} 较小，静态时电源提供的直流功率也较小。图 6-9(b)中画出了当功放管处于微导通状态时，负载电阻为 R_L 时对应的交流负载线。

2. 工作原理

由于二极管 D_1、D_2 的动态电阻很小，而且电阻 R_2 的阻值也不大，在分析电路工作原理过程中，忽略这些电阻对交流信号的影响。所以对于交流认为这两个功放管的基极是等效连接在一起的。

当功放输入交流电压 u_i 为正弦波时，在正半周($u_i>0$)，u_i 幅度较小时，使功放管 T_1

的基极在直流电压 U_{BEQ1} 的基础上，加上交流电压 u_i，T_1 开始导通，集电极电流 i_{C1}（i_{E1}）开始增大，负载电阻 R_L 上有交流电流 i_{E1} 流过（如图 6-9(a)中实线所示），与此同时，输入电压 u_i 使功放管 T_2 的基极在直流电压 U_{BEQ2} 的基础上，减去交流电压 u_i，T_2 的集电极电流 i_{C2}（i_{E2}）幅度开始减小，使负载电阻 R_L 上又有交流电流 i_{E2} 流过，此时电流 i_{E2} 的方向与电流 i_{E1} 的方向相同，负载电阻 R_L 上的电流 i_L 是电流 i_{E1} 和 i_{E2} 的叠加，即 $i_L = i_{E1} + |i_{E2}|$。

在正半周，u_i 幅度较大时，功放管 T_1 的集电极电流 i_{E1} 继续增大，与此同时，输入电压 u_i 使功放管 T_2 截止，功放管 T_2 集电极电流 i_{E2} 为 0，负载电阻 R_L 上只有交流电流 i_{E1} 流过，此时 $i_L = i_{E1}$。电流 i_L 在负载电阻 R_L 上产生输出电压 u_o 的正半周。

当输入电压为负半周时，与正半周相反。在 u_i 的负半周，$|u_i|$ 较小时，使功放管 T_2 的基极在直流电压 U_{BEQ2} 的基础上，加上交流电压 u_i，T_2 开始导通，集电极电流 i_{E2} 开始增大，负载电阻 R_L 上有交流电流 i_{E2} 流过（如图 6-9(a)中虚线所示），与此同时，输入电压 u_i 使功放管 T_1 的基极在直流电压 U_{BEQ1} 的基础上，减去交流电压 u_i，T_1 的集电极电流 i_{E1} 幅度开始减小，使负载电阻 R_L 上又有交流电流 i_{E1} 流过，此时电流 i_{E1} 的方向与电流 i_{E2} 的方向相同，负载电阻 R_L 上的电流 i_L 是电流 i_{E1} 和 i_{E2} 的叠加，即 $i_L = -(|i_{E1}| + i_{E2})$。

在负半周，u_i 幅度较大时，功放管 T_2 的集电极电流 i_{E2} 继续增大，与此同时，输入电压 u_i 使功放管 T_1 截止，功放管 T_1 集电极电流 i_{E1} 为 0，负载电阻 R_L 上只有交流电流 i_{E2} 流过，此时 $i_L = -i_{E2}$。电流 i_L 在负载电阻 R_L 上产生输出电压 u_o 的负半周。

从上面的原理分析中看到，该电路的功放管在输入正弦波的（正或负）大半个周期内导通，即功放管的导通角 $\theta > 180°$。

由此，甲乙类功放的定义为：功放管的导通角 $180° < \theta < 360°$ 的功率放大电路，称为甲乙类功率放大电路，简称甲乙类功放。

甲乙类功放的电压和电流波形如图 6-10所示。由图中看到，在功放管处于微导通状态的甲乙类功放中，由于当输入电压较小时，两个功放管都导通，从而弥补了功放管在输入信号幅度较小时导通不充分的缺陷，消除了交越失真。

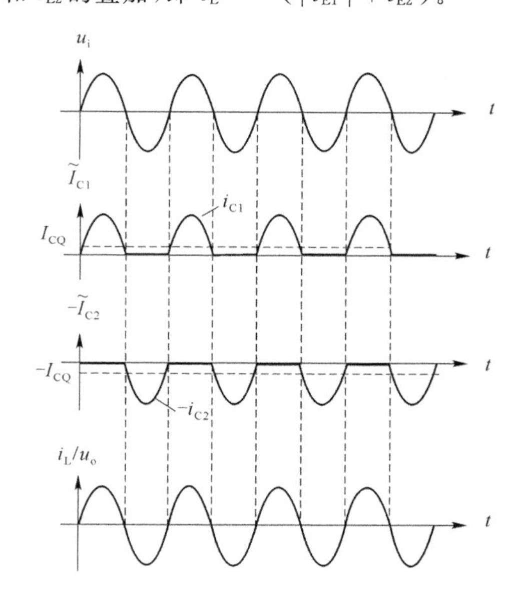

图 6-10　甲乙类功放波形图

由于甲乙类功放电流中，设置了功放管有一定的静态电流，在交流输入时，也有一定的消耗功率，其大小与 I_{CQ} 的设置有关。为此，甲乙类功放的效率在甲类和乙类之间，即 $\eta_{甲} = 50\% < \eta_{甲乙} < \eta_{乙} = 78\%$。

在功放管微导通情况下，静态消耗的功率较小，其效率接近乙类功放。

3. OCL 电路特性分析

在实际应用中,许多场合都使用了 OCL(无输出电容)功率放大电路。常用 OCL 电路如图 6-11 所示。

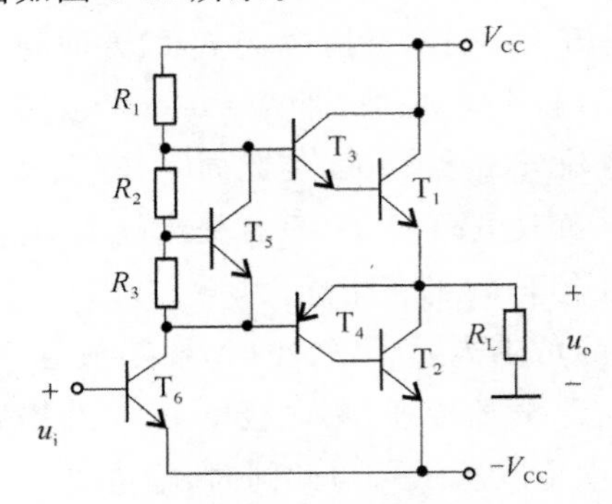

图 6-11 OCL 类功率放大电路

(1) 复合管

在该电路中,三极管 T_1 和 T_2 是大功率功放管,称为输出管。它们分别与三极管 T_3 和 T_4(称为驱动管)复合,等效为 NPN 型和 PNP 型。

图 6-12 给出了采用 NPN 型作为输出管的等效复合三极管。

在图 6-12(a)中,三极管 T_1 和 T_3 都为 NPN 型的,为使三极管工作在放大状态,由各极所加的直流电压以及各极电流的关系,得到一个等效的 NPN 型复合三极管(简称复合管)。

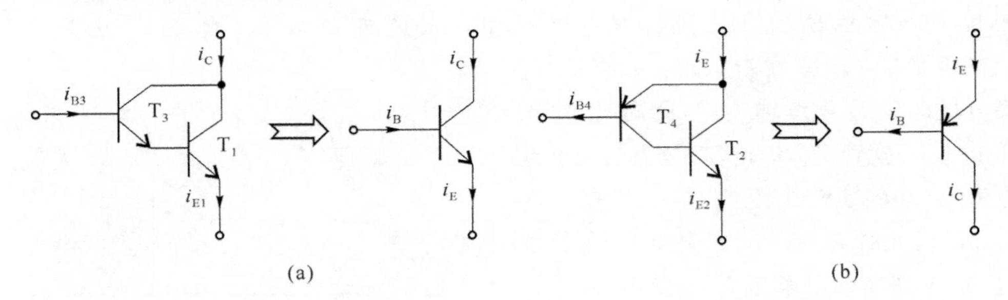

图 6-12 复合三极管

复合管的基极电流 i_B 等于 T_3 管的基极电流 i_{B3},集电极电流 i_C 等于 T_3 管的集电极电流 i_{C3} 与 T_1 管的集电极电流 i_{C1} 之和,发射极电流 i_E 等于 T_1 管的发射极电流 i_{E1}。所以

$$i_C = i_{C1} + i_{C3} = \beta_1 i_{B1} + \beta_3 i_{B3} = \beta_1 (1+\beta_3) i_{B3} + \beta_3 i_{B3} = (\beta_1 + \beta_3 + \beta_1\beta_3) i_{B3} \quad (6.12)$$

因为 $\beta_1\beta_3 >> \beta_1$ 或 β_3,所以可以认为复合管的电流放大倍数为 $\beta_1\beta_3$。

在图 6-12(b)中,驱动管 T_4 为 PNP 型,输出管 T_2 为 NPN 型的,为使三极管工作在放大状态,同样由各极所加的直流电压以及各极电流的关系,得到一个等效的 PNP 型复合管。

复合管的基极电流 i_B 等于 T_4 管的基极电流 i_{B4},发射极电流 i_E 等于 T_4 管的发射极电流 i_{E4} 与 T_2 管的集电极电流 i_{C2} 之和,集电极电流 i_C 等于 T_2 管的发射极电流 i_{E2}。所以

$$i_C = i_{E2} (1+\beta_2) i_{B2} = \beta_4 (1+\beta_2) i_{B4} = (\beta_4 + \beta_2\beta_4) i_{B4} \quad (6.13)$$

因为 $\beta_2\beta_4 >> \beta_4$,所以可以认为复合管的电流放大倍数为 $\beta_2\beta_4$。

因此可以看到,复合管是 NPN 型还是 PNP 型取决于驱动管。放大倍数约是两个三极管放大倍数的乘积。

复合管也称达林顿管,市场上有封装在一起的达林顿管。

采用复合管的优点主要体现在两个方面:

① 放大倍数增大。大功率三极管的放大倍数不宜过大，否则稳定性较差，采用复合管有效地解决了这个问题。

② 对称性好。在乙类功放中，要求两个功放管是 NPN 和 PNP 型的特性对称，由于工艺上的原因，不同形式的两个大功率功放管的特性很难做得一致，采用复合管后，输出管是相同形式的，而驱动管所承受功耗要降低若干倍，从而功放电路的对称性可以得到有效的保证。

(2) 直流恒压源电路

在图 6-11 所示电路中，三极管 T_5、电阻 R_2 和 R_3 组成直流恒压源电路，给功放管 $T_1 \sim T_4$ 的基极回路提供直流电压，使它们处于微导通状态，同时对于交流信号近似为短路。

在图 6-11 中，三极管 T_6 在静态时等效为直流恒流源，为后面的电路提供直流偏置。为了说明恒压源原理，画出直流通路如图 6-13 所示。

由图可见，三极管 T_5 和电阻 R_2 和 R_3 组成了一个电压并联负反馈电路，由第 5 章中电压并联负反馈电路的特性得到，该电路的输出电阻 R_{of} 小，输出电压 U_o 稳定，等效恒压源。

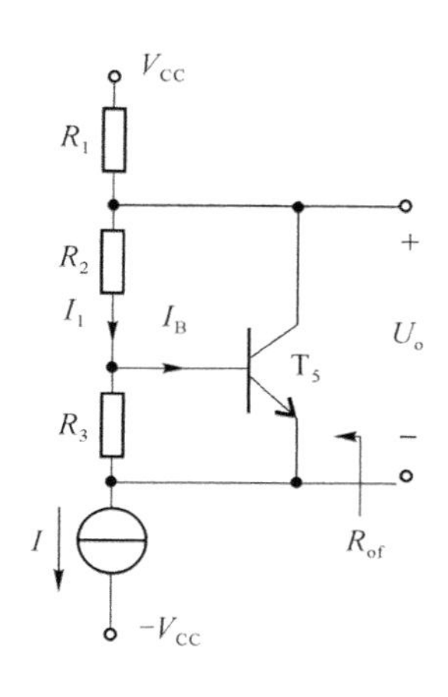

图 6-13　直流恒压源电路

一般情况下，电流 $I_1 \gg I_B$，所以输出电压 U_o 为

$$U_o \approx \left(1+\frac{R_2}{R_3}\right)U_D \tag{6.14}$$

其中 U_D 为三极管 T_5 的导通电压。因此，在该电路中通过调整电阻 R_2 和 R_3 的值，可以得到任意大于 U_D 的输出直流电压。

由于该电路的输出电阻 R_{of} 较小，所以对于交流信号近似为短路。

(3) OCL 电路的静态工作特性

在图 6-11 所示电路中，三极管 T_6 在静态时等效为直流恒流源，为后面的电路提供直流偏置。通过调整电阻 R_2 和 R_3 的值，得到适当的直流电压，提供给功放管 $T_1 \sim T_4$ 的基极回路，使它们处于微导通状态。调整电阻 R_1，使功放管 T_1、T_4 的发射极电压为 0。

因此，OCL 电路属于甲乙类功率放大电路，但是由于功放管处于微导通状态，其静态工作点很低。静态时所消耗的功率也很小。

(4) OCL 电路的动态工作特性

由于 OCL 电路属于甲乙类功率放大电路，但静态工作点很低，其工作原理与本节上述部分一致，其效率基本同乙类功放一致，约为 $\pi/4$，但是无交越失真。

除了 OCL 功放电路外，在应用中还有 OTL(无输出变压器)功放电路、变压器耦合功放电路、桥式功放电路等等，它们都属于甲类、甲乙类或乙类功率放大电路。

例 6-1　若功放管的最大容许耗散功率为 10 W，试计算甲类功放和乙类功放的最大输出功率各为多少。

解：因为直流输入功率 P_D 等于输出功率 P_{om} 与功放管消耗功率 P_C 之和。由效率的定义有 $P_{om}=P_D\times\eta=(P_{om}+P_C)\times\eta$，整理得

$$P_{om}=P_C\times\eta/(1-\eta)$$

(1) 甲类功放效率 $\eta_{甲}=50\%$，当 $P_C=10$ W 时，由上式可得，最大输出功率

$$P_{om}=P_C\times\eta_{甲}/(1-\eta_{甲})=P_C=10\ \text{W}$$

(2) 乙类功放效率 $\eta_{乙}=78.5\%$，当 $P_C=10$ W 时，最大输出功率为

$$P_{om}=P_C\times\eta_{乙}/(1-\eta_{乙})=10\times0.785/(1-0.785)=36.5\ \text{W}$$

例 6-2 如图 6-9(a)所示的甲乙类功放电路，因为功放管处于微导通状态，设其效率与乙类功放相同，若电源电压 $V_{CC}=24$ V，功放管的饱和压降 $U_{CES}=2$ V，负载电阻 $R_L=8$ Ω，忽略功放管基极回路中的二极管和电阻对交流的影响。

(1) 计算电源的输入功率 P_D、最大输出功率 P_{om}、功放管的消耗功率 P_{cm} 以及效率 η 各为多少；

(2) 设输入电压 u_i 为正弦波，其峰值为 16 V，试计算电源的输入功率 P_D、输出功率 P_o、功放管的消耗功率 P_C 以及效率 η 各为多少。

解：(1) 由公式(6.5)～(6.9)可得最大输出功率

$$P_{OM}=\frac{(V_{CC}-U_{CES})^2}{2R_L}=\frac{(24-2)^2}{2\times8}=30.25\ \text{W}$$

电源提供的直流功率

$$P_D=\frac{2}{\pi}\cdot\frac{V_{CC}(V_{CC}-U_{CES})}{R_L}=\frac{2}{\pi}\cdot\frac{24\cdot(24-2)}{8}\approx42\ \text{W}$$

因为直流输入功率 P_D 等于输出功率 P_{om} 与功放管消耗功率 P_C 之和。所以功放管的消耗功率

$$P_C=P_D-P_{OM}=42-30.25=11.75\ \text{W}$$

效率

$$\eta=\frac{P_{OM}}{P_D}=\frac{30.25}{42}=0.72=72\%$$

(2) 当输入电压 u_i 为正弦波，其峰值为 16 V 时，由于功放是射随输出，所以输出电压 $u_o\approx u_i$，输出电压的峰值 $u_{om}\approx16$ V，由公式(6.5)～(6.8)可得此时输出功率

$$P_o=\frac{1}{2}u_{om}i_{Lm}=\frac{u_{om}^2}{2R_L}\approx\frac{16^2}{2\times8}=16\ \text{W}$$

功放管集电极平均电流

$$\bar{i}_C=\frac{1}{\pi}\int_0^{\pi}\frac{u_{om}}{R_L}\sin t\cdot\mathrm{d}t=\frac{2}{\pi}\cdot\frac{u_{om}}{R_L}=\frac{2}{\pi}\cdot\frac{16}{8}=\frac{4}{\pi}\ \text{A}$$

电源提供的直流功率

$$P_D=V_{CC}\bar{i}_C=24\cdot\frac{4}{\pi}\approx30.56\ \text{W}$$

功放管的消耗功率

$$P_C=P_D-P_o=30.56-16=14.56\ \text{W}$$

效率

$$\eta=\frac{P_o}{P_D}=\frac{16}{30.56}=0.507=50.7\%$$

由此可见，由于输入信号的幅度没有达到功放管的最大动态范围，使功放的效率大为降低。

6.6　丙类高频功率放大电路

通过对甲类、甲乙类、乙类功率放大电路的分析得到，它们效率

$$\eta_{甲}=50\%<\eta_{甲乙}<\eta_{乙}=78\%$$

是依次增大的；而它们的功放管的导通角

$$\theta_{甲}=360°>\theta_{甲乙}>\theta_{乙}=180°$$

是依次减小的。由此看到功放电路的效率与导通角成反比。这是因为，功放管导通角的减小，使功放管在一个信号周期内的截止时间增大，从而减小了功放管所消耗的平均功率，提高了效率。

因此，为了减小功放管的功耗，提高效率，有效的方法是减小功放管的导通角。

当导通角 $0°<\theta_{丙}<180°$时，功率放大电路被称为丙类功放。丙类功放的效率比甲类、甲乙类或乙类功放都要高，可以达到 80% 以上。丙类功放常用于高频功率放大，在无线通信系统中经常采用。

当导通角 $\theta_{丁}=0°$时，即功放管工作在(饱和/截止)开关状态，功率放大电路被称为丁类功放。此时功放管仅在饱和导通时有功率消耗，但由于饱和压降很小，故无论电流大小，功放管的瞬时消耗功率都不会太大，因此功放管的平均消耗功率很小，功放电路的效率得以提高，可以达到 90% 以上。在一些大功率电源电路(开关型电源)中，经常采用丁类功放。

1. 丙类功放基本电路

在一些无线通信设备中，采用丙类高频功率放大电路作为通信设备的末级功放，用于发送已调窄带信号。图 6-14 给出了丙类功率放大电路的原理图。其电路形式与小信号谐振放大电路相似，但是由于电路是工作在大信号状态，电路在参数选择、静态和动态特性上与小信号谐振放大电路是决然不同的。

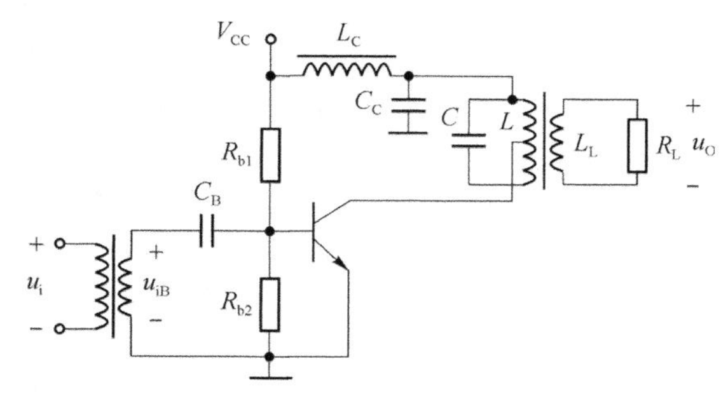

图 6-14　丙类功率放大电路

2. 直流供电与自生反偏置

(1) 集电极直流供电

如图 6-14 所示,在丙类功率放大电路的集电极直流供电电路中加入了电感 L_C,称为高频扼流圈,其直流电阻可以忽略。它在电路的工作频率范围内所呈现的阻抗远远大于谐振回路的谐振电阻,其作用是隔离电路输出的高频信号对输入回路及其他电路的影响,提高整个电路的工作稳定性。同时接入了高频旁路电容 C_C,它在电路的工作频率范围内所呈现的阻抗远远小于谐振回路的谐振电阻,其作用是为输出回路提供交流地。

(2) 基极自生反偏置

丙类放大电路的基极偏置电路的形式很多,但通常采用自生反偏置的电路形式。自生反偏置电路如图 6-15(a)所示。为了便于分析,应用等效电源定理对偏置电路中的直流供电电路进行变换,得到图 6-15(b)。

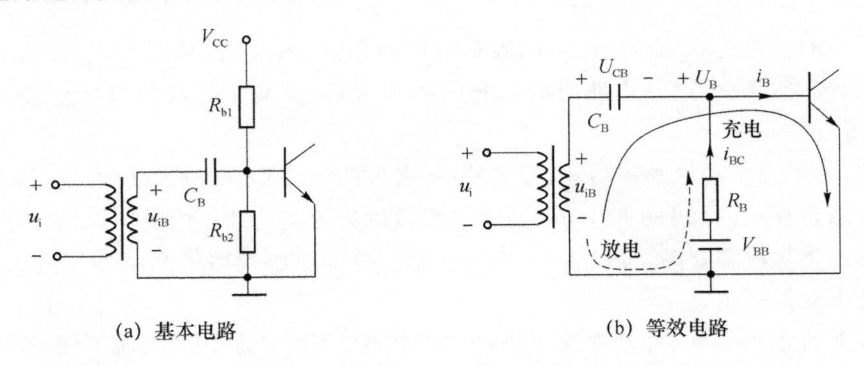

(a) 基本电路　　(b) 等效电路

图 6-15　丙类基极自生反偏置电路

图中

$$\left.\begin{aligned} V_{BB} &= \frac{R_{b2}}{R_{b1}+R_{b2}} V_{CC} \\ R_B &= R_{b1} /\!/ R_{b2} \end{aligned}\right\} \tag{6.15}$$

通常 V_{BB} 略小于三极管的导通电压 U_D,在无交流信号($u_{iB}\equiv 0$)时,三极管处于截止状态,电容 C_B 两端的电压 $U_{CB}=-V_{BB}$。在三极管导通时,由于是功率放大,集电极输出的电流很大,从而基极电流 i_B 也较大,要远远大于 V_{BB} 和 R_B 支路上的电流 $-i_{BC}$。为此在三极管导通时,电流 $-i_{BC}$ 的影响可以忽略。

当有交流信号($u_{iB}\neq 0$)时,如图 6-15(b)所示,在电容 C_B 两端的电压 U_{CB} 较小时,u_{iB} 由低到高增加,当增加到使基极电位 U_B 大于三极管的导通电压 U_D 时,三极管导电,三极管基极电流 i_B 为电容 C_B 充电。当电压 u_{iB} 由高到低减小,使基极电位 U_B 小于三极管的导通电压 U_D 时,三极管截止,电容 C_B 停止充电;并且电容 C_B 开始通过电源 V_{BB} 和电阻 R_B 放电,放电电流为 i_{BC}。选择适当的 R_B 和 C_B,时间常数 $\tau_B=R_BC_B$ 远大于信号的一个周期时(大于信号一个周期的 3~5 倍),在此期间电容 C_B 两端的电压在放电期间的变化小于在充电期间的变化,从而使电容 C_B 积累了电荷,电容 C_B 两端的电压 U_{CB} 在增加。随

着电压 U_{CB} 的增加，放电电流 i_{BC} 也随着增大，直到在一个信号周期内电容 C_B 充电积累的电荷和放电消耗的电荷相等，达到一个稳态。

在稳态情况下，在三极管的截止状态内，基极电位 $U_B=V_{BB}-i_{BC}R_B<U_D$，使放大电路的导通角 $0°<\theta<180°$，功率放大电路工作于丙类放大。因为这个反向偏置电压是电路在交流信号作用下自己产生的，故称其为自生反向偏压。不难理解，当自生反偏压 U_B 增大时，导通角增大，当自生反偏压 U_B 减小时，导通角随着减小。在后面的分析可以看到，对于丙类功率放大来说，放大电路的电压放大倍数与导通角 θ 成正比。

自生反向偏压除了产生相应的三极管基极偏置以外，还有稳定放大电路的输出电压的作用。由于形成自生反偏压的电流 i_{BC} 与输入信号 u_{iB} 的大小有密切关系，对于放大等幅载波的放大电路来说，当输入信号因某种原因增大时，电流 i_{BC} 随着增大，自生反偏压 U_B 随着减小，导通角变小，电压放大倍数变小；同样当输入信号因某种原因减小时，电压放大倍数则变大。这使放大电路的输出电压趋向稳定。

3. 放大工作原理

图 6-16 给出了丙类功率放大电路的交流通路图。放大电路的负载是 LC 谐振回路，通过电感 L 和 L_L 使放大电路工作在最佳负载状态。输入信号等效为一个电压源 u_{iB}。由于自生反偏压 U_B 与交流信号有关，在交流通路中也画上了。

放大电路工作于大信号状态，可采用图解法分析其工作原理。图 6-17 给出了丙类功率放大电路的输入输出转移特性曲线。由于自生反偏压 U_B 小于三极管的导通电压 U_D，使三极管的导通角 $0°<\theta<180°$，放大电路工作于丙类放大。

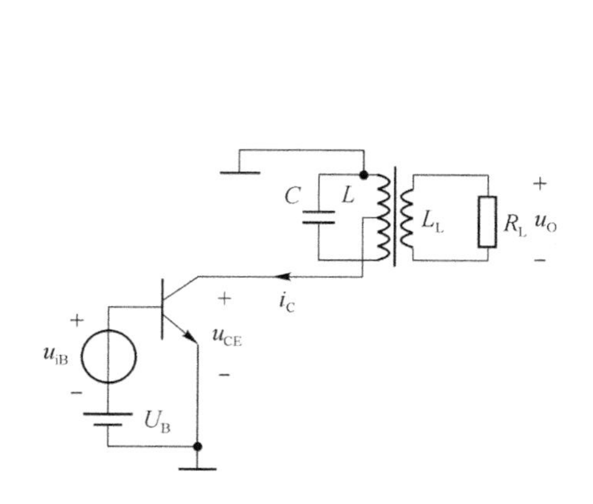

图 6-16　丙类功放交流通路

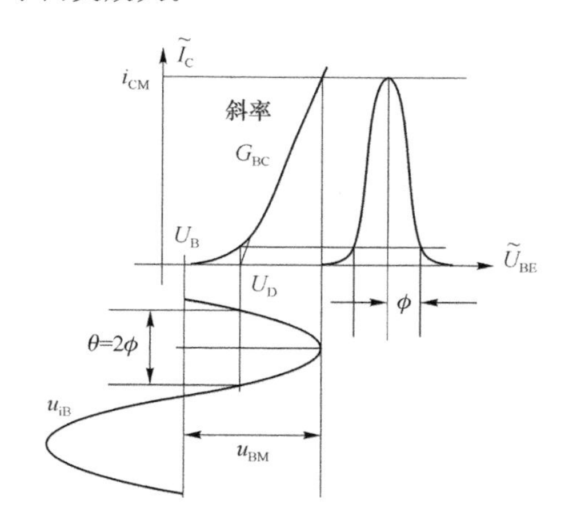

图 6-17　输入电压与输出电流波形图

在输入电压 u_{iB} 的每个周期内，当 $u_{iB}+U_B>U_D$ 时，三极管的集电极输出一个脉冲电流。这样在三极管的集电极输出得到一个脉冲电流的周期序列。利用傅氏级数将其分解为直流、基波和谐波分量之和。由于谐振回路调谐于基波，它对基波呈现一个数值足够大的电阻，而对直流和所有高次谐波，都呈现很小的阻抗。因此，在 L 和 C 组成的谐振回路的两端，产生一个失真很小的基波电压，其极性和输入电压相反。丙类功率放大电路的工作波形如图 6-18 所示。

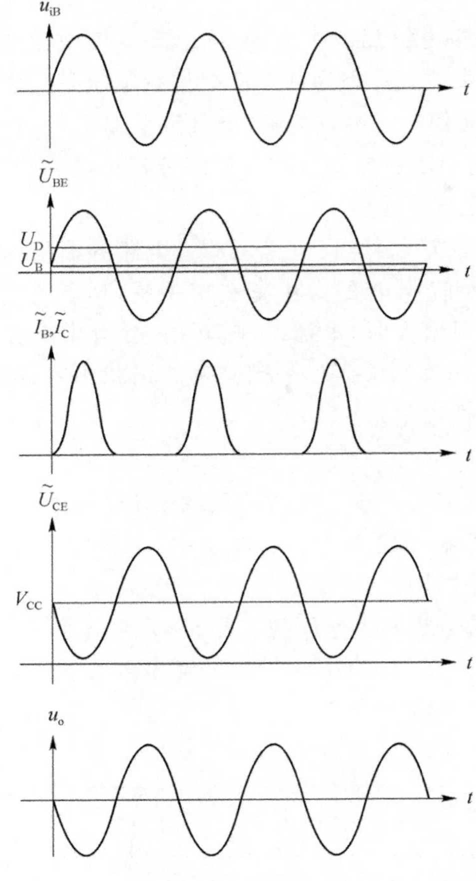

图 6-18　丙类功率放大电路工作波形图

4. 动态特性分析

由图 6-17 所示，输出电流 i_C 在导通电压 U_D 以下的部分很小，可以忽略。为了简便，在分析丙类功率放大电路的动态特性时，将输入输出转移特性曲线用折线来代替。其斜率为 G_{BC}。

因为丙类功率放大电路的三极管导通角 $0°<\theta<180°$。由此可得当 $\widetilde{U}_{BE}>U_D$ 时，$\widetilde{I}_C=G_{BC}(\widetilde{U}_{BE}-U_D)$，而

$$\widetilde{U}_{BE}=U_B+U_{BM}\cos\omega t$$

从而当 $\cos\omega t-\dfrac{U_D-U_B}{U_{BM}}\geqslant 0$ 时得到

$$\widetilde{I}_C=G_{BC}U_{BM}\left(\cos\omega t-\frac{U_D-U_B}{U_{BM}}\right) \tag{6.16}$$

当 $\omega t=\theta/2$ 时，$\widetilde{I}_C=0$，可得

$$\frac{U_D-U_B}{U_{BM}}=\cos\frac{\theta}{2} \tag{6.17}$$

于是当 $\cos\omega t-\cos(\theta/2)\geqslant 0$ 时有

$$\widetilde{I}_C=G_{BC}U_{BM}(\cos\omega t-\cos(\theta/2)) \tag{6.18}$$

当 $\omega t=0$ 时，$\widetilde{I}_C=i_{CM}$，可得

$$i_{CM}=G_{BC}U_{BM}(1-\cos(\theta/2)) \tag{6.19}$$

由以上二式得到

$$\widetilde{I}_C=i_{CM}\frac{\cos\omega t-\cos(\theta/2)}{1-\cos(\theta/2)},\ \cos\omega t-\cos(\theta/2)\geqslant 0 \tag{6.20}$$

上式所示的脉冲序列，利用傅氏级数展开形式如下

$$\widetilde{I}_C=\sum_{n=0}^{\infty}I_{Cn}\cos n\omega t \tag{6.21}$$

式中 I_{Cn} 所包含的 I_{C0} 为直流分量，I_{C1} 为基波分量的幅度，$n\geqslant 2$ 的分量 I_{Cn} 为各次谐波的幅度。应用数学中求傅氏级数的方法不难求出各个分量。于是有

直流分量 $$I_{C0}=i_{CM}\alpha_0(\theta) \tag{6.22}$$

基波分量 $$I_{C1}=i_{CM}\alpha_1(\theta) \tag{6.23}$$

谐波分量 $$I_{Cn}=i_{CM}\alpha_n(\theta),\ n\geqslant 2 \tag{6.24}$$

式中 $\alpha_0,\alpha_1,\cdots,\alpha_n$ 称为电流分解系数，其表达式为

$$\left.\begin{aligned}\alpha_0(\theta)&=\frac{\sin(\theta/2)-(\theta/2)\cos(\theta/2)}{\pi(1-\cos(\theta/2))}\\ \alpha_1(\theta)&=\frac{(\theta/2)-\cos(\theta/2)\sin(\theta/2)}{\pi(1-\cos(\theta/2))}\\ \alpha_n(\theta)&=\frac{2}{\pi}\cdot\frac{\sin(n\theta/2)\cos(\theta/2)-n\cos(n\theta/2)\sin(\theta/2)}{n(n^2-1)(1-\cos(\theta/2))},n\geqslant 2\end{aligned}\right\}\tag{6.25}$$

图 6-19 给出了 $n=0\sim3$ 的电流分解系数的曲线图。由式(6.25)和图 6-19 可以看到，随着 n 的增加，谐波分量幅度的最大值减小。

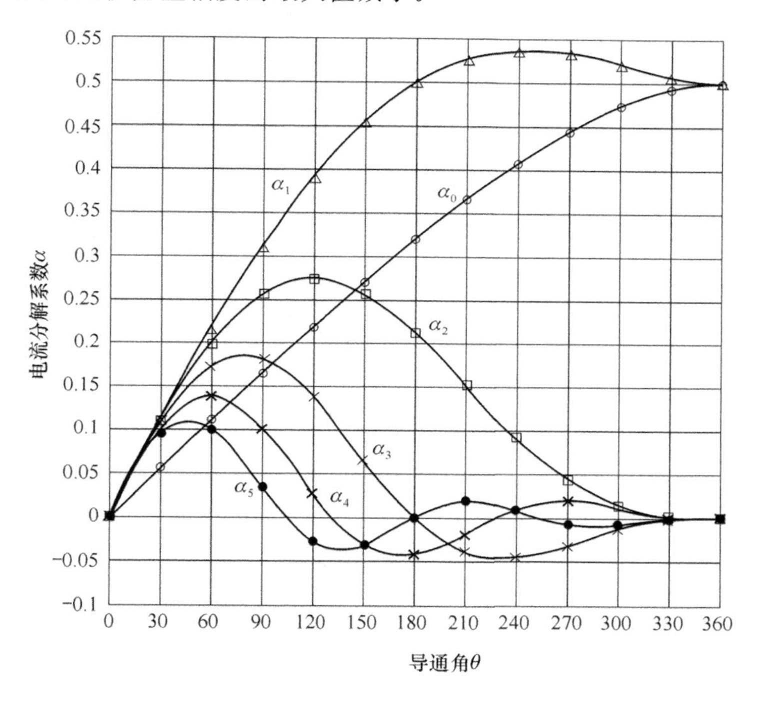

图 6-19　电流分解系数的曲线图

下面利用电流分解系数来分析丙类功率放大电路的输出功率、效率、放大倍数和输入电阻等主要特性参数。

(1) 输出功率与导通角的关系

丙类功率放大电路的集电极输出的基波功率可以表示为

$$P_o=\frac{1}{2}I_{C1}U_{C1}=\frac{1}{2}I_{C1}^2R_{AC}=\frac{1}{2}[i_{CM}\alpha_1(\theta)]^2R_{AC}\tag{6.26}$$

式中 U_{C1} 为三极管集电极输出的基波电压幅度值，$U_{C1}=I_{C1}R_{AC}$，R_{AC} 为集电极负载谐振电阻值。

当 R_{AC} 为最佳负载电阻时，使放大电路工作在(最佳)临界状态，三极管集电极输出的基波电压幅度 U_{C1} 和基波功率 P_o 最大。此时，$U_{C1}=U_{C1M}=V_{CC}-U_{CES}$，基波最大功率为

$$P_{oM}=\frac{1}{2}I_{C1}U_{C1M}=\frac{1}{2}i_{CM}\alpha_1(\theta)V_{CC}\xi\tag{6.27}$$

式中 $\xi=U_{C1}/V_{CC}$，称为集电极电压利用系数。当供电电压足够高时，例如 24 V 以上，ξ 值可达 0.9。由式(6.27)可以看出，在 i_{CM} 及 V_{CC} 或 R_{AC} 一定时，输出功率是 $\alpha_1(\theta)$ 的函数。由图 6-19 可以看出，当 $\theta=240°$时，$\alpha_1(\theta)$有最大值，其值为 $\alpha_1(240°)\approx0.54$，但 $\theta=240°$是甲乙类状态，效率不高。对于丙类功率放大电路来说，$0<\theta<180°$，输出功率随导通角 θ 的增大而增大。

(2) 效率与导通角的关系

丙类功率放大电路的效率定义为放大电路在临界状态时的输出功率与直流功率之比，即效率为

$$\eta_C=\frac{P_{oM}}{P_D}=\frac{1}{2}\frac{I_{C1}U_{C1M}}{I_{C0}V_{CC}}=\frac{1}{2}\frac{i_{CM}\alpha_1(\theta)V_{CC}\xi}{i_{CM}\alpha_0(\theta)V_{CC}}=\frac{\xi}{2}\frac{\alpha_1(\theta)}{\alpha_0(\theta)} \tag{6.28}$$

图 6-20 给出了 $\alpha_1(\theta)$和 $\alpha_0(\theta)$之比与 θ 的关系曲线。由图 6-20 可以看出，减小 θ，$\alpha_1(\theta)$和 $\alpha_0(\theta)$之比将单调增大。在实际应用中，要综合考虑输出功率与效率，θ 之值一般选取为 120°～160°。

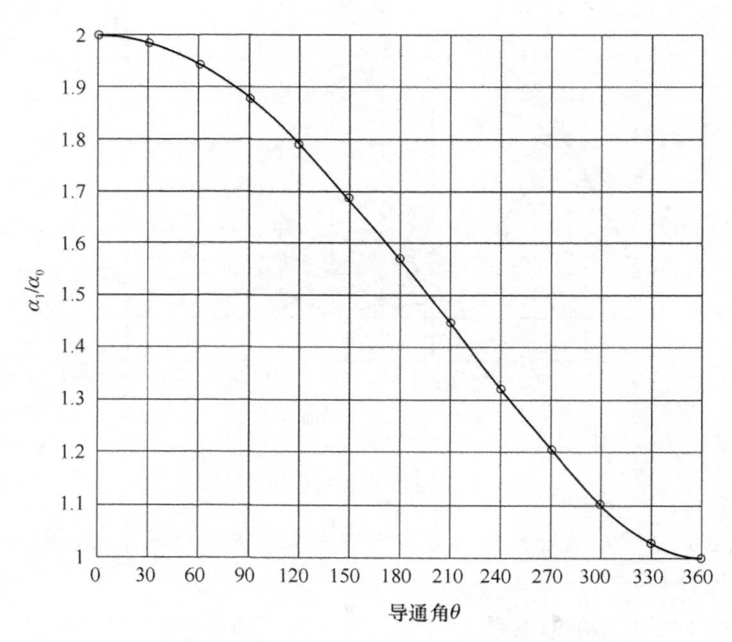

图 6-20　α_1/α_0 与导通角 θ 关系曲线图

当 $\theta=150°$时，$\alpha_1(150°)\approx0.455$，输出功率 $P_{oM}\approx0.227\xi\cdot i_{CM}\cdot V_{CC}$。此时对应的 $\alpha_0(150°)\approx0.269$，由式(6.28)得到效率

$$\eta_C=\frac{1}{2}\xi\frac{0.445}{0.269}\approx0.83\xi \tag{6.29}$$

若 $\xi=0.9$，则 $\eta_C=0.83\times0.9\approx75\%$。

(3) 电压放大倍数

丙类功率放大电路的电压放大倍数定义为三极管集电极输出的基波电压幅度与三极

管基极输入的电压幅度之比

$$A_u=\frac{U_{C1}}{U_{BM}}=\frac{I_{C1}R_{AC}}{U_{BM}} \tag{6.30}$$

式中 R_{AC} 为集电极负载谐振电阻值。由式(6.19)、(6.24)可以得到集电极电流基波分量为 $I_{C1}=i_{CM}\alpha_1(\theta)=G_{BC}U_{BM}[1-\cos(\theta/2)]\alpha_1(\theta)$，因此得到电压放大倍数为

$$A_u=G_{BC}R_{AC}[1-\cos(\theta/2)]\alpha_1(\theta) \tag{6.31}$$

图 6-21 给出了归一化电压放大倍数 $A_0=A_u/(G_{BC}R_{AC})$ 与导通角 θ 的关系曲线图。可以看到，电压放大倍数随着导通角 θ 的增加而单调增加。其原因是在其他参数一定的情况下，当输出最大电流相同时，θ 越大，输出电流的基波分量越大，输出的电压幅度就越大，电压放大倍数也就越大。

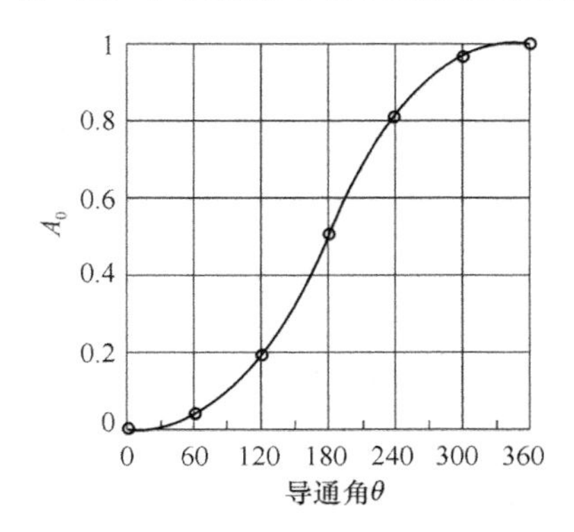

图 6-21　A_0 与导通角 θ 的关系曲线图

(4) 输入电阻

等效输入电阻是输入电压与输入基波电流之比。输入基波电流与 θ 的关系和输出电流与基波电流的关系是相同的。

输入基波电流 $I_{B1}=i_{BM}\alpha_1(\theta)=G_BU_{BM}[1-\cos(\theta/2)]\alpha_1(\theta)$，式中 G_B 是输入特性曲线的斜率。于是输入电阻表示为

$$R_{ib}=\frac{U_{BM}}{I_{B1}}=\frac{1}{G_B[1-\cos(\theta/2)]\alpha_1(\theta)} \tag{6.32}$$

比较式(6.26)和(6.27)可以看到，输入电阻随 θ 变化的规律和电压放大倍数随 θ 变化的规律正好相反。

例 6-3　设在如图 6-14 和 6-16 所示的电路中，$V_{CC}=48$ V，$U_B=0.28$ V，三极管的 $U_{CES}=3$ V、$U_D=0.8$ V，输入输出转移特性折线斜率 $G_{BC}=1$；输出耦合网络使电路工作在最佳负载状态，其功率传输效率 η_N 为 0.7，其他各参数满足相应的要求。若输入电压 $u_{iB}=2\cos 2\pi\times10^7 t$，试计算：

(1) 导通角 θ；

(2) 集电极电流 i_C 的基波分量幅度 I_{C1}；

(3) 负载上获得的基波最大功率 P_L；

(4) 放大电路的效率 η_C；

(5) 谐振电阻 R_{AC}；

(6) 电压放大倍数 A_u。

解：(1) 由公式(6.13)，导通角

$$\theta=2\arccos\frac{U_D-U_B}{U_{BM}}=2\arccos\frac{0.8-0.28}{2}\approx150^\circ$$

(2) 由公式(6.17)，集电极电流 $\tilde{I}_C$ 的最大值 i_{CM} 为

$$i_{CM}=G_{BC}U_{BM}(1-\cos(\theta/2))=2(1-\cos 75^\circ)\approx1.48\ (\text{A})$$

由图 6-19 查得，$\alpha_1(150)\approx0.455$。

由公式(6.19)，基波分量 $I_{C1}=i_{CM}\alpha_1(\theta)=1.48\times0.455\approx0.674$ (A)

(3) 先求集电极的输出最大功率 P_{oM}，由公式(6.27)

$$P_{oM}=\frac{1}{2}i_{CM}\alpha_1(\theta)V_{CC}\xi=\frac{1}{2}\times1.48\times0.455\times(48-3)\approx15.15\ (\mathrm{W})$$

负载上获得的基波功率 $P_L=\eta_N P_{oM}=0.7\times15.15\approx10.6$ (W)

(4) 由图 6-19 查得，$\alpha_0(150)\approx0.269$；由公式(6.28)，放大电路的效率 η_C 为

$$\eta_C=\frac{\xi}{2}\frac{\alpha_1(\theta)}{\alpha_0(\theta)}=\frac{1}{2}\cdot\frac{\alpha_1(\theta)}{\alpha_0(\theta)}\cdot\frac{V_{CC}-U_{CES}}{V_{CC}}=\frac{1}{2}\cdot\frac{0.455}{0.269}\cdot\frac{48-3}{48}\approx79.3\%$$

(5) 由公式(6.26)，谐振电阻 R_{AC} 为

$$R_{AC}=\frac{2P_{oM}}{I_{C1}^2}=\frac{2\times15.15}{0.674^2}\approx66.7\ (\Omega)$$

(6) 由公式(6.30)，电压放大倍数 A_u 为

$$A_u=G_{BC}R_{AC}[1-\cos(\theta/2)]\alpha_1(\theta)=66.7\times[1-\cos(75°)]\times0.455\approx22.5$$

6.7 丙类倍频电路

在通信系统、计算机、电子仪器设备中经常要用到倍频电路。实现倍频的方法和器件很多，丙类倍频是倍频方法中的基本方法之一。

1. 基本电路

图 6-22 给出了丙类倍频基本电路，图 6-23 是其对应的交流通路图。由图中看到，丙类倍频电路与前面介绍的丙类功率放大电路基本一样，如三极管工作在丙类放大状态、输入回路中的基极自生反偏置、集电极直流供电的方式等。

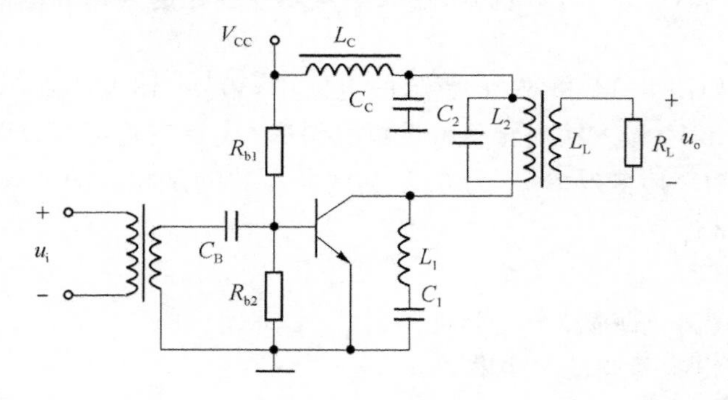

图 6-22　丙类倍频基本电路

所不同的是在输出部分。第一，在三极管的集电极对地接入了一个串联谐振电路 L_1C_1。第二，输出谐振回路 L_2C_2 中的谐振频率不是基波频率。另外，丙类倍频电路不一定要求输出大功率信号，有时只要求输出电压幅度足够大的信号。

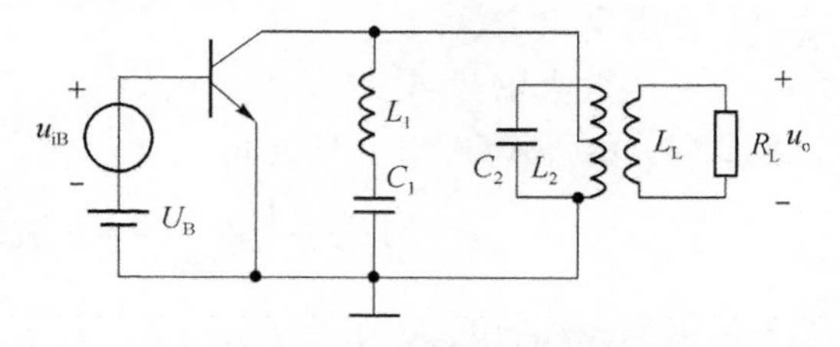

图 6-23　丙类倍频交流通路

2. 工作原理

丙类倍频电路是利用丙类放大电路集电极脉冲电流中的谐波获得倍频信号的。丙类倍频电路与丙类功放电路的主要区别在于输出回路。丙类功放电路的输出谐振回路的谐振频率是基波频率，选出的是基波信号(即输入信号频率 f_i)，滤除所有的谐波成分；而倍频电路则是选出某个谐波成分，滤除掉基波和不需要的谐波。如果选出的是二次谐波(即 $2f_i$)，则输出信号频率是输入信号的二倍，就称它为二倍频电路。以此类推，选出的如果是三次谐波，就称为三倍频电路……但利用丙类倍频电路一般只用到三倍频，因为丙类放大电路集电极脉冲电流中的三次以上的谐波分量幅度较小，这对所希望的谐波分量的提取和对其他谐波分量的滤除都增加了难度。

利用上一节的分析结果，由式(6.23)得到 $n(n\geqslant 2)$次倍频电路输出的谐波分量幅度的归一化最大值为

$$I_{Cn\_M}=\frac{I_{Cn\_max}}{i_{CM}}=\alpha_{n\_max}(\theta_{n\_max}),n\geqslant 2 \tag{6.33}$$

对于不同的 n，I_{Cn_M}所对应的 θ_{n_max}不同，表 6-1 列出了 $n=1\sim5$ 所对应的 θ_{n_max}和 I_{Cn_M}的值。

表 6-1　n 次谐波对应的 θ_{n_max} 和 I_{Cn_M} 的值

n	θ_{n_max}	I_{Cn_M}
1	240°	0.536
2	120°	0.276
3	80°	0.185
4	60°	0.139
5	50°	0.111

由表 6-1 可以看到，为了使倍频电路的输出幅度(或功率)最大，在 $n=2$ 时，θ 应取 120°；在 $n=3$ 时，θ 应取 80°。

图 6-22 和 6-23 给出的倍频电路是丙类二倍频电路。输出谐振回路 L_2C_2 中的谐振频率是二次谐波频率。由于基波的幅度是最大的，仅靠输出谐振回路 L_2C_2 对其抑制往往满足不了要求，所以三极管的集电极对地接入了一个串联谐振电路 L_1C_1，对基波进行进一步的消除，这是因为串联谐振电路在谐振频率上近似短路。如果采用丙类三倍频电路，三极管的集电极对地应该接入两个串联谐振电路，一个谐振于基波频率，另一个谐振于二次谐波频率，以消除基波和二次谐波对输出的影响。

思考题与习题

6.1　功率放大电路的主要特点和要求是什么？

6.2　功率放大电路与电压和电流放大电路的共同点是什么？不同点是什么？

6.3 为什么在功率放大电路中，效率是很重要的技术指标，而在电压和电流放大电路中则不然？

6.4 功放的类型是如何定义的？其效率各为多少？

6.5 为什么在功率放大电路的输出经常使用复合管？

6.6 甲类功放有何优缺点？为什么甲类功放的效率降低？提高功放效率的有效方法是什么？

6.7 什么是交越失真？乙类功放产生交越失真的原因是什么？如何改善？

6.8 丙类放大电路中，输出回路为什么是谐振回路？如果回路失谐，结果会怎样？

6.9 丙类放大电路中，形成自生反偏压的原理和作用是什么？

6.10 何谓丙类倍频？丙类倍频电路与丙类放大电路有何异同？

6.11 若功放管的最大容许耗散功率为 20 W，试计算甲类功放和乙类功放的最大输出功率各为多少？

6.12 图 6-11 所示的 OCL 功放电路，设其效率与乙类功放相同，若电源电压 $V_{CC}=20$ V，功放管的饱和压降 $U_{CES}=3$ V，负载电阻 $R_L=8\ \Omega$，忽略功放管基极回路对交流的影响。

(1) 计算电源的输入功率 P_D、最大输出功率 P_{om}、功放管的消耗功率 P_{cm} 以及效率 η 各为多少；

(2) 设输入电压 u_i 为正弦波，其峰值为 10 V，计算电源的输入功率 P_D、输出功率 P_o、功放管的消耗功率 P_C 以及效率 η 各为多少？

第 7 章　差动放大电路

7.1　基本电路及特性分析

1. 基本电路

差动放大电路，也称差分放大电路，是在实际中应用比较广泛的一种电路，例如，在集成放大电路、模拟乘法器、模数变换（A/D）等电路中都有应用。差动放大电路的基本电路如图 7-1 所示。

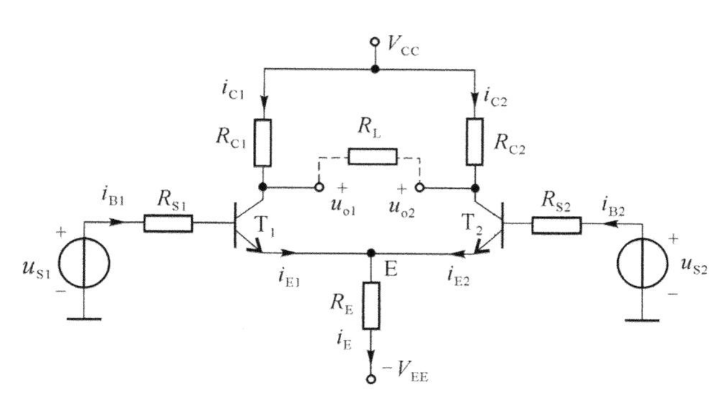

图 7-1　基本差动放大电路

在图 7-1 所示的差动放大电路中，要求电路参数是对称的，即三极管 T_1 和 T_2 放大倍数和温度特性等一样，$R_{C1}=R_{C2}$，$R_{S1}=R_{S2}$。电路加有正负电源 V_{CC} 和 $-V_{EE}$，交流输入信号 u_{S1} 和 u_{S2} 连接到两个三极管的基极，负载电阻 R_L 接至两个三极管的集电极。发射极电阻 R_E 与两个三极管的发射极和负电源相连。

2. 静态特性分析

令交流输入 $u_{S1}=u_{S2}=0$，由电路的对称性，直流电流 $I_{B1}=I_{B2}$，$I_{E1}=I_{E2}$，电阻 R_E 上的直流电流 $I_E=I_{E1}+I_{E2}=2I_{E1}$，由基极回路方程得到

$$I_{B1}R_{S1}+U_{BE1}+2I_{E1}R_E=V_{EE} \tag{7.1}$$

所以得到

$$I_{BQ1}=I_{BQ2}=I_{BQ}=\frac{V_{EE}-U_{BEQ}}{R_{S1}+2(1+\beta)R_E} \tag{7.2}$$

$$I_{CQ1}=I_{CQ2}=I_{CQ}=\beta I_{BQ}=\frac{V_{EE}-U_{BEQ}}{\frac{R_{S1}}{\beta}+\frac{1+\beta}{\beta}2R_E} \tag{7.3}$$

考虑到基极电阻 R_{S1} 和 R_{S2} 及电流 I_{B1} 和 I_{B2} 都较小，电阻 R_{S1} 和 R_{S2} 上的电压可以忽略，得到

$$U_{CEQ1}=U_{CEQ2}=U_{CEQ}\approx V_{CC}-I_{CQ}R_{C1}+U_{BEQ} \tag{7.4}$$

因为电路的参数是对称的，$U_{CEQ1}=U_{CEQ2}$，负载电阻 R_L 两端的直流电位相同，R_L 上无直流电流。

3. 差模小信号放大特性分析

定义差模信号为加到差动放大电路的两个三极管基极大小相等、相位相反的交流输入信号，即 $u_{S1}=-u_{S2}$。

当差动放大电路的交流输入信号为差模小信号时，电路工作在放大状态。由于电路的输入是大小相等、相位相反的交流信号，所以电路中两个三极管的发射极电流必然是大小相等、方向相同，从而图 7-1 中的发射极电阻 R_E 上无交流电流。因为一个电阻上无电流时，电阻两端的电位相同，所以图 7-1 中的 E 点对于差模小信号时等效为交流“地”(因为负电源对于交流信号等效为地)。

当输入交流电压为 u_S 时，作用于两个三极管基极的信号分别为 $u_{S1}=u_S/2$ 和 $u_{S2}=-u_S/2$。因此，差模小信号时差动放大电路的交流通路如图 7-2 所示。

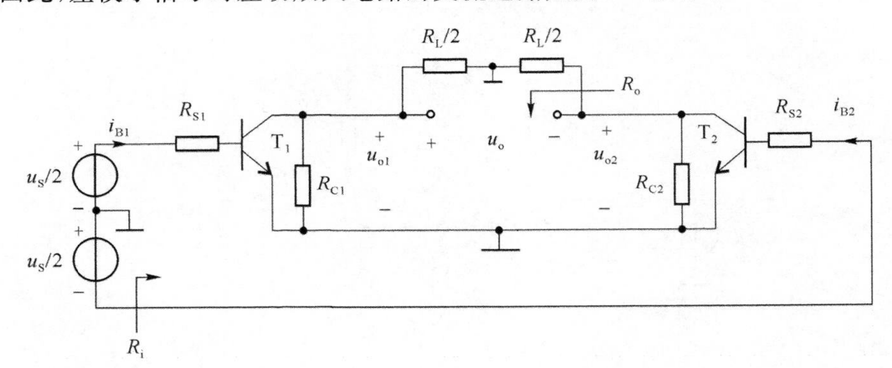

图 7-2　差模小信号交流通路

因为差模输入，两个三极管的集电极输入电压 u_{o1} 和 u_{o2} 向相反的方向增加或减小相同的值，因此在负载电阻 R_L 中点的电位恒为 0，等效于电阻 R_L 的中点为交流接地。图 7-3 为差动放大电路的差模小信号时的 h 参数等效电路。

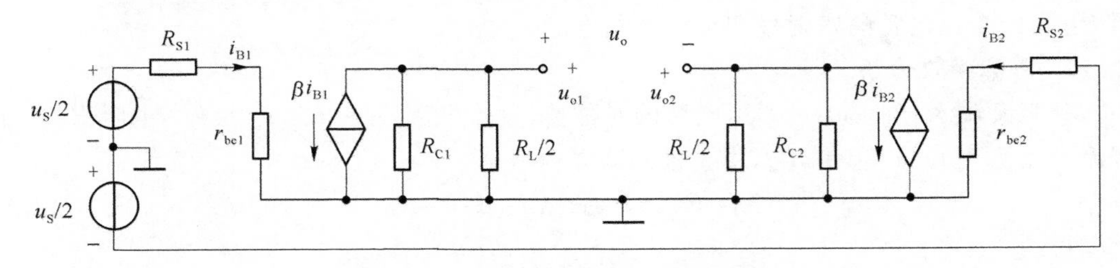

图 7-3　差模小信号 h 参数等效电路

(1) 源电压放大倍数

由差模小信号 h 参数等效电路容易得到

$$u_{o1}=-\beta\cdot i_{B1}R_{C1}//(R_L/2)=-\beta R_{C1}//(R_L/2)\cdot\frac{u_S/2}{R_{S1}+r_{be1}} \tag{7.5}$$

$$u_{o2}=-\beta\cdot i_{B2}R_{C2}//(R_L/2)=\beta R_{C2}//(R_L/2)\cdot\frac{u_S/2}{R_{S2}+r_{be2}} \tag{7.6}$$

考虑到参数的对称性，差模小信号源电压放大倍数

$$A_{SD}=\frac{u_o}{u_S}=\frac{u_{o1}-u_{o2}}{u_S}=-\frac{\beta R_{C1}//(R_L/2)}{R_{S1}+r_{be1}} \tag{7.7}$$

由此可见，差动放大电路用了两只晶体管，但它只相当于单管的电压放大能力。

(2) 输入电阻

因为电路参数是对称的，由图 7-2 和 7-3 容易得到该差动放大电路的输入电阻

$$R_i=2(R_{S1}+r_{be1}) \tag{7.8}$$

(3) 输出电阻

电路的输出电阻是从负载电阻 R_L 两端向电路里看过去的等效电阻(参见图 7-2)。考虑到电路参数的对称性，由图 7-2 和 7-3 容易得到该差动放大电路的输出电阻

$$R_o=2R_{C1} \tag{7.9}$$

4. 共模小信号放大特性分析

定义共模信号为加到差动放大电路的两个三极管基极大小相等、相位相同的交流输入信号，即 $u_{S1}=u_{S2}=u_{iC}$。

当差动放大电路的交流输入信号为共模小信号时，电路工作在放大状态。由于电路的输入是大小相等、相位相同的交流信号，所以电路中两个三极管的发射极电流必然是大小相等、方向相反，从而图 7-1 中的发射极电阻 R_E 上的交流电流是每个三极管发射极电流的两倍，电阻 R_E 对于每个三极管的作用等效其阻值的两倍。因此，共模小信号时差动放大电路的交流通路如图 7-4 所示。

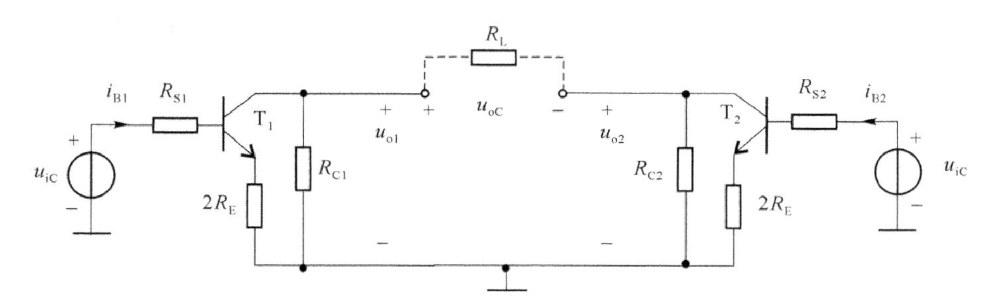

图 7-4　共模小信号交流通路

因为电路参数是对称的，当电路输入共模信号时，两个三极管的基极电流和集电极电流相等，即 $i_{B1}=i_{B2}$，$i_{C1}=i_{C2}$。因此，集电极电位也相等，即 $u_{o1}=u_{o2}$，从而使输出电压 u_{oC} 为 0。

此外，电路中 $2R_E$ 对共模输入信号起负反馈作用，使每个三极管的共模电压放大倍

数降低。

由此可以得到差动放大电路的优良特性——抑制零点漂移。

零点漂移是指在直接耦合放大电路中，当输入电压 u_{iC} 为零时，而输出电压 u_{oC} 不为零，并且缓慢变化的现象。

在实际应用中，放大电路不可避免地会受到外界的影响，如电源电压的波动、环境温度的改变、器件参数的变化等。如果不采取相应的措施，在无输入信号时，这些外加的因素被放大、输出，使放大电路的输出出现零点漂移现象；在有输入信号时，这些外加的因素与输入信号叠加在一起，进行放大、输出，使放大电路的输出信号的可信度大为降低，甚至不可用。在差动放大电路中有效地解决了这个问题。

为了描述差动放大电路对共模信号的抑制能力，定义共模放大倍数

$$A_C = \frac{u_{oC}}{u_{iC}} \tag{7.10}$$

对于图 7-1 所示的差动放大电路，如电路参数是完全对称的，则输出电压 u_{oC} 为 0，其共模电压放大倍数 A_C 为 0。

为了综合考察差动放大电路对差模信号的放大能力以及对共模信号的抑制能力，引入了一个称作共模抑制比的指标，用符号 CMR 表示，其定义为

$$\text{CMR} = \frac{|A_{SD}|}{|A_C|} \tag{7.11}$$

其中 A_{SD} 为差模小信号源电压放大倍数。如电路参数是完全对称的，则共模抑制比 CMR＝∞。

例 7-1 在如图 7-1 所示的差动放大电路中，两个三极管发射极的导通电压 $U_D = 0.7\ \text{V}$，$r_{bb'} = 134\Omega$、$\beta = 100$，$V_{CC} = V_{EE} = 12\ \text{V}$，$R_{S1} = R_{S2} = 1\ \text{k}\Omega$，$R_L = 10\ \text{k}\Omega$，$R_{C1} = R_{C2} = R_E = 5\ \text{k}\Omega$。

(1) 计算工作点；

(2) 计算差模源电压放大倍数 A_{SD} 以及输入输出电阻。

解：(1)计算静态工作点，由式(7.2)～(7.4)可得

$$I_{BQ1} = I_{BQ2} = I_{BQ} = \frac{V_{EE} - U_{BEQ}}{R_{S1} + 2(1+\beta)R_E} = \frac{12 - 0.7}{1 + 2\times(1+100)\times 5} \approx 11\ \mu\text{A}$$

$$I_{CQ1} = I_{CQ2} = I_{CQ} = \beta I_{BQ} = 100\times 11 = 1.1\ \text{mA}$$

$$U_{CEQ1} = U_{CEQ2} = U_{CEQ} = V_{CC} - I_{CQ}R_{C1} + U_{BEQ} = 12 - 1.1\times 5 + 0.7 = 7.2\ \text{V}$$

静态工作点比较合适。

(2)先求 r_{be}，由式 (2.24)可得

$$r_{be} = r_{bb'} + \beta\frac{U_T}{I_{CQ}} = 134 + 100\ \frac{26}{1.1} = 2.5\ \text{k}\Omega$$

由式(7.7)～(7.9)可得差模源电压放大倍数

$$A_{SD} = -\frac{\beta R_{C1} /\!/ (\text{R}_L/2)}{R_{S1} + r_{be1}} = -\frac{100\times 5 /\!/ 5}{1 + 2.5} \approx -71$$

输入电阻 $$R_i = 2(R_{S1} + r_{be1}) = 2\cdot(1 + 2.5) = 7\ \text{k}\Omega$$

输出电阻 $$R_o = 2R_{C1} = 2\times5 = 10\ \text{k}\Omega$$

5. 差模大信号放大特性分析

当差动放大电路的交流输入信号为差模大信号时，电路有可能不工作在放大状态。当输入信号很大时，一个三极管饱和，而另一个三极管截止，使输出电流（或电压）不变，不再随输入信号的增大而增大。从而图 7-1 中的发射极电阻 R_E 上有交流电流，图中的 E 点不能等效为交流地。差模大信号时差动放大电路的交流通路如图 7-5 所示。

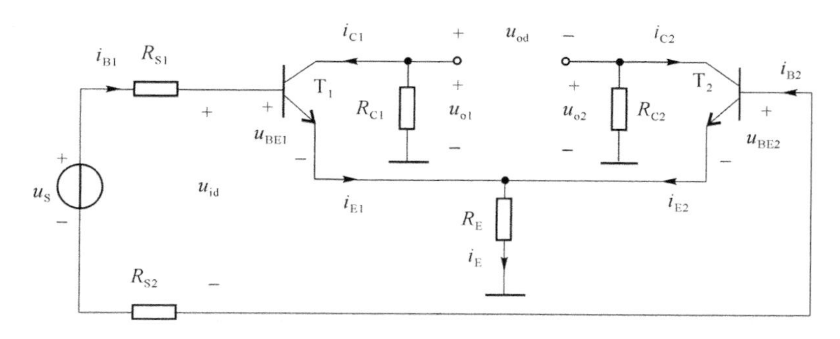

图 7-5 差模大信号交流通路

在差模大信号时，利用三极管发射极电流与发射极电压的指数关系，忽略集电结电压对电流的影响，并且考虑到电路参数是对称的，得到电流方程

$$i_{C1} \approx i_{E1} = I_{ES}\exp\left(\frac{u_{BE1}}{U_T}\right) \tag{7.12a}$$

$$i_{C2} \approx i_{E2} = I_{ES}\exp\left(\frac{u_{BE2}}{U_T}\right) \tag{7.12b}$$

$$i_E = i_{E1} + i_{E2} \approx i_{C1} + i_{C2} \tag{7.13}$$

差动放大电路的差模净输入电压

$$u_{id} = u_{BE1} - u_{BE2} \tag{7.14}$$

由式(7.12)和(7.14)得到

$$\frac{i_{C1}}{i_{C2}} = \exp\left(\frac{u_{BE1} - u_{BE2}}{U_T}\right) = \exp\left(\frac{u_{id}}{U_T}\right) \tag{7.15}$$

解式(7.13)和(7.15)联立方程，得到

$$i_{C1} = \frac{i_E}{1 + \exp\left(-\dfrac{u_{id}}{U_T}\right)} \tag{7.16a}$$

$$i_{C2} = \frac{i_E}{1 + \exp\left(\dfrac{u_{id}}{U_T}\right)} \tag{7.16b}$$

三极管集电极输出电压 u_{o1} 和 u_{o2} 为

$$u_{o1} = -i_{C1}R_{C1} = \frac{-i_E R_{C1}}{1 + \exp\left(-\dfrac{u_{id}}{U_T}\right)} \tag{7.17a}$$

$$u_{o2}=-i_{C2}R_{C2}=\frac{-i_E R_{C2}}{1+\exp\left(\frac{u_{id}}{U_T}\right)} \tag{7.17b}$$

当差模净输入电压 u_{id} 趋于 ∞ 时，三极管 T_1 趋于饱和、T_2 趋于截止，此时，$i_{C2}\approx 0$，$u_{o2}\approx 0$，$i_E\approx i_{C1}$，T_1 的集电极输出电压 u_{o1} 和电路输出电压 u_{od} 达到最大，即为 u_{o1m}，并且 $u_{odm}\approx u_{o1m}$。从而，$-i_E R_{C1}\approx -i_{C1}R_{C1}=u_{o1m}\approx u_{odm}$。因此有关系式

$$\lim_{u_{id}\to\infty} u_{o1}=u_{odm} \tag{7.18a}$$

$$\lim_{u_{id}\to-\infty} u_{o2}=u_{odm} \tag{7.18b}$$

所以当差模净输入电压 u_{id} 足够大时，式(7.17)可表示为

$$u_{o1}=\frac{u_{odm}}{1+\exp\left(\frac{-u_{id}}{U_T}\right)} \tag{7.19a}$$

$$u_{o2}=\frac{u_{odm}}{1+\exp\left(\frac{u_{id}}{U_T}\right)} \tag{7.19b}$$

上式表明了输入差模大信号时，电路输出电压 u_{od} 与集电极电压 u_{o1} 和 u_{o2} 之间的关系。

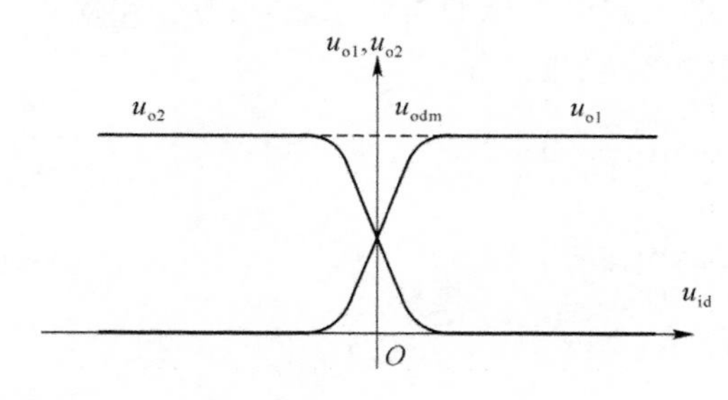

图 7-6 电压传输特性

式(7.17)和(7.19)称之为差模大信号电压传输特性表达式，表示了差模大信号时输出电压与电路的差模净输入电压之间的关系。

图 7-6 画出了差动放大电路的电压传输特性曲线。

由图中看到，只有在电路的差模净输入电压为 0 的附近，输出电压与差模净输入电压呈线性关系；当差模净输入电压较大时，由于三极管趋于饱和或截止，输出电压趋于平缓。增大发射极电阻 R_E 的阻值，线性范围增大。

7.2 双端输入、单端输出差动放大电路的特性

在图 7-1 所示电路中，交流输入信号加到差动放大电路的两个三极管的基极，称为双端输入(或平衡输入)；输出信号取之两个三极管集电极，称为双端输出(或平衡输出)。在实际应用中，为了防止干扰，经常将输入信号源的一端接地，只与一个三极管的基极相连，称为单端输入(或非平衡输入)；或者将负载电阻的一端接地，只从一个三极管的集电极输出，称为单端输出(或非平衡输出)。因此，根据输入端和输出端的情况不同，差动放大电路有双端输入、双端输出电路，双端输入、单端输出电路，单端输入、双端输出电路和单端输入、单端输出电路，共四种形式的电路。由于差动放大电路的输入、输出连接形式不同，电路的特性也有差别。

在上一节介绍了双端输入、双端输出差动放大电路的特性，下面分别介绍其他三种电路的特点。

1. 基本电路及静态特性

双端输入、单端输出差动放大电路图 7-7 所示。与双端输出电路相比，仅输出方式不同，它的负载电阻 R_L 的一端接至三极管 T_1 的集电极（或者接至三极管 T_2 的集电极），另一端接地，因此输出回路已不对称，影响了电路的特性。

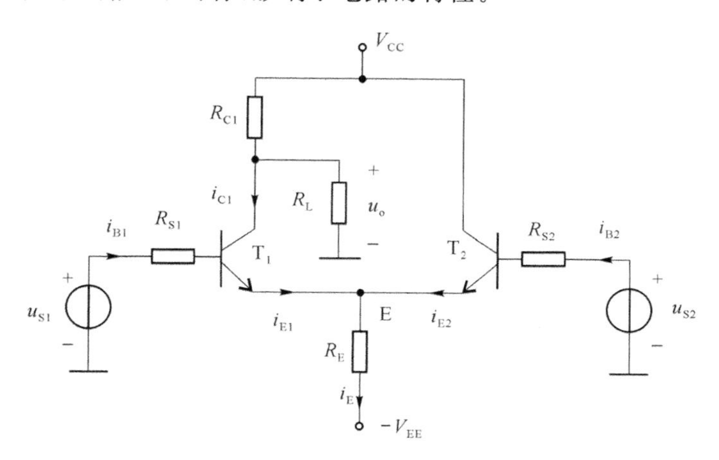

图 7-7　双端输入、单端输出差动放大电路

双端输入、单端输出差动放大电路的直流通路如图 7-8 所示。由于是直接耦合方式，负载电阻 R_L 也影响静态工作点。利用戴维南电源等效定理，得到三极管 T_1 的集电极的等效电源 V'_{CC}和等效电阻 R'_C。其中 $V'_{CC}=V_{CC}R_L/(R_L+R_C)$，$R'_C=R_L/\!/R_C$。

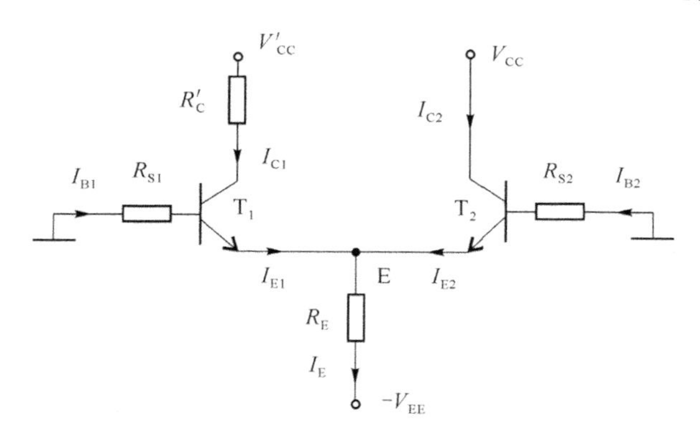

图 7-8　直流通路

由于基极回路是对称的，静态特性与双端输入电路相同。所以，I_{BQ}和 I_{CQ}如式(7.2)和(7.3)所示。由图 7-8 得到三极管 T_1 和 T_2 的 U_{CEQ}分别为

$$U_{CEQ1}=V'_{CC}-I_{CQ}R'_C+U_{BEQ} \tag{7.20}$$

$$U_{CEQ2}=V_{CC}+U_{BEQ} \tag{7.21}$$

2. 差模小信号放大特性分析

由于差动放大电路的输入回路与图 7-1 相同，只是输出回路的差别，所以，差模小信号时双端输入、单端输出差动放大电路的交流通路以及 h 参数等效电路分别如图 7-9 和 7-10 所示。

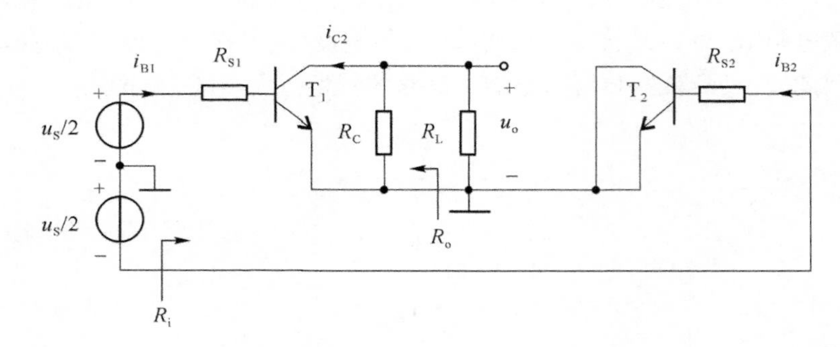

图 7-9　交流通路

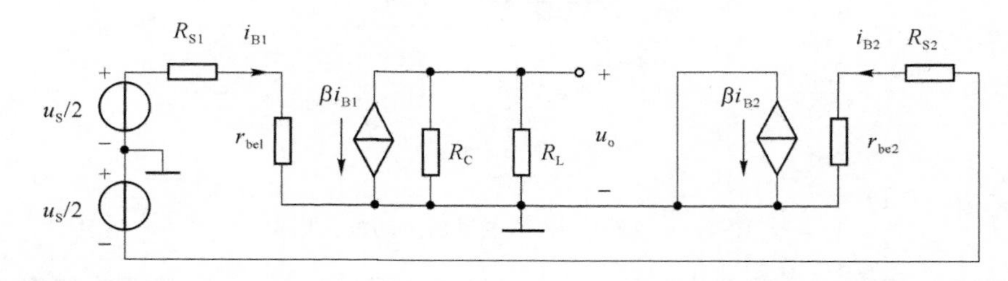

图 7-10　h 参数等效电路

(1) 源电压放大倍数

由差模小信号 h 参数等效电路容易得到，差模小信号时双端输入、单端输出差动放大电路的源电压放大倍数

$$A_{SD}=\frac{u_o}{u_S}=-\frac{\beta R_C /\!/ R_L}{2(R_{S1}+r_{be1})} \tag{7.22}$$

由此可见，单端输出差动放大电路的源电压放大倍数是双端输出的一半。

如果是从三极管 T_2 的集电极输出，则式(7.22)中无负号，即从 T_1 集电极输出是反相输出，从 T_2 集电极输出是同相输出。

(2) 输入电阻

双端输入、单端输出差动放大电路的输入电阻

$$R_i=2(R_{S1}+r_{be1}) \tag{7.23}$$

(3) 输出电阻

双端输入、单端输出差动放大电路的输出电阻

$$R_o=R_C \tag{7.24}$$

是双端输出的一半。

3. 共模小信号放大特性分析

由于差动放大电路的输入回路与图 7-1 相同，只是输出回路的差别，由本章第一节的

分析得到，图 7-7 中的发射极电阻 R_E 上的交流电流是每个三极管发射极电流的两倍，电阻 R_E 对于每个三极管的作用等效其阻值的两倍。因此，共模小信号时双端输入、单端输出差动放大电路的交流通路如图 7-11 所示。

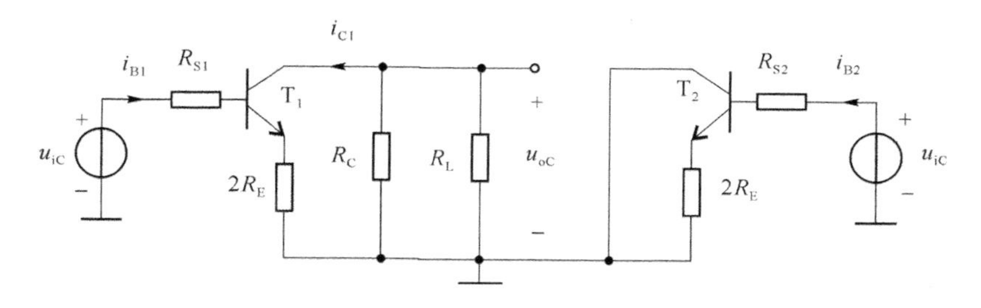

图 7-11　共模小信号交流通路

由图 7-11 可以得到，$i_{B1}=u_{iC}/[R_{S1}+r_{be1}+2(1+\beta)R_E]$，$u_{oC}=-\beta i_{B1}R_C/\!/R_L$。由式(7.10)的定义可知双端输入、单端输出差动放大电路的共模放大倍数

$$A_C=\frac{u_{oC}}{u_{iC}}=-\frac{\beta\cdot R_C/\!/R_L}{R_{S1}+r_{be1}+2(1+\beta)R_E} \tag{7.25}$$

由式(7.11)的定义可知双端输入、单端输出差动放大电路的共模抑制比

$$\mathrm{CMR}=\frac{|A_{SD}|}{|A_C|}=\frac{R_{S1}+r_{be1}+2(1+\beta)R_E}{2(R_{S1}+r_{be1})} \tag{7.26}$$

由式(7.25)和(7.26)看到，在满足静态工作特性要求的前提下，R_E 越大，A_C 越小，CMR 越大，共模抑制能力越强，电路的性能也就越好。

例 7-2　在如图 7-7 所示的双端输入、单端输出差动放大电路中，两个三极管发射极的导通电压 $U_D=0.7\ \mathrm{V}$，$r_{be}=2.5\ \mathrm{k\Omega}$，$\beta=100$，$V_{CC}=V_{EE}=12\ \mathrm{V}$，$R_{S1}=R_{S2}=1\ \mathrm{k\Omega}$，$R_L=10\ \mathrm{k\Omega}$，$R_C=R_E=5\ \mathrm{k\Omega}$。

(1) 计算工作点；

(2) 计算差模源电压放大倍数 A_{SD} 以及输入输出电阻；

(3) 计算共模放大倍数 A_C、共模抑制比 CMR。

解：(1) 计算静态工作点，由式(7.2)～(7.3)可得

$$I_{BQ1}=I_{BQ2}=I_{BQ}=\frac{V_{EE}-U_{BEQ}}{R_{S1}+2(1+\beta)R_E}=\frac{12-0.7}{1+2\times(1+100)\times 5}\approx 11\ \mu\mathrm{A}$$

$$I_{CQ1}=I_{CQ2}=I_{CQ}=\beta I_{BQ}=100\times 11=1.1\ \mathrm{mA}$$

由式(7.20)和(7.21)可得

$$U_{CEQ1}=V'_{CC}-I_{CQ}R'_C+U_{BEQ}=\frac{R_L}{R_C+R_L}V_{CC}-I_{CQ}R_C/\!/\mathrm{R_L}+U_{BEQ}$$

$$=\frac{10\times 12}{5+10}-1.1\times 5/\!/10+0.7\approx 8-3.7+0.7=5\ \mathrm{V}$$

$$U_{CEQ2}=V_{CC}+U_{BEQ}=12+0.7=12.7\ \mathrm{V}$$

静态工作点比较合适。

(2) 由式(7.22)～(7.24)可得双端输入、单端输出差动放大电路的差模源电压放大倍数

$$A_{SD}=-\frac{\beta R_C/\!/R_L}{2(R_{S1}+r_{be1})}=-\frac{100\times5/\!/10}{2(1+2.5)}\approx-48$$

输入电阻 $$R_i=2(R_{S1}+r_{be1})=2(1+2.5)=7\ \text{k}\Omega$$

输出电阻 $$R_o=R_C=5\ \text{k}\Omega$$

(3) 由式(7.25)可得双端输入、单端输出差动放大电路的共模电压放大倍数

$$A_C=-\frac{\beta\cdot R_C/\!/R_L}{R_{S1}+r_{be1}+2(1+\beta)R_E}=-\frac{100\times5/\!/10}{1+2.5+2(1+100)\times5}\approx-\frac{1}{3}$$

由式(7.26)可得,双端输入、单端输出差动放大电路的共模抑制比

$$\text{CMR}=\frac{|A_{SD}|}{|A_C|}=\frac{48}{1/3}=144$$

7.3 单端输入、双端输出差动放大电路的特性

1. 基本电路及静态特性

单端输入、双端输出差动放大电路如图 7-12 所示。与双端输入电路相比,交流输入信号仅加在一个三极管的基极。

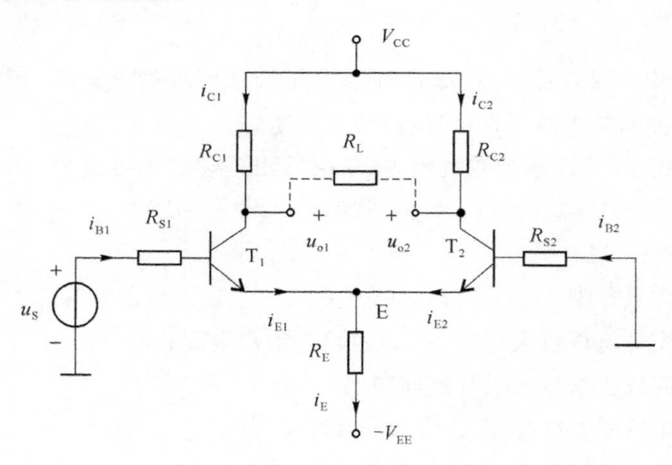

图 7-12 单端输入、双端输出差动放大电路

由于单端输入、双端输出差动放大电路的直流通路与双端输入、双端输出差动放大电路的相同,所以静态工作点的表达式如式(7.1)～(7.4)所示。

2. 小信号差模、共模放大特性

单端输入、双端输出差动放大电路的交流通路以及 h 参数等效电路分别如图 7-13 和 7-14 所示。

在图 7-14 所示的 h 参数等效电路中,从发射极电阻 R_E 左侧两端看过去的等效电阻 R_i' 为

$$R_i'=R_E /\!/ \frac{R_{S2}+r_{be2}}{1+\beta} \tag{7.27}$$

一般情况下，$R_{S2}+r_{be2}<R_E$，并且 β 值较大，所以 $(R_{S2}+r_{be2})/(1+\beta) \ll R_E$，$R_i' \approx (R_{S2}+r_{be2})/(1+\beta)$，即 R_E 的影响可以忽略。

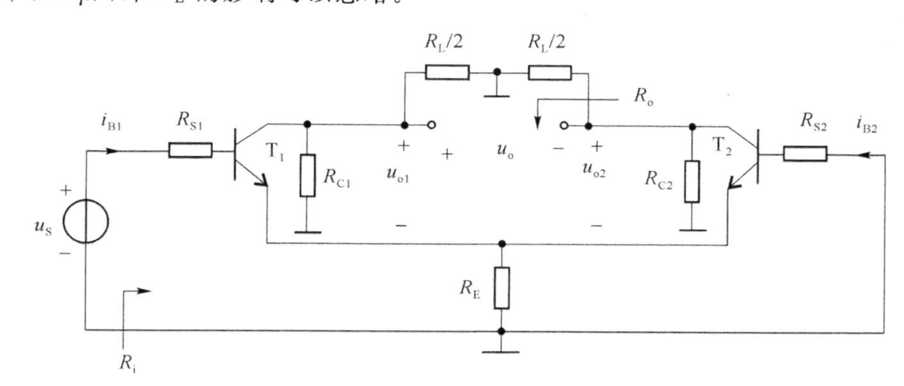

图 7-13　交流通路

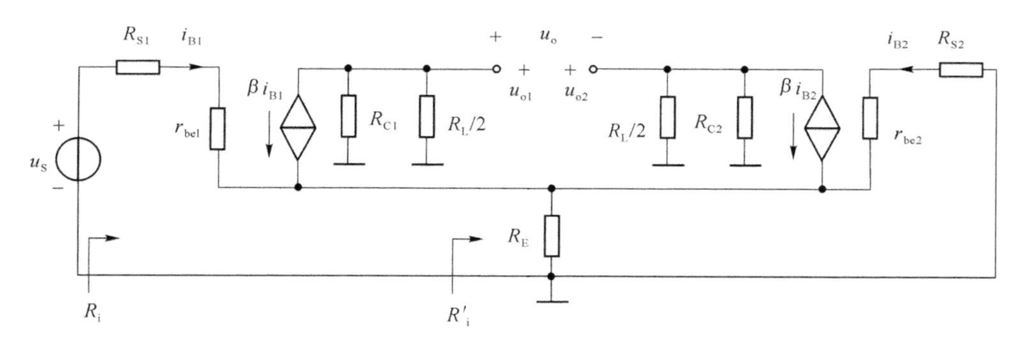

图 7-14　h 参数等效电路

在 R_E 的影响可以忽略的条件下，单端输入、双端输出差动放大电路的 h 参数等效电路与双端输入、双端输出差动放大电路的相同。故源电压放大倍数以及输入、输出电阻分别如式(7.7)～(7.9)所示。

因为共模放大特性不分单、双端输入，共模信号总是同时加到两个输入端，所以单端输入、双端输出差动放大电路的共模特性与双端输入、双端输出差动放大电路的共模特性相同，当电路完全对称时，共模抑制比 CMR 为∞。

7.4　单端输入、单端输出差动放大电路的特性

单端输入、单端输出差动放大电路如图 7-15 所示。单端输入、单端输出差动放大电路的静态工作特性与双端输入、单端输出差动放大电路的静态工作特性相同。

在 R_E 的影响可以忽略的条件下，因为单端输入等效为双端输入，所以单端输入、单端输出差动放大电路的动态特性与双端输入、单端输出差动放大电路的相同，其源电压放

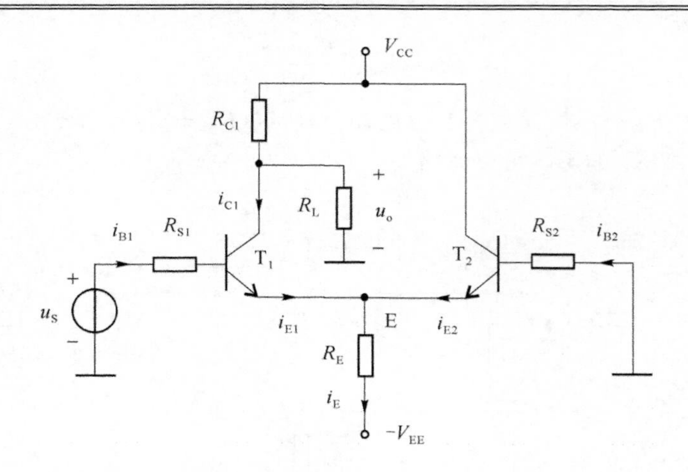

图 7-15　单端输入、单端输出差动放大电路

大倍数以及输入、输出电阻分别如式(7.22)～(7.24)所示。

因为共模放大特性不分单、双端输入,所以单端输入、单端输出差动放大电路的共模特性与双端输入、单端输出差动放大电路的共模特性相同,共模抑制比 CMR 如式(7.25)所示。

7.5　有源偏置差动放大电路

典型有源偏置差动放大电路如图 7-16 所示。在该电路中,差动放大三极管 T_1 和 T_2 的发射极接有直流电流源;集电极与三极管 T_3 和 T_4 的集电极相连。从三极管 T_2 和 T_4 的集电极输出,与交流等效负载电阻 R_L 相连。由于直流恒流源的交流等效电阻很大,对于差动放大电路的共模抑制、线性范围等都有很大的益处。同时,采用三极管 T_3 和 T_4 代

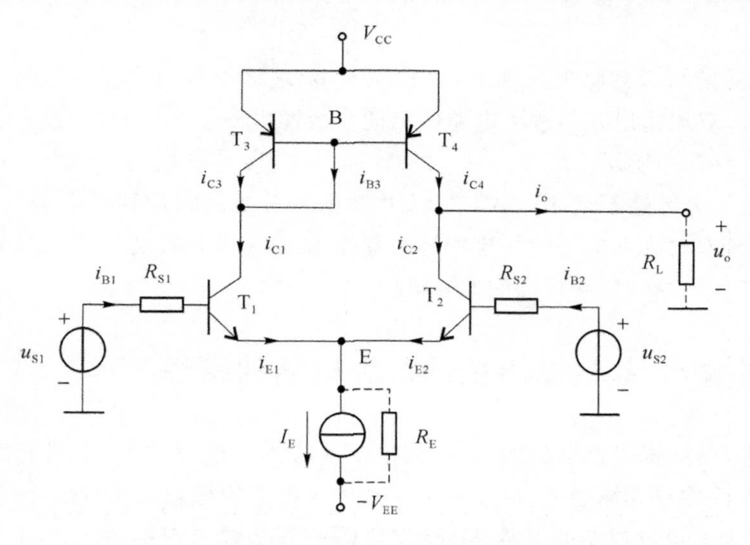

图 7-16　有源偏置差动放大电路

替的集电极电阻，使电路的放大倍数、输出特性等都有极大地改善。

1. 电流镜及其特性

图 7-17 所示形式的电路，是电流镜电路的基本形式，简称电流镜。要求三极管 T_3 和 T_4 的特性完全相同，电流放大倍数 β 足够大。

在图 7-17 中，三极管 T_3 的基极与集电极相连，T_3 工作在临界放大状态。由于两只三极管 B-E 间电压相等，且特性完全相同，所以它们的基极电流和集电极电流相同，$i_{B3}=i_{B4}$，$i_{C3}=i_{C4}=\beta i_{B3}=\beta i_{B4}$。因此，当恒流源 I 的电流值改变时，T_3 的基极电流 i_{B3} 和集电极电流 i_{C3} 跟着改变，T_4 的集电极电流 $i_{C4}=i_{C3}$ 也要发生相同的变化。可见，电路中 i_{C3} 和 i_{C4} 始终相等，呈镜像关系，故称此电路为电流镜。

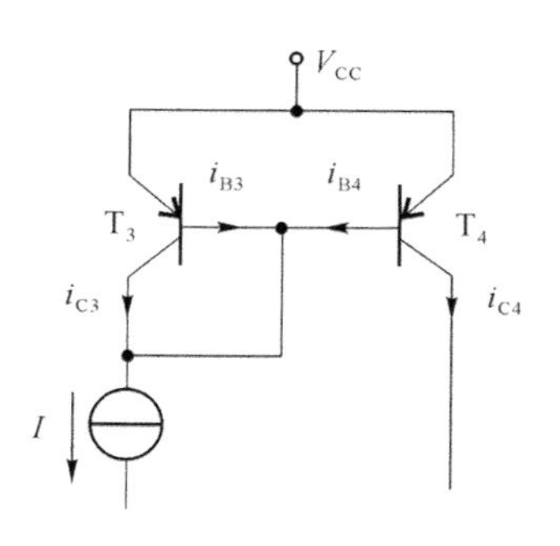

图 7-17　基本电流镜

当三极管的放大倍数 β 很大（$\beta\gg2$）时，T_3 的集电极电流 $i_{C3}\gg i_{B3}+i_{B4}$，从而 T_3 的集电极电流 i_{C3} 与恒流源电流 I 基本相等。为此，$i_{C3}=i_{C4}\approx I$，即电流镜的输出电流 i_{C4} 随着输入电流 I 的改变，做相同的变化。

2. 有源偏置差动放大电路的静态特性

在图 7-16 中，令交流输入为 0，差动放大三极管 T_1 和 T_2 的基极电阻接地。由于在发射极接有直流电流源，三极管 T_1 和 T_2 的各极受其所控。由于直流电流源的内阻 R_E 非常大，忽略其影响。从而 $I_{EQ1}=I_{EQ2}=I_E/2$，$I_{CQ1}\approx I_{EQ1}$，$I_{CQ2}\approx I_{EQ2}=I_E/2$，$I_{BQ1}=I_{BQ2}=I_{EQ}/(1+\beta)$。对于三极管 T_1 来说，U_{CEQ1} 等于 B 点电位与 E 点电位之差，所以

$$U_{CEQ1}=U_B-U_E=V_{CC}-U_{BEQ3}+U_{BEQ1}\approx V_{CC} \tag{7.28}$$

对于三极管 T_2 来说，由于三极管 T_2 的集电极与 T_4 的集电极相连，等效为两个处于反偏的二极管串连。因为 T_2 的基极电位约为 0（忽略 R_{S2} 的压降），T_2 的集电极电压等于 B 点电压由两个处于反偏二极管分压。如果 T_2 和 T_4 的特性是一致的，T_2 的集电极电压等于 $U_B/2$。因此 U_{CEQ2} 为

$$U_{CEQ2}=\frac{U_B}{2}-U_E=\frac{V_{CC}-U_{BEQ4}}{2}+U_{BEQ2}\approx\frac{V_{CC}}{2} \tag{7.29}$$

由于三极管 T_1 和 T_2 与 T_3 和 T_4 组成的电流镜相连，由电流镜的特性及电路参数的对称性得到，当 T_3 和 T_4 的 $\beta\gg2$ 时，$I_{CQ1}=I_{CQ3}=I_{CQ4}=I_{CQ2}$。为此，负载电阻 R_L 上无直流电流。这与三极管 T_1 和 T_2 的集电极连接负载电阻、双端输出时的特性一致。

3. 差模小信号放大特性

在图 7-16 中，三极管 T_3 和 T_4 组成电流镜作为有源负载。与前面的分析类似，图 7-17中的 E 点对于差模小信号时等效为交流“地”。所以整个电路的交流通路及 h 参数等效电路分别如图 7-18 和图 7-19 所示。

在图 7-19 所示 h 参数等效电路中，r_{ce2} 和 r_{ce4} 分别为三极管 T_2 和 T_4 的 C-E 极间的等效电阻。由于在有源偏置差动放大电路中，为了提高电压放大倍数，负载电阻 R_L 往往很大，等效电阻 r_{ce2} 和 r_{ce4} 的影响不能忽略。

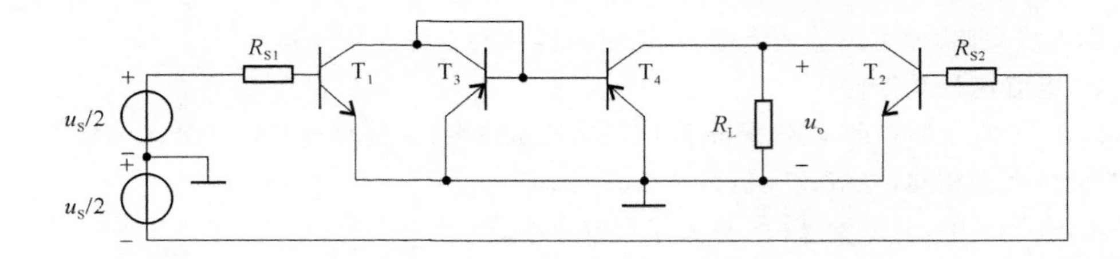

图 7-18　差模小信号交流通路

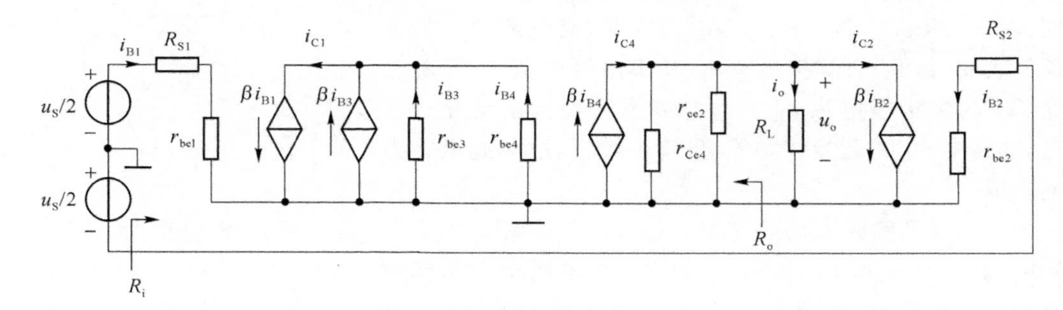

图 7-19　h 参数等效电路

由图 7-18 看到，由于电路使用了电流镜，三极管 T_4 的集电极输出电流 $i_{C4}=i_{C1}$，而差模输入时，三极管 T_2 的集电极输出电流 i_{C2} 与 i_{C1} 反相，当忽略 r_{ce2} 和 r_{ce4} 的影响时，负载电阻 R_L 上的电流 $i_o=i_{C4}+|i_{C2}|=2|i_{C2}|$。这与图 7-1 双端输出电路的特性相同，为此，电路使用了电流镜后，单端输出等效双端输出。

(1) 源电压放大倍数

由 h 参数等效电路容易得到

$$i_{B1}=-i_{B2}=\frac{u_S}{2(R_{S1}+r_{be1})} \tag{7.30}$$

$$i_{C4}=i_{C1}=\beta i_{B1} \tag{7.31}$$

$$i_{C2}=\beta i_{B2}=-i_{C4} \tag{7.32}$$

输出电压

$$u_o=(i_{C4}-i_{C2})r_{ce2}/\!/r_{ce4}/\!/R_L=2i_{C4}\cdot r_{ce2}/\!/r_{ce4}/\!/R_L=\frac{\beta\cdot r_{ce2}/\!/r_{ce4}/\!/R_L}{R_{S1}+r_{be1}}\cdot u_S \tag{7.33}$$

因此，有源偏置差动放大电路的源电压放大倍数

$$A_{SD}=\frac{u_o}{u_S}=\frac{\beta\cdot r_{ce2}/\!/r_{ce4}/\!/R_L}{R_{S1}+r_{be1}} \tag{7.34}$$

当三极管 C-E 极间等效电阻远远大于负载电阻 R_L 时，有源偏置差动放大电路的源电压放大倍数

$$A_{SD}=\frac{\beta\cdot R_L}{R_{S1}+r_{be1}} \tag{7.35}$$

式(7.35)表明,由于三极管C-E极间等效电阻很大,对输出电压(或电流)的影响极小,使电路的放大倍数得到很大提高。

(2) 输入电阻

有源偏置差动放大电路的输入电阻,与其他双端输入差动放大电路的输入电阻相同,输入电阻

$$R_i=2(R_{S1}+r_{be1}) \tag{7.36}$$

(3) 输出电阻

有源偏置差动放大电路的输出电阻

$$R_o=r_{ce2}\,/\!/\,r_{ce4} \tag{7.37}$$

由于三极管C-E极间等效电阻很大,所以有源偏置差动放大电路的输出电阻R_o很大。

4. 共模抑制特性

当有源偏置差动放大电路的输入为共模信号时,与静态特性类似,由于电路使用了电流镜,使负载电阻R_L上无电流流过,从而使共模输出电压u_{oC}为0。

此外,差动放大三极管T_1和T_2的发射极接有直流恒流源,其等效电阻R_E非常大,对共模输入信号起强烈的负反馈作用,使共模电压放大倍数也近似为0。

因此,有源偏置差动放大电路对共模信号有非常强烈的抑制能力,共模抑制比CMR=∞。

例7-3 在如图7-16所示的有源偏置差动放大电路中,设电路参数都是对称的,三极管发射极的导通电压$U_D=0.7$ V,$r_{be}=2.5$ kΩ,$r_{ce}=150$ kΩ,$\beta=100$,恒流源$I_E=2$ mA,$V_{CC}=V_{EE}=12$ V,$R_{S1}=R_{S2}=500$ Ω,$R_L=50$ kΩ,忽略电流源内阻R_E的影响。

(1) 计算工作点;

(2) 计算差模源电压放大倍数A_{SD}以及输入输出电阻。

解:(1)计算静态工作点,由式(7.2)~(7.3)可得

$$I_{CQ1}=I_{CQ2}=I_{CQ}\approx I_{EQ}=\frac{I_E}{2}=1\ \text{mA}$$

$$I_{BQ1}=I_{BQ2}=I_{BQ}=\frac{I_{CQ}}{\beta}=\frac{1\,000}{100}=10\ \mu\text{A}$$

由式(7.28)得

$$U_{CEQ1}=V_{CC}-U_{BEQ3}+U_{BEQ1}=V_{CC}=12\ \text{V}$$

由式(7.29)得

$$U_{CEQ2}=\frac{V_{CC}-U_{BEQ4}}{2}+U_{BEQ2}=\frac{12-0.7}{2}+0.7=6.35\ \text{V}$$

静态工作点比较合适。

(2) 由式(7.34)~(7.37)可得有源偏置差动放大电路的源电压放大倍数

$$A_{SD}=\frac{\beta\cdot r_{ce2}\,/\!/\,r_{ce4}\,/\!/\,R_L}{R_{S1}+r_{be1}}=\frac{100\times150\,/\!/\,150\,/\!/\,50}{0.5+2.5}=1\,000$$

输入电阻 $R_i=2(R_{S1}+r_{be1})=2\times(0.5+2.5)=6\ \text{k}\Omega$

输出电阻 $R_o=r_{ce2}\,/\!/\,r_{ce4}=150\,/\!/\,150=75\ \text{k}\Omega$

思考题与习题

7.1 什么是差动放大电路？为什么在直接耦合放大电路中经常采用差动放大电路？

7.2 差动放大电路有哪些基本形式？各有什么特点？

7.3 什么是共模抑制比？共模抑制比对电路的稳定性有何影响？

7.4 差动放大电路的差模小信号特性与差模大信号特性有何不同？什么是差动放大电路的电压传输特性？

7.5 什么是电流镜？差动放大电路采用电流镜负载有何优越性？

7.6 如图 7-1 所示的双端输出、双端输入差动放大电路，如果把发射极电阻 R_E 换成恒流源，对电路的特性有何影响？如果把集电极电阻 R_C 换成恒流源，对电路的特性有何影响？

7.7 如图 7-7 所示的单端输出、双端输入差动放大电路，如果把发射极电阻 R_E 换成恒流源，对电路的特性有何影响？如果把集电极电阻 R_C 换成恒流源，对电路的特性有何影响？

7.8 如图 P7-1 所示的差动放大电路，晶体三极管的参数相同，$U_D=0.7\ V$，$\beta=100$，$r_{be}=2.4\ k\Omega$，$R_S=100\ \Omega$，$R_C=6\ k\Omega$，$R_E=5.6\ k\Omega$，$V_{CC}=V_{EE}=12\ V$。

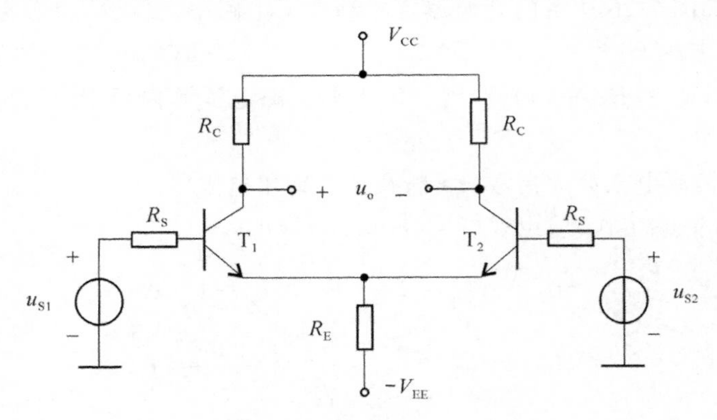

图 P7-1

(1) 计算三极管的静态工作点；

(2) 画出该放大电路的小信号 h 参数等效电路；

(3) 计算差模电压放大倍数、输入和输出电阻。

7.9 如图 P7-2 所示的差动放大电路，三极管的参数相同，$U_D=0.7\ V$，$\beta=100$，$r_{be}=2.4\ k\Omega$，$R_b=100\ \Omega$，$R_C=5.9\ k\Omega$，$W_1=200\ \Omega$，$W_2=100\ \Omega$，$R_E=5.6\ k\Omega$，$V_{CC}=V_{EE}=12\ V$，设电位器 W_1 和 W_2 处于中间位置。

(1) 计算三极管的静态工作点；

(2) 画出该放大电路的小信号 h 参数等效电路；

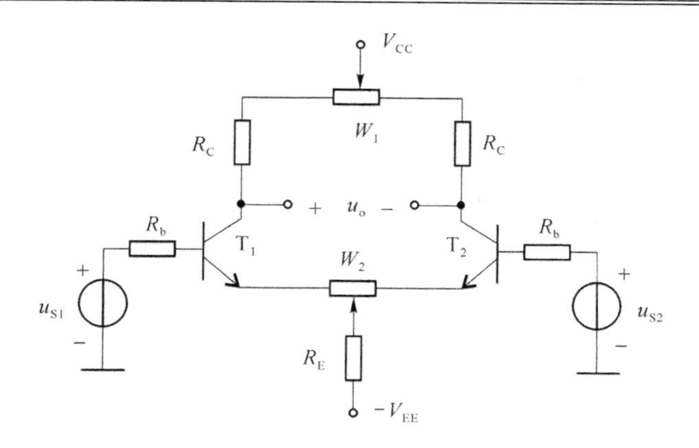

图 P7-2

(3) 计算该差模源电压放大倍数 $A_{SD}=u_o/u_S$；

(4) 计算该放大电路输入电阻 R_i 和输出电阻 R_o。

7.10　在如图 P7-3 所示的双端输入、单端输出差动放大电路中，两个三极管发射极的导通电压 $U_D=0.7\ V$，$r_{be}=2.5\ k\Omega$，$\beta=100$，$V_{CC}=V_{EE}=12\ V$，$R_{S1}=R_{S2}=1\ k\Omega$，$R_L=10\ k\Omega$，$R_C=R_E=5\ k\Omega$。

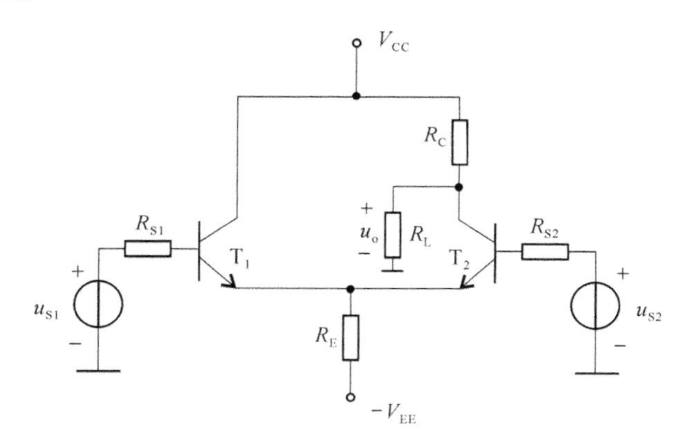

图 P7-3

(1) 计算三极管的静态工作点；

(2) 计算差模源电压放大倍数 A_{SD} 以及输入、输出电阻；

(3) 计算共模放大倍数 A_C、共模抑制比 CMR。

7.11　如图 P7-4 所示的直接耦合放大电路，图中各晶体三极管的参数相同，导通电压 $U_D=0.7\ V$，$\beta=100$，$R_S=100\ \Omega$，$r_{be}=2.4\ k\Omega$，$I_E=2\ mA$，$R_C=6\ k\Omega$，$R_E=5.3\ k\Omega$，$V_{CC}=V_{EE}=12\ V$。

(1) 计算三极管 T_2、T_3 的静态工作点；

(2) 画出该放大电路的小信号 h 参数等效电路；

(3) 计算差模源电压放大倍数 A_{SD}；

(4) 计算该放大电路输入电阻 R_i 和输出电阻 R_o。

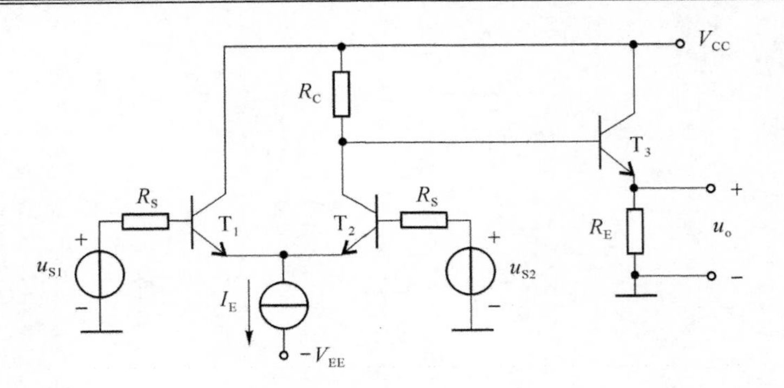

图 P7-4

7.12 在如图 P7-5 所示的有源偏置差动放大电路中，设电路参数都是对称的，三极管发射极的导通电压 $U_D=0.7$ V，$r_{be}=2.4$ kΩ，$r_{ce}=100$ kΩ，$\beta=100$，恒流源 $I_E=2$ mA，$V_{CC}=V_{EE}=12$ V，$R_{S1}=R_{S2}=100$ Ω，$R_E=5$ kΩ。

(1) 计算三极管 T_2、T_5 的静态工作点；

(2) 计算差模源电压放大倍数 A_{SD} 以及输入、输出电阻。

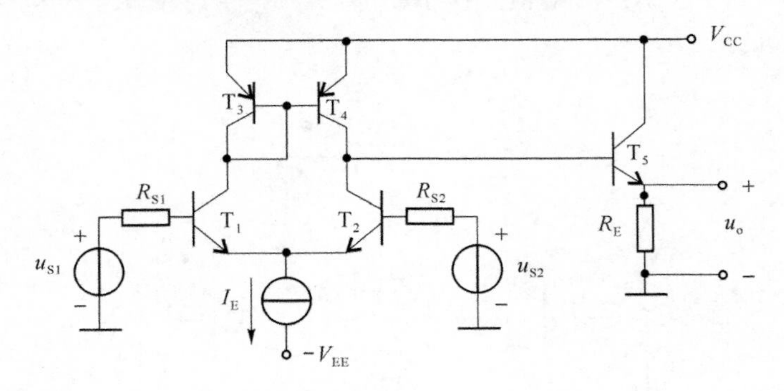

图 P7-5

7.13 在图 P7-6 所示的放大电路中，$R_b=1$ kΩ，$R_1=10$ kΩ，$R_2=489$ kΩ，$R_3=1$ kΩ，$R_4=2$ kΩ，三极管 T 的放大倍数足够大。

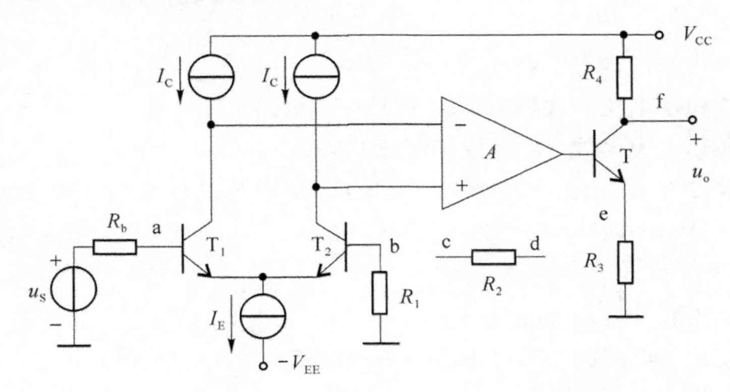

图 P7-6

(1) 电路欲引入电流串联负反馈，电阻 R_2 如何连接；

(2) 计算该电路的反馈系数和电压放大倍数。

7.14　在图 P7-7 所示的电路中，$R_1=10\ \mathrm{k\Omega}$，$R_2=500\ \mathrm{k\Omega}$。

(1) 电路欲引入电压串联负反馈，电阻 R_2 如何连接；

(2) 若电路满足深负反馈条件，计算反馈系数和电压放大倍数。

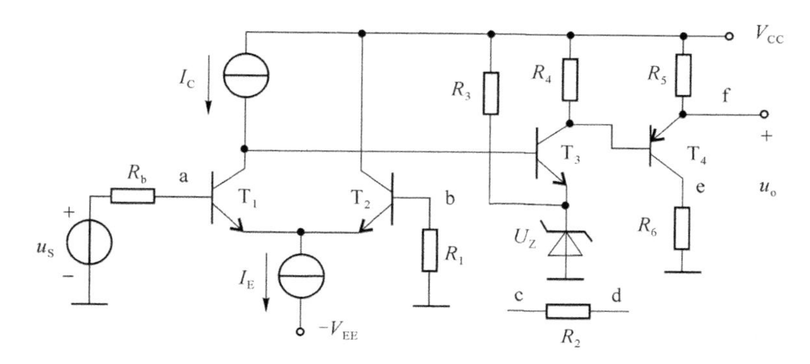

图 P7-7

第 8 章　运算放大器和电压比较器

随着大规模集成电路技术的发展，在各种设备或系统中，分离元件应用得越来越少，种类繁多的各种通用或专用集成电路（芯片）随处可见。所谓的集成电路是指在一块半导体单晶硅片上，制作了许许多多个三极管、二极管、电阻等器件，并把它们按功能要求组成一个完整的电路。在模拟电路中，最基本和最常用的当属运算放大器、电压比较器、模拟乘法器等。

8.1　运算放大器概述

运算放大器，简称运放，是应用最广泛的一种集成放大器。因为它能完成各种运算而得名，如放大（比例运算）、加、减、积分、微分、对数、指数等。

1. 运算放大器的组成和符号

运算放大器典型的组成方框图如图 8-1 所示，主要包括差动放大级、中间放大级和输出放大级。

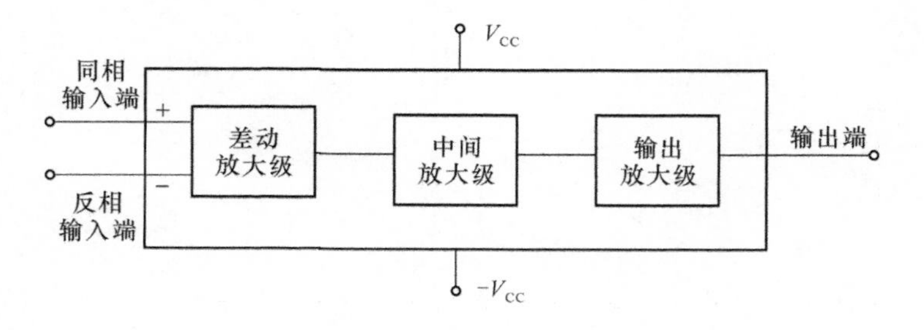

图 8-1　运放的组成方框图

运算放大器采用高性能差动放大电路作为输入级。其目的主要是为了输入电阻高，差模放大倍数大，抑制共模信号的能力强。两个输入端分别称为同相和反相输入端。同相输入端是指此端输入的信号与输出端信号同相变化，反相输入端是指此端输入的信号与输出端信号反相变化。

中间放大级是整个运放的主要放大部分，使运放具有很强的放大能力，多采用电流源负载的共射放大电路，其电压放大倍数可达数千倍以上。

输出放大级多采用互补对称输出电路，使运放应具有输出电压线性范围宽、输出电阻小(即带负载能力强)、非线性失真小等特性。

一般运放都要求正、负双电源供电，也有部分运放是单电源供电的。双电源运放用做单电源供电时，需要增加适当的偏置电路。

图 8-2 所示的是运放的常用符号，为了简明，通常省略了电源。

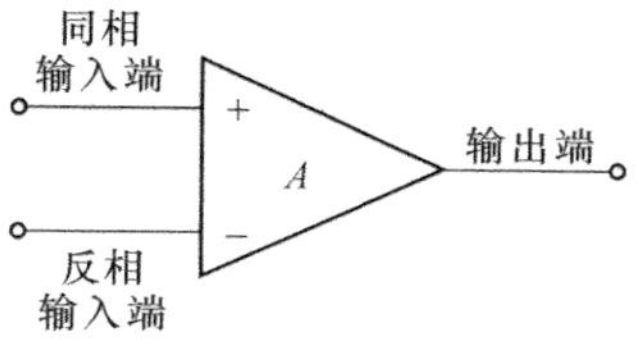

图 8-2　运放的符号

2. 直流参数

衡量运放特性的参数很多，多达几十种。其中主要的直流参数如下：

(1) 开环差模增益

在运放无外加反馈时的差模放大倍数称为开环差模增益，常用分贝(dB)表示。在 0 频附近，通用型运放开环差模增益通常在 10^5 左右，即 100 dB 左右。

(2) 共模抑制比

共模抑制比等于差模放大倍数与共模放大倍数之比的绝对值，也常用分贝表示。通用型运放的共模抑制比大于 80 dB。

(3) 最大输出电压

在一定的负载条件下，运放能输出的最大电压峰—峰值。运放的最大输出电压主要取决于电源电压，一般与正负电源电压分别相差 2～3 V。

此外，直流参数还有输入失调电压和电流、最大差模和共模输入电压、电源电压抑制比等等。

3. 交流参数

运放的主要交流参数如下：

(1) 差模输入电阻

运放在输入差模信号时的输入电阻。通常在兆欧的量级。

(2) 共模输入电阻

运放在输入共模信号时的输入电阻。运放的共模输入电阻比差模输入电阻要大，通常在百兆欧的量级。

(3) 输出电阻

运放在开环时的输出电阻。通常在几十至几百欧的范围。

(4) 开环带宽

运放开环增益下降 3 dB(即下降到约 0.707 倍)时的工作频率。由于运放中，三极管、二极管数目很多，因此极间等效电容、分布电容和寄生电容也较多，当信号频率升高时，这些电容的容抗变小，使开环增益随着工作频率的升高而下降。通常运放的开环带宽在几赫兹至几十赫兹的范围。

(5) 0 dB 带宽

运放的开环增益下降至 0 dB(开环增益为 1)时的工作频率。通常运放的 0 dB 带宽在几兆赫兹至几十兆赫兹的范围。

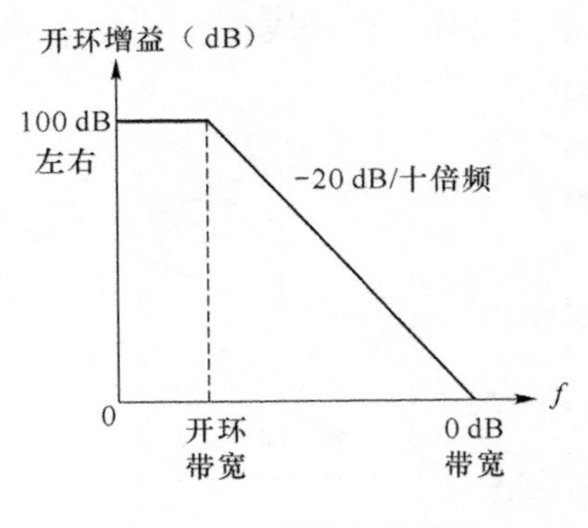

图 8-3　运放的频率特性

一般运放特性可等效为一阶低通特性，其频率特性如图 8-3 所示。

此外，运放的交流参数还有转换速率、建立时间等等。

4. 运放的特点及其电路分析方法

(1) 特点

通过上面的介绍，运放的特点可概括为如下几个方面：

① 开环增益在 0 频附近很大，因此当工作频率较低时，运放的净输入电压很小。

② 运放通频带很窄，可以采用负反馈形式降低放大倍数，展宽通频带，但总的来说，运放不适合用于频率较高的场合。

③ 运放输入电阻较高，对上一级影响较小。

④ 运放输出电阻较小，一般情况下可以认为输出为理想电压源，尤其是在运放电路引入了电压负反馈时，其输出电阻约为 0，非常接近理想电压源。

(2) 运放组成的电路的分析方法

由于运放的上述特点，当满足适当的条件时，运放组成电路的分析方法可以大为简化。概括运放组成电路的分析要点如下：

① 电路引入负反馈时，在电路的通频带内即满足深负反馈条件，从而有运放的两个输入端虚短路和虚开路的特性，即运放的净输入电压和电流近似为 0。

② 在电压负反馈电路中，运放的输出为理想电压源，即运放的输出电压与负载无关。

8.2 运算放大器的应用

1. 运算放大器的放大电路

运算放大器的放大也称为比例运算，主要包括反相放大、同相放大、电压跟随等电路。

(1) 反相放大电路

图 8-4 是运算放大器的反相放大电路。由于输入信号加之运放的反相输入端，因此输出电压 u_o 与输入电压 u_i 反相。电阻 R_f 的存在，使电路引入了电压并联负反馈。由于运放的开环增益很大，放大电路必然满足深负反馈条件，从而有虚开路($i_{id}=0$)和虚短路($u_N=0$，称为虚地)特性。

因此，$i_i=u_i/R_1=-i_f$，$u_o=R_f\times i_f=-R_f\times u_i/R_1$，得到电压放大倍数和输出电压的表达式

$$A_{uf}=\frac{u_o}{u_i}=-\frac{R_f}{R_1} \tag{8.1}$$

$$u_o=-\frac{R_f}{R_1}u_i \tag{8.2}$$

由式(8.2)看到，电路的输出电压与输入电压成比例关系，故有时称之为比例运算。

值得注意的是，上面两个表达式是在深负反馈条件下得到的。一般的运算放大器的通频带都很窄，当输入信号频率较高时，运算的开环增益随之下降，要考虑是否满足深负反馈条件。

由图 8-4 可知，当电路满足深负反馈条件时，运放的反相放大电路的输入电阻为

$$R_i = R_1 \tag{8.3}$$

同时，输出电阻 $R_o \approx 0$。

(2) 同相放大电路

图 8-5 是运放组成的同相放大电路。由于电阻 R_f 的存在，使电路引入了电压串联负反馈，放大电路满足深负反馈条件。

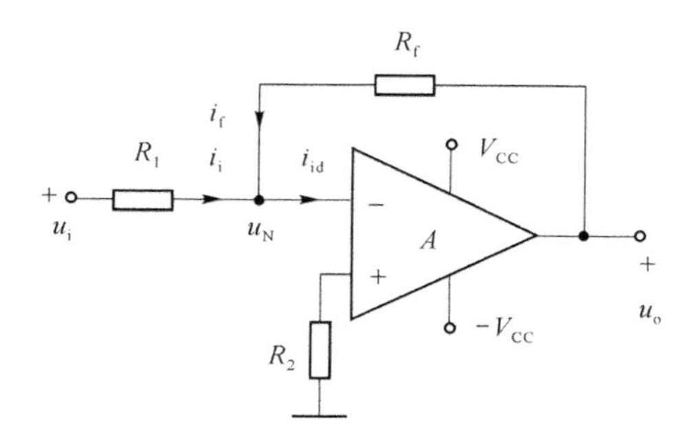

图 8-4　反相放大电路

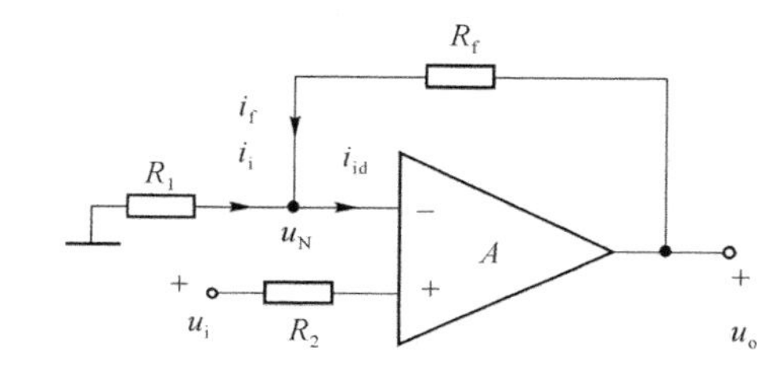

图 8-5　同相放大电路

由虚开路和虚短路特性，$i_{id}=0$，$u_N=u_i$，$i_i=-u_N/R_1=-u_i/R_1=-i_f$，$u_o=u_N+R_f\times i_f=u_i+R_f\times u_i/R_1$，得到电压放大倍数和输出电压的表达式

$$A_{uf}=\frac{u_o}{u_i}=1+\frac{R_f}{R_1} \tag{8.4}$$

$$u_o=\left(1+\frac{R_f}{R_1}\right)u_i \tag{8.5}$$

由式(8.2)看到，电路的输出电压与输入电压成比例关系。

当电路满足深负反馈条件时，运放的同相放大电路的输入电阻 $R_i \approx \infty$，输出电阻 $R_o \approx 0$。

如果 $R_f=0$ 或 $R_1 \approx \infty$（开路），则为电压跟随器，输出电压为

$$u_o=u_i \tag{8.6a}$$

电阻 R_2 的选择应满足直流静态特性和共模抑制的对称性要求。对于图 8-4 和 8-5 所示的电路，当 $u_i=0$ 时，$u_o=0$（接地），此时运放的反相输入端等效为电阻 R_1 和 R_f 的并联，因此由对称性要求，应满足 $R_2=R_1 \parallel R_f$。

例 8-1　如图 8-6 所示的运放组成的电路中，$R_1=5\ \text{k}\Omega$，$R_2=R_3=R_5=10\ \text{k}\Omega$，$R_4=6\ \text{k}\Omega$、$R_6=15\ \text{k}\Omega$，设 $u_i(t)=\sin t$。

(1) 写出 u_1 和 u_o 与 u_i 的关系表达式；

(2) 画出 u_1、u_o 的波形，并标出相应的数值。

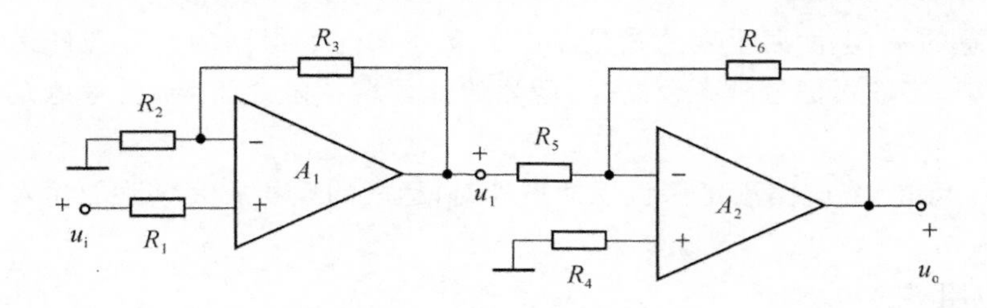

图 8-6　运放组成的电路

解：(1) 由式(8.5)和(8.2)可得

$$u_1=\left(1+\frac{R_3}{R_2}\right)u_{\text{i}}=2\ \sin t$$

$$u_{\text{o}}=-\frac{R_6}{R_5}u_1=-3\ \sin t$$

(2) u_{i}、u_1、u_{o} 的波形如图 8-7 所示

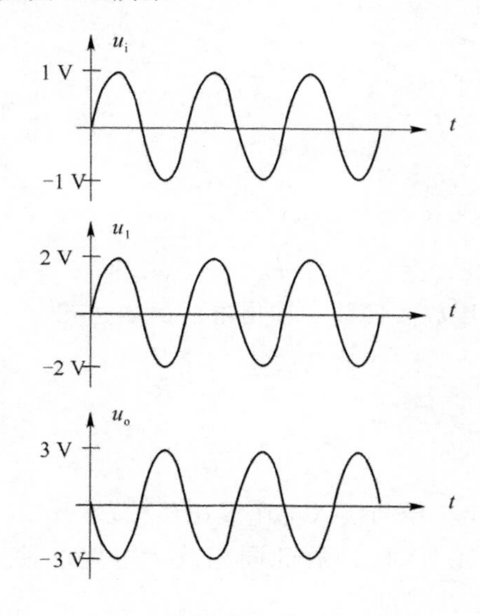

图 8-7　u_{i}、u_1、u_{o} 的波形

2. 加法运算电路

(1) 反相加法器

图 8-8 是运放组成的反相加法器，其中几个输入信号通过相应的电阻连接到运放的反相输入端。电阻 R_{f} 使电路引入了电压并联负反馈，放大电路满足深负反馈条件。

由虚开路和虚短路特性，$i_{\text{id}}=0$，$u_{\text{N}}=0$(虚地)，所以 $i_1=u_1/R_1$、$i_2=u_2/R_2$、$i_3=u_3/R_3$，电流 $i_{\text{f}}=i_1+i_2+i_3$，$u_{\text{o}}=-R_{\text{f}}\times i_{\text{f}}$，因此输出电压为

$$u_{\text{o}}=-R_{\text{f}}\left(\frac{u_1}{R_1}+\frac{u_2}{R_2}+\frac{u_3}{R_3}\right) \tag{8.6b}$$

由式(8.6b)看到，输出电压等于三个输入电压分别乘以一个系数之和。

(2) 同相加法器

图 8-9 是运放组成的同相加法器，其中几个输入信号通过相应的电阻连接到运放的同相输入端。电阻 R_f 使电路引入了电压串联负反馈，放大电路满足深负反馈条件。

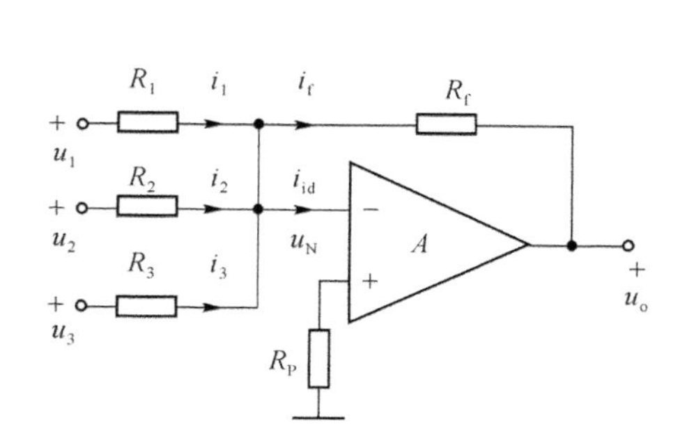

图 8-8　反相加法器

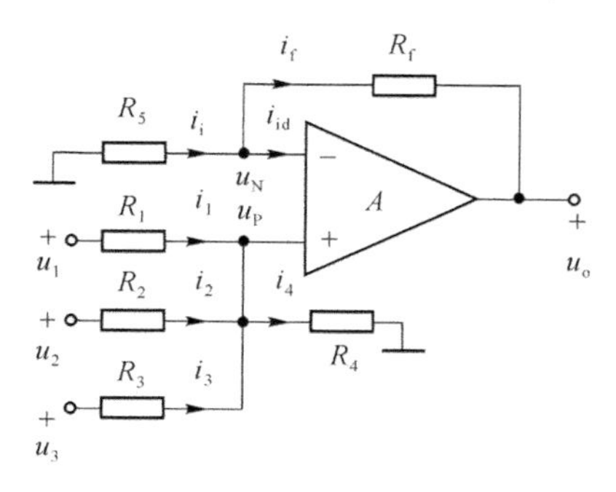

图 8-9　同相加法器

由虚开路特性，$i_{id}=0$，所以 $i_1=(u_1-u_P)/R_1$、$i_2=(u_2-u_P)/R_2$、$i_3=(u_3-u_P)/R_3$，$i_4=i_1+i_2+i_3$，$u_P=i_4R_4$，解这些方程得到

$$u_P=R_P\left(\frac{u_1}{R_1}+\frac{u_2}{R_2}+\frac{u_3}{R_3}\right) \tag{8.7}$$

其中 $R_P=R_1/\!/R_2/\!/R_3/\!/R_4$。

由虚短路特性，$u_N=u_P$，$u_o=(1+R_f/R_5)u_P$，因此输出电压为

$$u_o=\left(1+\frac{R_f}{R_5}\right)R_P\left(\frac{u_1}{R_1}+\frac{u_2}{R_2}+\frac{u_3}{R_3}\right) \tag{8.8}$$

由电路的对称性要求，令 $R_P=R_5/\!/R_f$，则有

$$u_o=R_f\frac{R_5+R_f}{R_5R_f}R_P\left(\frac{u_1}{R_1}+\frac{u_2}{R_2}+\frac{u_3}{R_3}\right)=R_f\left(\frac{u_1}{R_1}+\frac{u_2}{R_2}+\frac{u_3}{R_3}\right) \tag{8.9}$$

由式(8.9)看到，输出电压等于三个输入电压分别乘以一个系数之和，条件是 $R_P=R_5/\!/R_f$。在图 8-9 中 R_4 可以省略。

3. 减法运算电路

图 8-10 是运放组成的减法电路，其中输入信号 u_1 通过电阻 R_1 连接到运放的反相输入端，输入信号 u_2 通过电阻 R_2 连接到运放的同相输入端。电阻 R_f 使电路引入了电压并/串联负反馈，放大电路满足深负反馈条件。

由图中看到，当 $u_1\equiv0$ 时，该电路是同相放大电路，输出电压为

$$u_{o1}=\left(1+\frac{R_f}{R_1}\right)u_P=\left(1+\frac{R_f}{R_1}\right)\frac{R_3}{R_2+R_3}u_2 \tag{8.10}$$

当 $R_2/\!/R_3=R_1/\!/R_f$ 时

$$u_{o1}=\left(1+\frac{R_f}{R_1}\right)\frac{R_3}{R_2+R_3}u_2=\frac{R_f}{R_2}\frac{R_1+R_f}{R_1R_f}\frac{R_2R_3}{R_2+R_3}u_2=\frac{R_f}{R_2}u_2 \tag{8.11}$$

当 $u_2\equiv0$ 时，该电路是反相放大电路，输出电压为

$$u_{o2}=-\frac{R_f}{R_1}u_1 \tag{8.12}$$

由电路的叠加原理得到，电路的输出电压为式(8.11)和(8.12)之和，即

$$u_o = R_f\left(\frac{u_2}{R_2} - \frac{u_1}{R_1}\right) \tag{8.13}$$

由式(8.13)看到，输出电压等于两个输入电压分别乘以一个系数之差，条件是 $R_2 /\!/ R_3 = R_1 /\!/ R_f$。同样，在图 8-10 中 R_3 可以省略。

例 8-2 如图 8-11 所示的运放组成的电路中，$R_1 = R_3 = 10\ \text{k}\Omega$，$R_2 = R_4 = 40\ \text{k}\Omega$，$R_5 = R_f = 20\ \text{k}\Omega$，试写出输出 u_o 与输入的关系表达式，并说明该电路的功能。

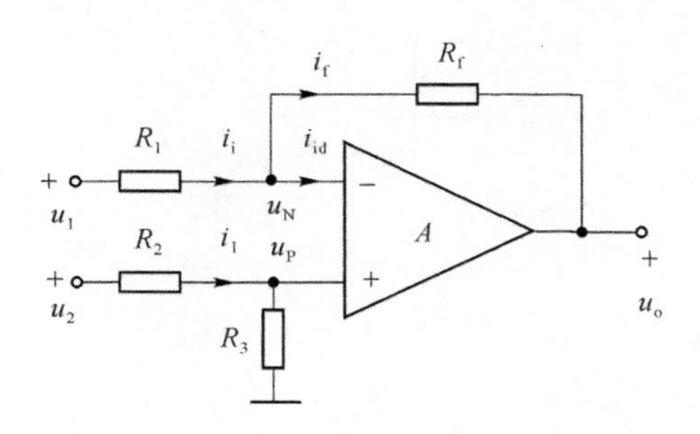

图 8-10 减法器

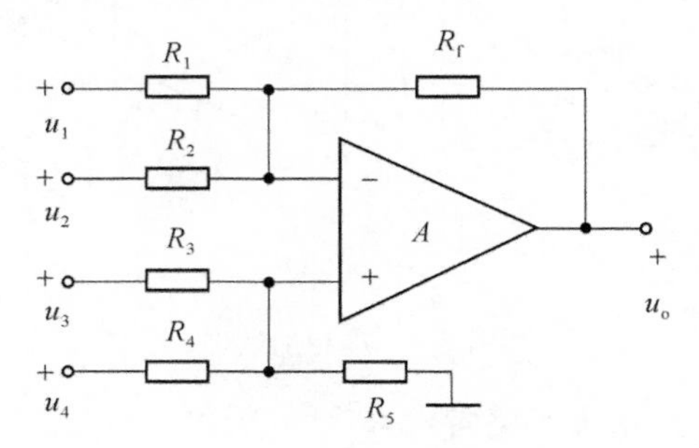

图 8-11 运放组成电路

解：当 $u_1 = u_2 \equiv 0$ 时，该电路是同相加法电路，显然，$R_1 /\!/ R_2 /\!/ R_f = R_3 /\!/ R_4 /\!/ R_5$，满足式(8.9)要求的条件。因此当 $u_1 = u_2 \equiv 0$ 时，输出电压为

$$u_{o1} = R_f\left(\frac{u_3}{R_3} + \frac{u_4}{R_4}\right) = 2u_3 + 0.5u_4$$

当 $u_3 = u_4 \equiv 0$ 时，该电路是反相加法电路，由式(8.6)得到输出电压

$$u_{o2} = -R_f\left(\frac{u_1}{R_1} + \frac{u_2}{R_2}\right) = -(2u_1 + 0.5u_2)$$

由叠加原理可知，输出电压为 u_{o1} 和 u_{o2} 之和，即

$$u_o = 2u_3 + 0.5u_4 - (2u_1 + 0.5u_2)$$

由此看到，此电路完成了加、减法运算。

4. 积分运算电路

(1) 反相积分器

图 8-12 是运放组成的反相积分器，其中输入信号 u_i 通过电阻 R 连接到运放的反相输入端，电容 C 使电路引入了交流电压并联负反馈。

当放大电路满足深负反馈条件时，由虚开路($i_{id} = 0$)和虚短路($u_N = 0$，虚地)特性，$i_i = u_i/R = i_f$，电容两端的电压为输出电压，由电路分析知识得到输出电压的表达式为

$$u_o(t) = -\frac{1}{C}\int i_f(t)\,dt = -\frac{1}{C}\int \frac{u_i(t)}{R}\,dt = -\frac{1}{RC}\int u_i(t)\,dt \tag{8.14}$$

由式(8.14)看到，输出电压与输入电压是积分关系。

当已知输出电压在 t_1 时刻的值时，输出电压可表达为

$$u_o(t) = -\frac{1}{RC}\int_{t_1}^{t} u_i(t)\mathrm{d}t + u_o(t_1) \tag{8.15}$$

(2) 同相积分器

图 8-13 是运放组成的同相积分器，其中输入信号 u_i 通过的电阻 R 连接到运放的同相输入端，运放上方电容 C 使电路引入了交流电压串联负反馈。

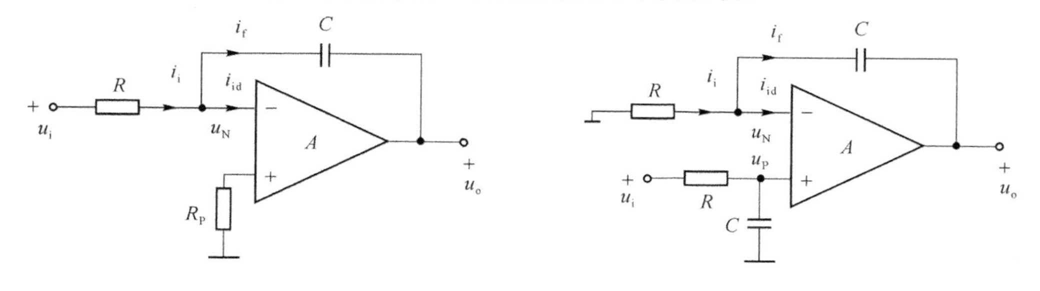

图 8-12　反相积分器　　　　图 8-13　同相积分器

当放大电路满足深负反馈条件时，由虚开路，$i_{id}=0$，$i_f=-u_n/R$，以及电路分析知识得到

$$u_o = u_N - \frac{1}{C}\int i_f \mathrm{d}t = u_N + \frac{1}{C}\int \frac{u_N}{R}\mathrm{d}t \tag{8.16a}$$

由虚短路特性，$u_N=u_P$，$i_i=-u_N/R=-u_P/R=i_f$，所以得到

$$u_N = u_P = \frac{1}{C}\int \frac{u_i - u_P}{R}\mathrm{d}t = \frac{1}{C}\int \frac{u_i - u_N}{R}\mathrm{d}t \tag{8.16b}$$

将式(8.16b)代入式(8.16a)中，输出电压的表达式

$$u_o(t) = \frac{1}{C}\int \frac{u_i(t) - u_N(t)}{R}\mathrm{d}t + \frac{1}{C}\int \frac{u_N(t)}{R}\mathrm{d}t = \frac{1}{RC}\int u_i(t)\mathrm{d}t \tag{8.17}$$

当已知输出电压在 t_1 时刻的值时，输出电压的表达式为

$$u_o(t) = \frac{1}{RC}\int_{t_1}^{t} u_i(t)\mathrm{d}t + u_o(t_1) \tag{8.18}$$

例 8-3　如图 8-12 所示的反相积分电路中，$R=4\ \mathrm{k\Omega}$、$C=5\ \mathrm{uF}$，试

(1) 写出输出 u_o 与输入 u_i 的关系表达式。

(2) 若 $u_o(t=0\ \mathrm{ms})=0$，输入 $u_i(t)$ 的波形如图 8-14(a)所示，画出输出 u_o 的波形，并标出相应的数值。

解：(1) 由式(8.14)得

$$u_o(t) = \frac{-1}{RC}\int u_i(t)\mathrm{d}t = \frac{-1}{4\times10^3\times5\times10^{-6}}\int u_i(t)\mathrm{d}t = -50\int u_i(t)\mathrm{d}t$$

(2) 由式(8.15)可知，因为 $u_o(t=0)=0$，所以在 $t_1=10\ \mathrm{ms}$ 处输出电压为最大值

$$u_{om}(t_1) = -50\int_0^{t_1} u_i(t)\mathrm{d}t = 50\times6\times t_1 = 50\times6\times10\times10^{-3} = 3\ \mathrm{V}$$

输出 u_o 的波形如图 8-14(b)所示。

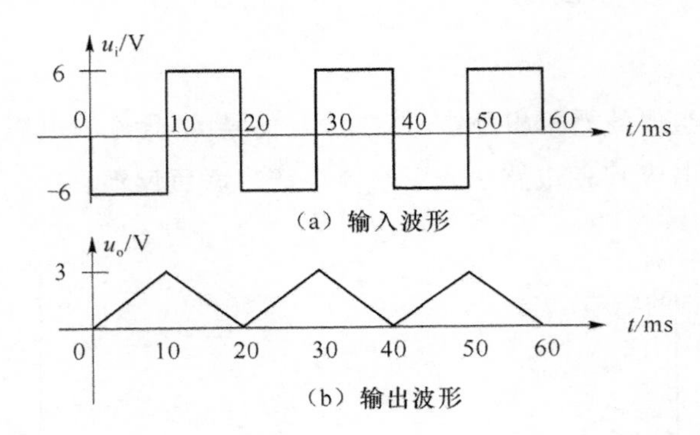

图 8-14 输入及输出波形

5. 微分运算电路

(1) 反相微分器

图 8-15 是运放组成的反相微分器,其中输入信号 u_i 通过的电容 C 连接到运放的反相输入端,电阻 R 使电路引入了交流电压并联负反馈。

当放大电路满足深负反馈条件时,由虚开路($i_{id}=0$)和虚短路($u_N=0$,虚地)特性,以及电路分析知识得到:$i_i(t)=C\dfrac{du_i(t)}{dt}=i_f(t)$,输出电压的表达式为

$$u_o(t)=-Ri_f(t)=-RC\frac{du_i(t)}{dt} \tag{8.19}$$

由式(8.19)看到,输出电压与输入电压是微分关系。

(2) 同相微分器

图 8-16 是运放组成的同相微分器,其中输入信号 u_i 通过的电容 C 连接到运放的同相输入端,运放上方电阻 R 使电路引入了交流电压串联负反馈。

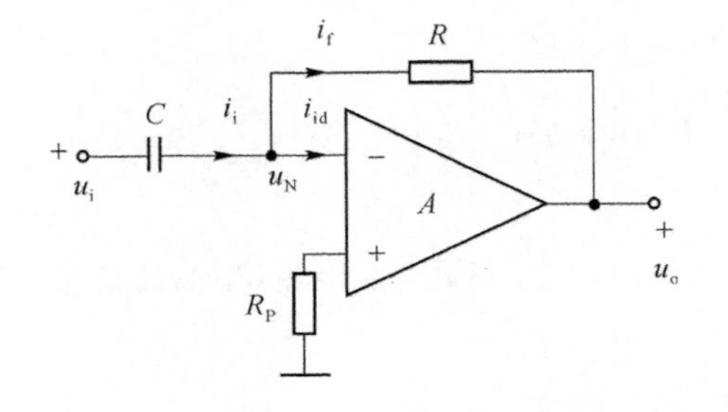

图 8-15 反相微分器

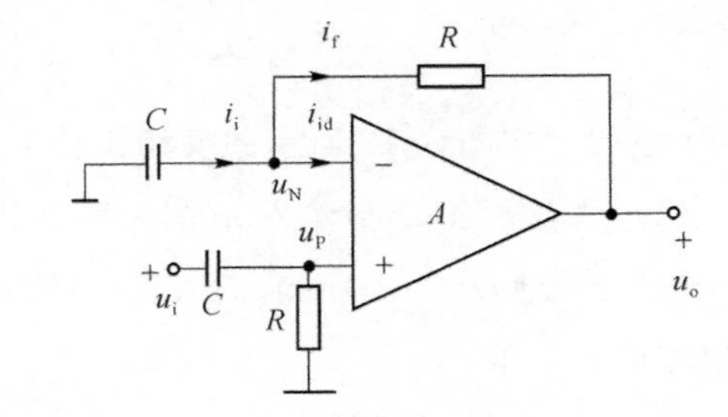

图 8-16 同相微分器

当放大电路满足深负反馈条件时,由虚开路,$i_{id}=0$,$i_i=i_f$,以及电路分析知识得到

$$i_i(t)=-C\frac{du_N(t)}{dt} \tag{8.20}$$

$$u_P(t)=C\frac{d[u_i(t)-u_P(t)]}{dt}R=RC\frac{du_i(t)}{dt}-RC\frac{du_P(t)}{dt} \tag{8.21}$$

由虚短路特性，$u_N=u_P$，于是得到

$$u_N(t)=u_P(t)=RC\frac{du_i(t)}{dt}-RC\frac{du_N(t)}{dt} \tag{8.22}$$

$$u_o(t)=u_N(t)+[-i_f(t)R]=u_N(t)+RC\frac{du_N(t)}{dt} \tag{8.23}$$

将式(8.22)代入式(8.23)，得到输出电压的表达式

$$u_o(t)=RC\frac{du_i(t)}{dt} \tag{8.24}$$

得到输出电压与输入电压是微分关系。

6. 对数运算电路

对数运算放大电路如图 8-17 所示，在反馈网络中接有非线性器件——二极管或三极管。在实际中常用三极管的 BE 结代替二极管。

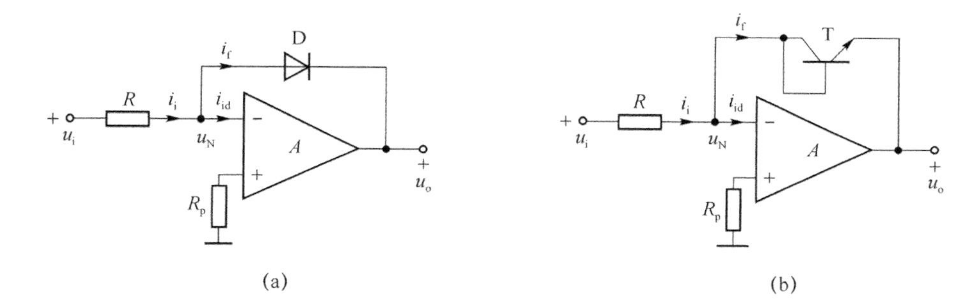

图 8-17　对数运算电路

图中输入信号 u_i 通过电阻 R 连接到运放的反相输入端，二极管或三极管使电路引入了交流电压并联负反馈。

以图 8-17(b)为例来分析对数运算放大电路的特性。由二极管的特性可知，当 $u_{BE}/U_T\gg1$ 时，$i_E=I_{ES}(e^{\frac{u_{BE}}{U_T}}-1)\approx I_{ES}e^{\frac{u_{BE}}{U_T}}$，即

$$u_{BE}=U_T\ln\left(\frac{i_E}{I_{ES}}\right) \tag{8.25}$$

式中 I_{ES}为发射结反向饱和电流。

当放大电路满足深负反馈条件时，从而有虚开路($i_{id}=0$)和虚短路($u_N=0$)特性。因此，$i_i=u_i/R=i_f=i_E$，$u_o=-u_{BE}$。由式(8.25)得到输出电压的表达式为

$$u_o=-u_{BE}=-U_T\ln\left(\frac{i_E}{I_{ES}}\right)=-U_T\ln\left(\frac{u_i}{I_{ES}\cdot R}\right) \tag{8.26}$$

由式(8.26)可见，输出电压与输入电压的自然对数成正比，故称为对数运算放大电路。

7. 指数运算电路

指数运算放大电路如图 8-18 所示，与对数运算放大电路相比是输入电阻和晶体管的位置互换了。在放大电路的输入支路中接有非线性器件——二极管或三极管。在实际中常用三极管的 BE 结代替二极管。

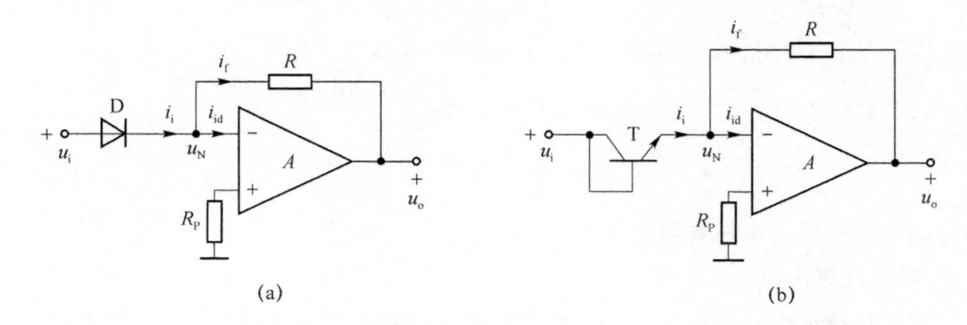

图 8-18 指数运算电路

图中输入信号 u_i 通过二极管或三极管连接到运放的反相输入端，电阻 R 使电路引入了交流电压并联负反馈。

以图 8-18(b)为例来分析指数运算放大电路的特性。由二极管的特性可知，当 $u_{BE}/U_T \gg 1$ 时，有

$$i_E = I_{ES}(e^{\frac{u_{BE}}{U_T}} - 1) \approx I_{ES} e^{\frac{u_{BE}}{U_T}} \tag{8.27}$$

式中 I_{ES} 为发射结反向饱和电流。

当放大电路满足深负反馈条件时，从而有虚开路（$i_{id}=0$）和虚短路（$u_N=0$）特性。因此，$i_i = i_E = i_f$，$u_i = u_{BE}$，$u_o = -Ri_f$。由式(8.27)得到输出电压的表达式为

$$u_o = -i_f R = -I_{ES} R e^{\frac{u_{BE}}{U_T}} = -I_{ES} R e^{\frac{u_i}{U_T}} \tag{8.28}$$

由式(8.28)可见，输出电压与输入电压的指数成正比，故称为指数运算放大电路。

8.3 电压比较器

在模拟电路中，电压比较器是常用的集成电路之一。其特性与运算放大器有许多共同之处，许多高性能的运放可以用作电压比较器。

电压比较器，简称比较器，实际上是一个高增益、宽频带放大器，其符号与运放符号一样，如图 8-2 所示。它与运放的主要区别在于比较器的输出电压为两个离散值，通常称为高/低电平。此外，比较器的输出对输入的响应速度要求较高。

1. 基本单限电压比较器

图 8-19 和图 8-20 是反相输入和同相输入基本单限电压比较器及其电压传输特性。

在反相电压比较器中，比较器的同相输入端通过电阻 R 加有电压 U_{th}，称之为门限电压，输入电压 u_i 通过电阻 R 连接到比较器的反相输入端。由电压传输特性看到，当输入电压 $u_i < U_{th}$ 时，输出电压 $u_o = u_{om}$（高电平），$u_i > U_{th}$ 时，输出电压 $u_o = u_{on}$（低电平）。同相比较器与之相反。

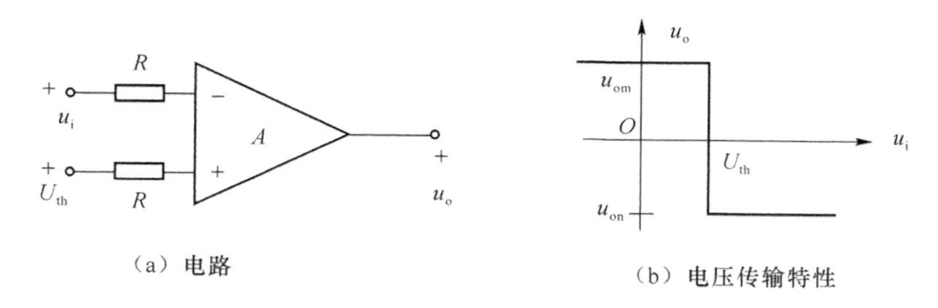

（a）电路　　（b）电压传输特性

图 8-19　反相比较器

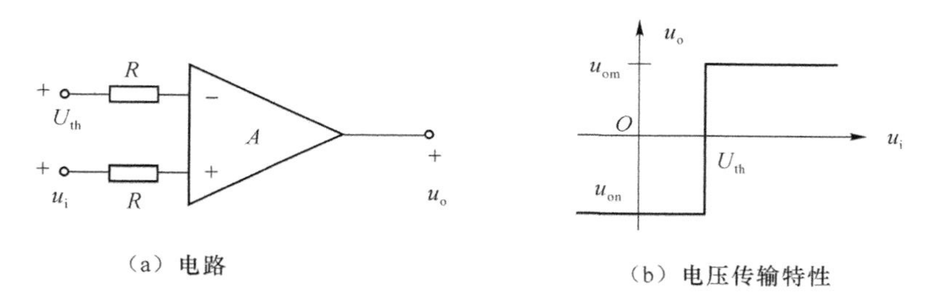

（a）电路　　（b）电压传输特性

图 8-20　同相比较器

在实际应用中，为了得到所需要的输出电压，经常在比较器的输出端加有稳压管，称之为限幅电路，其电路如图 8-21 所示。此时，比较器的输出高电平 u_{om} 等于稳压管 D_2 的稳压值加上稳压管 D_1 的导通电压，输出低电平 u_{on} 等于稳压管 D_1 的稳压值加上稳压管 D_2 的导通电压，R' 为限流电阻。

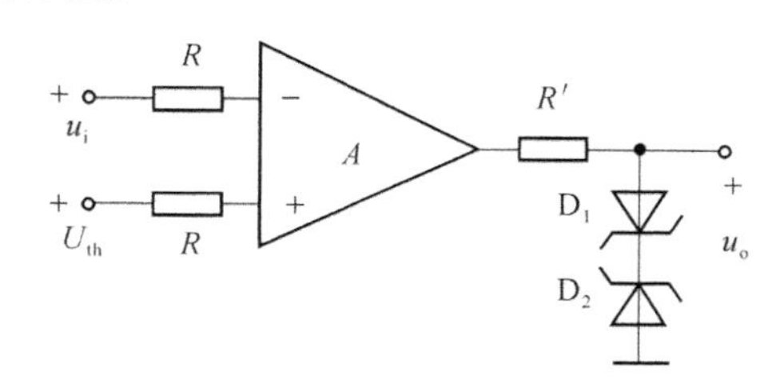

图 8-21　比较器输出限幅电路

2. 迟回电压比较器

在单限比较器中，输入电压在门限电压附近的任何微小变化，都将引起输出电压的变化，产生跃变，这种微小变化有可能来自外部干扰。因此，单限比较器抗干扰能力很差。迟回电压比较器克服了这一缺点。图 8-22 所示的是反相迟回比较器。比较器的同相输入端通过电阻 R_2 加有电压 U_R，称之为参考电压，输入电压 u_i 通过电阻 R_1 连接到比较器的反相输入端。与基本单限比较器相比，迟回比较器通过 R_3 引入了电压正反馈。

由于电阻 R_3 的存在，比较器输出电压处于高/低电平（u_{om}/u_{on}）时，门限电压 U_{th} 的值不同。考虑到比较器的输入电阻很大，其输入电流可以忽略，当输出电压 $u_o=u_{om}$时，门限电压 U_{th+} 为

$$U_{th+}=\frac{u_{om}-U_R}{R_2+R_3}R_2+U_R=\frac{U_R-u_{om}}{R_2+R_3}R_3+u_{om} \tag{8.29}$$

此时，当输入电压 $u_i<U_{th+}$ 时，输出电压 $u_o=u_{om}$不变，$u_i>U_{th+}$ 时，输出电压发生跃变，$u_o=u_{on}$。

当输出电压 $u_o=u_{on}$时，门限电压 U_{th-} 为

$$U_{th-}=\frac{u_{on}-U_R}{R_2+R_3}R_2+U_R=\frac{U_R-u_{on}}{R_2+R_3}R_3+u_{on} \tag{8.30}$$

由于 $u_{on}<u_{om}$，所以 $U_{th-}<U_{th+}$。此时，当输入电压 $u_i>U_{th-}$ 时，输出电压 $u_o=u_{on}$不变，$u_i<U_{th-}$ 时，输出电压发生跃变，$u_o=u_{om}$。由此反相迟回比较器的电压传输特性如图 8-22(b)所示。

两个门限电压 U_{th+} 和 U_{th-} 之差，称为迟回电压，即

$$\Delta U_{th}=U_{th+}-U_{th-}=\frac{u_{on}-u_{om}}{R_2+R_3}R_3+u_{om}-u_{on}=\frac{u_{om}-u_{on}}{R_2+R_3}R_2 \tag{8.31}$$

迟回电压越大，比较器的抗干扰能力越强，但分辨率(灵敏度)越低。

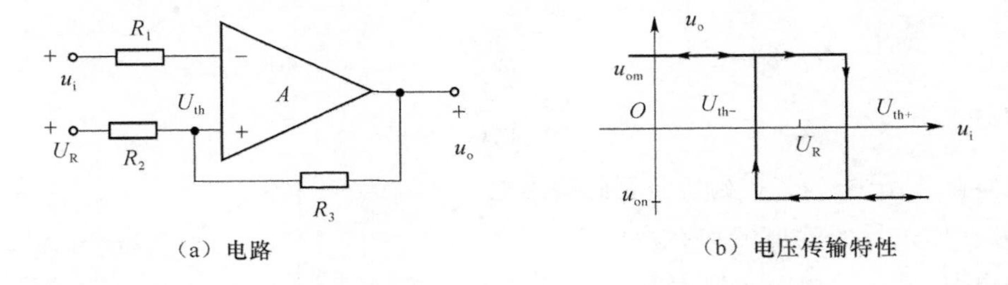

(a) 电路　　(b) 电压传输特性

图 8-22　反相迟回比较器

例 8-4　如图 8-23(a)所示的迟回比较器电路中，$R_1=R_2=10\ \text{k}\Omega$，$R_3=87\ \text{k}\Omega$，$U_Z=6\ \text{V}$。

(1) 计算比较器的门限电压值，画出电压传输特性图；

(2) 若输入 $u_i(t)=2\sin\omega_0 t$，其中 $\omega_0=2\pi\times500$，画出输出 u_o 的波形。

解：(1) $u_{om}=6\ \text{V}$，$u_{on}=-6\ \text{V}$，由式(8.29)和(8.30)可知，因为参考电压 $U_R=0$，所以

$$U_{th+}=u_{om}R_2/(R_2+R_3)=6\times10/(10+87)=0.62\ \text{V}$$

$$u_{th-}=u_{on}R_2/(R_2+R_3)=-6\times10/(10+87)=-0.62\ \text{V}$$

电压传输特性如图 8-23(b)所示。

(2) $U_{th+}=0.62=2\sin\omega_0 t_0$，$\omega_0 t_0=\arcsin0.31=0.315$，

$t_0=0.315/\omega_0=0.315/(2\pi\times500)=0.1\ \text{ms}$

输出 u_o 的波形如图 8-23(c)所示。

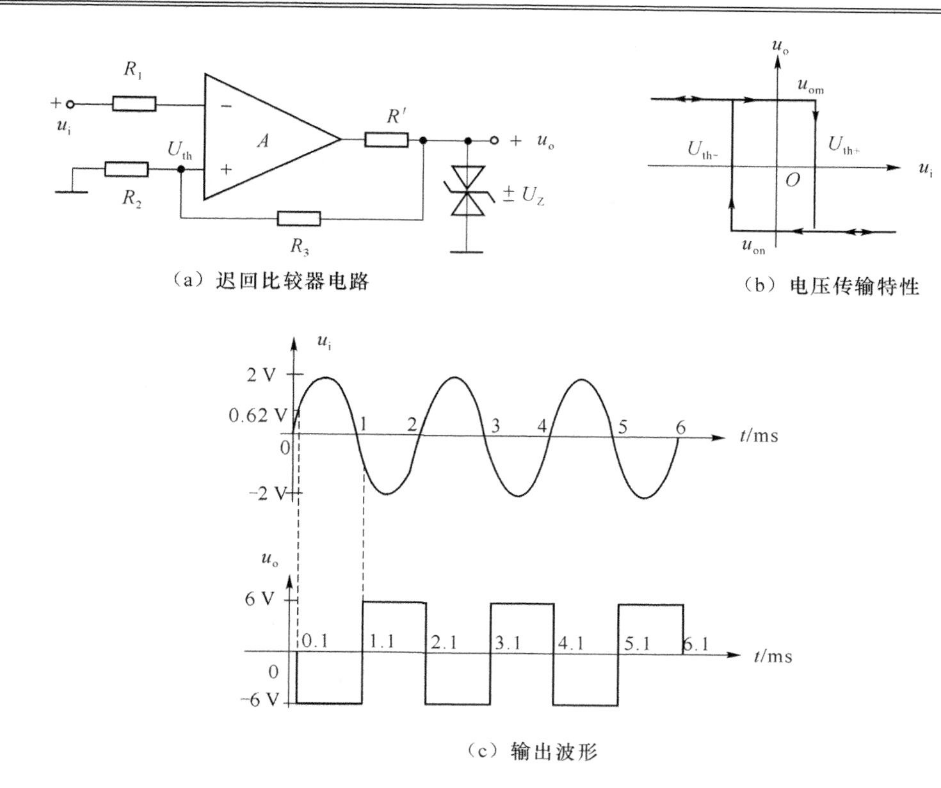

（a）迟回比较器电路　　（b）电压传输特性

（c）输出波形

图 8-23　迟回比较器电路及其电压传输特性和输出波形

思考题与习题

8.1　什么是运算放大器？它能完成哪些运算？

8.2　什么是电压比较器？它与一般放大电路有何不同？

8.3　在图 P8-1 所示的电路中，$R_2=10\ \text{k}\Omega$，$R_3=R_5=100\ \text{k}\Omega$，$R_4=200\ \text{k}\Omega$，试写出输出电压 u_o 与输入电压 u_i 的关系表达式。

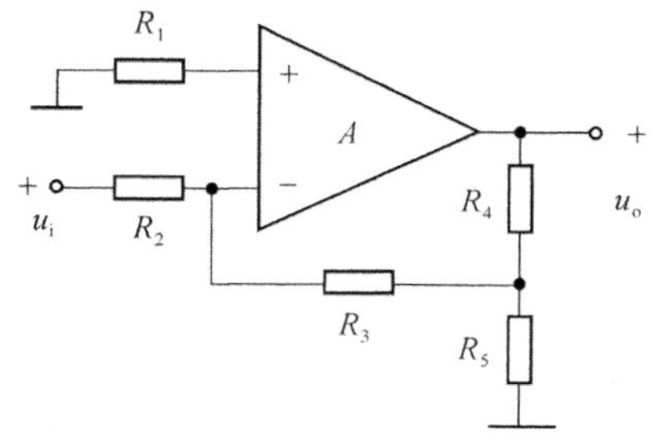

图 P8-1

8.4 采用运放设计一个电路，满足运算 $u_o = u_1 - u_2 + 0.5u_3$。

8.5 试写出图 P8-2 所示电路的输出电压与输入电压的关系表达式。

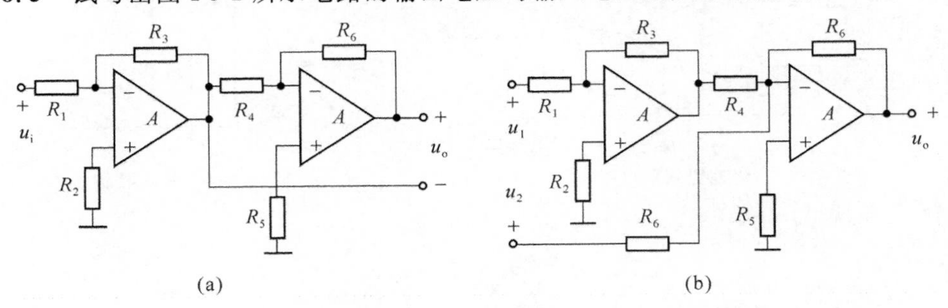

图 P8-2

8.6 在满足深负反馈条件下，试写出图 P8-3 所示电路的输出电压与输入电压的关系表达式，指出是何种运算。

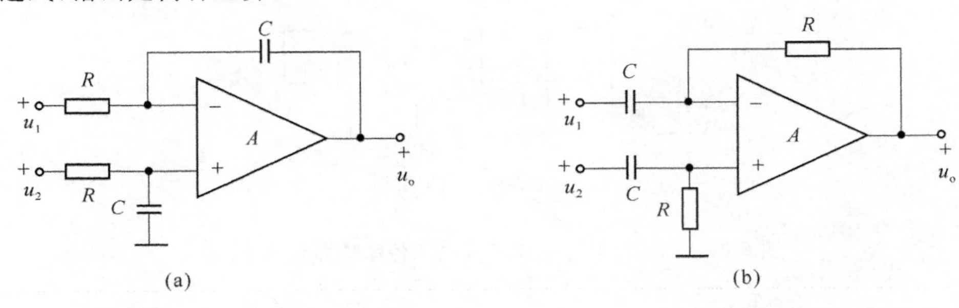

图 P8-3

8.7 在满足深负反馈条件下，试写出图 P8-4 所示电路的输出电压与输入电压的关系表达式，指出是何种运算。

8.8 在满足深负反馈条件下，试写出图 P8-5 所示电路的输出电压与输入电压的关系表达式。

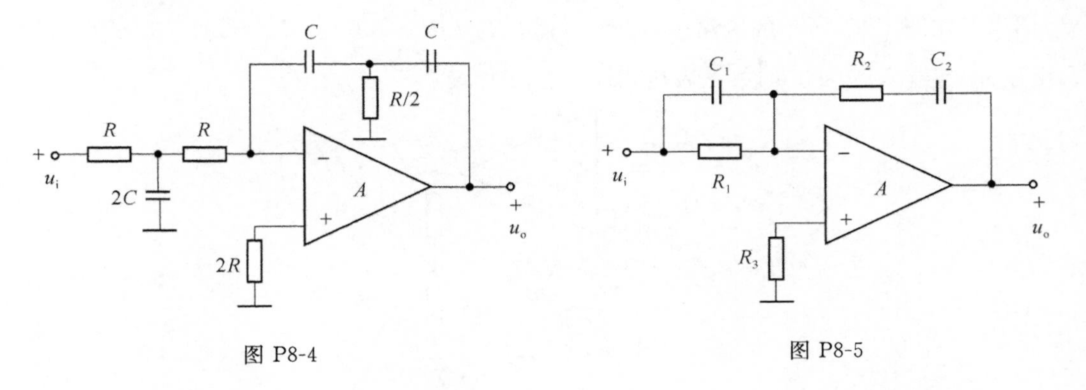

图 P8-4　　图 P8-5

8.9　在满足深负反馈条件下，试写出图 P8-6 所示电路的输出电压与输入电压的关系表达式，指出是何种运算。

8.10　在满足深负反馈条件下，试写出图 P8-7 所示电路的输出电压与输入电压的关系表达式，指出是何种运算。

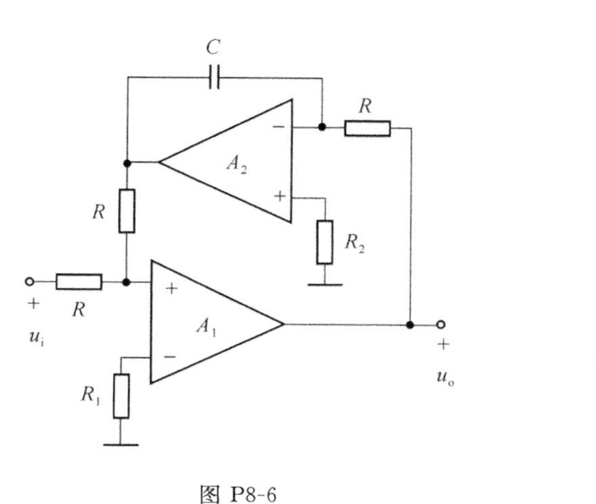

图 P8-6

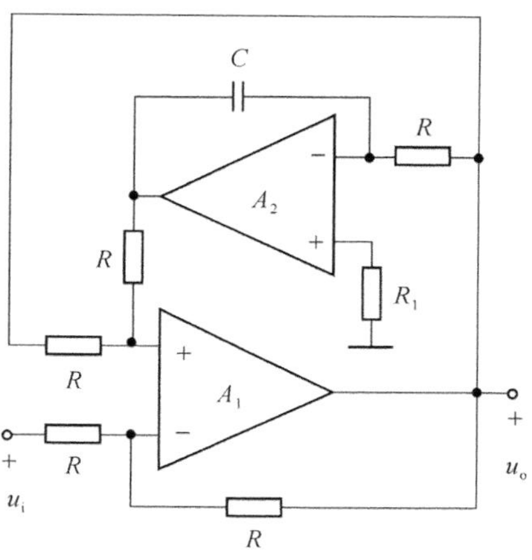

图 P8-7

8.11　如图 P8-8(a)所示的迟回比较器电路中，$R_1=R_2=10\ \text{k}\Omega$，$R_3=20\ \text{k}\Omega$，$U_Z=6\ \text{V}$。

(1) 计算比较器的门限电压值，画出电压传输特性图；

(2) 若输入 u_i 如图(b)所示，画出输出 u_o 的波形。

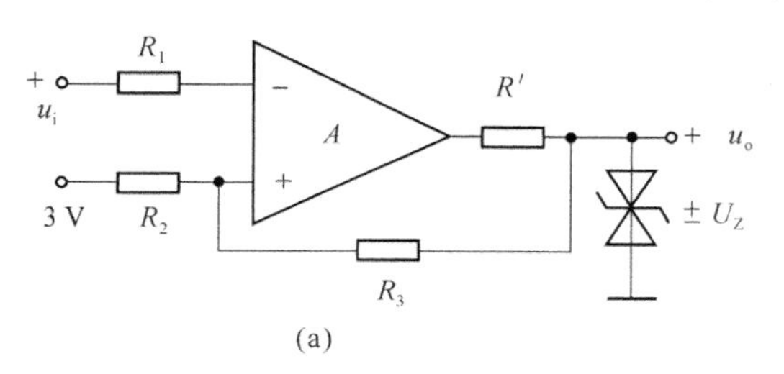

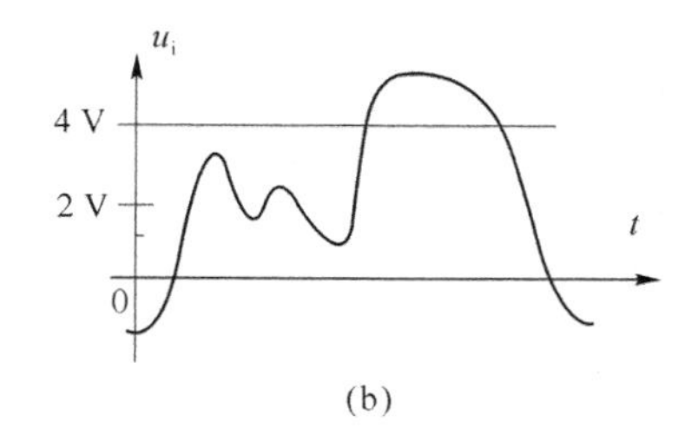

图 P8-8

8.12　如图 P8-9 所示电路中，$R_1=10\ \text{k}\Omega$，$R_2=R_3=20\ \text{k}\Omega$，$U_Z=6\ \text{V}$，输入 $u_i(t)=3\sqrt{2}\sin\omega_0 t$，$\omega_0=2\pi\times 50$，$R_4=R_5=4\ \text{k}\Omega$，$C_1=C_2=5\ \mu\text{F}$。

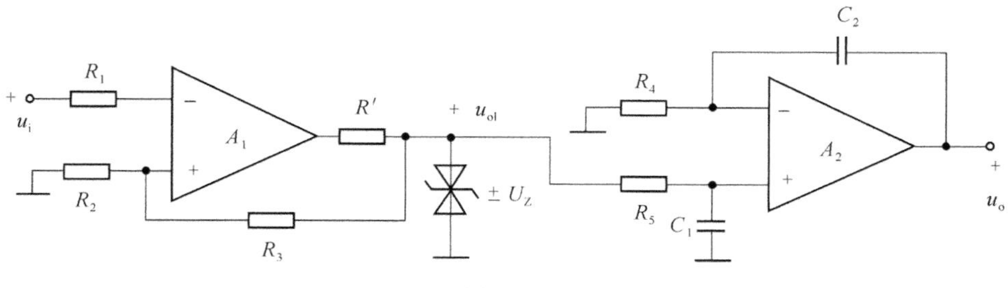

图 P8-9

(1) 计算比较器的门限电压值,画出电压传输特性图;

(2) 写出输出 u_o 与 u_{o1} 的关系表达式;

(3) 设输出 u_o 在 2.5 ms 处为 0,画出输出 u_o 的波形图,标出相应的数值。

8.13 如图 P8-10 所示的电路,试画出 u_C 和 u_o 的波形,指出电路的功能。

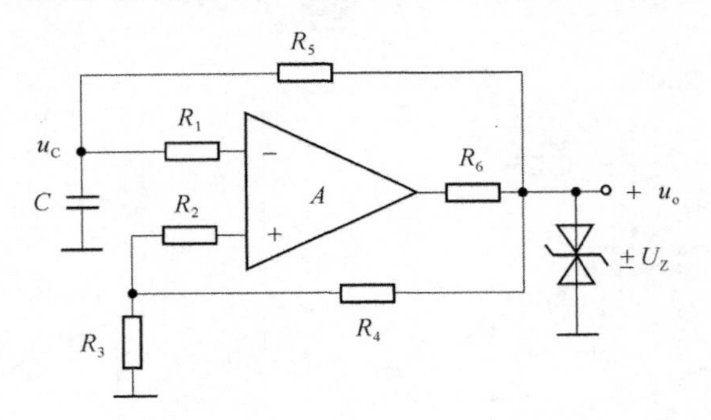

图 P8-10

8.14 如图 P8-11 所示的电路。

(1) 指出 A_1、A_2 的功能;

(2) 画出 u_{o1} 和 u_o 的波形,指出电路的功能;

(3) 若二极管 D 开路,画出 u_{o1} 和 u_o 的波形,指出电路的功能。

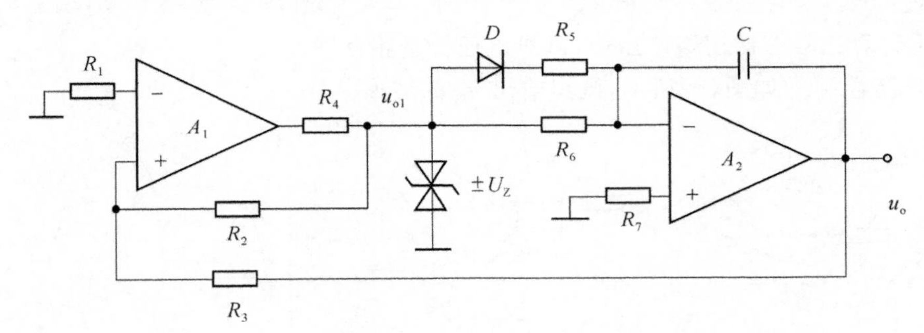

图 P8-11

第 9 章　正弦波振荡器

振荡电路是指在没有输入信号的条件下，能够自行产生一定弧度、一定频率的输出信号的电路。产生正弦波信号的电路称为正弦波振荡电路，产生非正弦波（方波、锯齿波等）信号的电路称为张弛振荡电路。

本章重点讨论正弦波振荡的条件、电路组成，具体分析 *RC* 正弦波振荡器、反馈式正弦波振荡器及三点式正弦波振荡器的振荡频率、起振条件及电路特点。

9.1　正弦波振荡的基本概念

正弦波振荡在通信、广播、测量及自动控制等技术领域有着广泛的应用。常用的正弦波振荡器主要有 *RC* 正弦波振荡器，用于低频正弦信号的产生；*LC* 正弦波振荡器和石英晶体正弦波振荡器，用于高频正弦波信号的产生。

1. 产生正弦波的条件

一般采用正反馈的方法产生正弦波振荡，其方框图如图 9-1 所示。它由一个放大器（电压增益为 $\boldsymbol{A}$）和一个反馈网络（反馈系数为 $\boldsymbol{F}$）连接在一起构成。如果开关 K 先接在 1 端，将正弦波电压 $\boldsymbol{U}_i$ 输入到放大电路后，则输出正弦波电压 $\boldsymbol{U}_o=\boldsymbol{AU}_i$。再立即将开关 K 接到 2 端，使输入信号为反馈电压 $\boldsymbol{U}_f=\boldsymbol{FU}_o$，如果要维持输出电压 $\boldsymbol{U}_o$ 不变，则必须使 $\boldsymbol{U}_f=\boldsymbol{U}_i$，此时即使没有外加的 $\boldsymbol{U}_i$ 也能稳定地输出 $\boldsymbol{U}_o$。

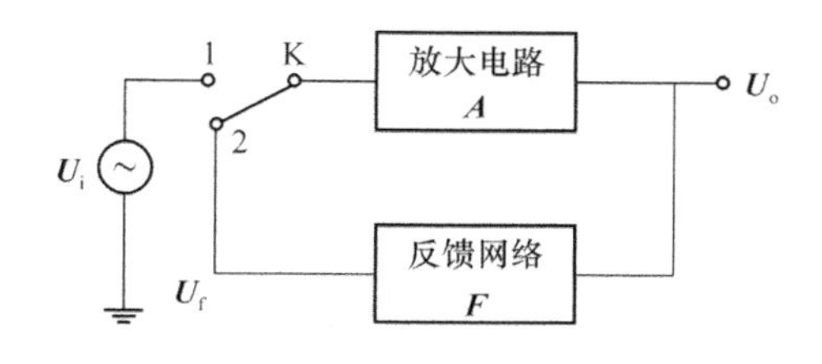

图 9-1　由放大到振荡的示意方框图

因此，维持振荡器输出等幅振荡的平衡条件为 $\boldsymbol{U}_f=\boldsymbol{U}_i$，由 $\boldsymbol{U}_f=\boldsymbol{FU}_o=\boldsymbol{AFU}_i$，得到

$$\boldsymbol{AF}=1 \tag{9.1}$$

由于放大器电压增益，反馈网络的反馈系数 $\boldsymbol{F}=|\boldsymbol{F}|\angle\varphi_F$，式(9.1)可以写成为 $\boldsymbol{AF}=|\boldsymbol{AF}|\angle\varphi_A+\varphi_F=1$。于是，得到产生自振荡的两个平衡条件。

(1) 相位平衡条件

$$\varphi_A + \varphi_F = \pm 2n\pi \tag{9.2}$$

式中 $n=0,1,2,\cdots$。上式说明产生振荡时,反馈电压的相位与所需输入电压的相位相同,即形成正反馈。因此,由相位平衡条件可确定振荡器的振荡频率。

(2) 振幅平衡条件

$$|\boldsymbol{AF}| = 1 \tag{9.3}$$

说明反馈电压的大小与所需的输入电压相等。满足 $|\boldsymbol{AF}|=1$ 时产生等幅振荡;当 $|\boldsymbol{AF}|>1$ 时,即$\boldsymbol{U}_f>\boldsymbol{U}_i$时,振荡输出愈来愈大,产生增幅振荡;若 $|\boldsymbol{AF}|<1$,即 $\boldsymbol{U}_f<\boldsymbol{U}_i$,振荡输出愈来愈小直到最后停振,称为减幅振荡。

2. 振荡电路的组成及起振条件

由图 9-1 可知,正弦波振荡电路由放大电路和反馈网络组成。为了获得频谱纯度高、幅度稳定的振荡,电路中必须包含有选频网络和稳幅环节。选频网络若由 R、C 元件组成,称为 RC 正弦波振荡电路;若由 L、C 元件组成,则称为 LC 正弦波振荡电路。

实际振荡电路的起振并不需要外加输入信号 $\boldsymbol{U}_i$,且开关 K 是始终连在 2 端,那么振荡电压是如何从无到有地建立起来的呢?因此,必须进一步讨论它的起振条件。

图 9-2(a)是反馈振荡实用电路。图中 C_B 和 C_E 是隔直电容,对于交流视为短路,R_{b1}、R_{b2}和 R_E 为提供合适的静态工作点。交流通路如图 9-2(b)所示。LC 谐振回路谐振于频率 ω_0,三极管集电极输出电压通过反馈电感 L_f 获得反馈电压 $\boldsymbol{U}_f$,连接到三极管的基极,其中 $R_b=R_{b1}/\!/R_{b2}$。

在刚接通电源 V_{CC}时,电路各部分会产生微小的电扰动,它们具有很宽的频谱。由于 LC 谐振回路具有选频作用,只有频率近似等于回路谐振频率 ω_0 的分量才能在 LC 回路两端产生一定的电压,通过反馈电感 L_f 加到三极管的基极,如果初、次级线圈同名端设置正确(如图 9-2 所示),使反馈电压与放大电路所需的输入电压同相,形成正反馈,且保证 $\boldsymbol{U}_f>\boldsymbol{U}_i$(即 $|\boldsymbol{AF}|>1$),则经放大和反馈的多次循环,振荡器将产生增幅振荡。由电扰动引起频率为 ω_0 的微小电压,其幅度将不断地增大,直到进入平衡状态。起振过程如图 9-2(c)所示。

因此,振荡电路接通电源 V_{CC}后,在满足正反馈条件下,能够建立振荡的起振条件是

$$|\boldsymbol{AF}| > 1 \tag{9.4}$$

图 9-2(a)所示的放大电路在振荡电压较小时工作在线性区,$|\boldsymbol{A}|$为常数。当振荡电压较大时,由于放大管进入非线性工作状态使放大倍数下降。因此随着振荡幅度的增长,$|\boldsymbol{A}|$下降,由起振条件过渡到振幅平衡条件。当达到 $|\boldsymbol{AF}|=1$ 时,电路将保持稳幅振荡,如图 9-2(c)所示。

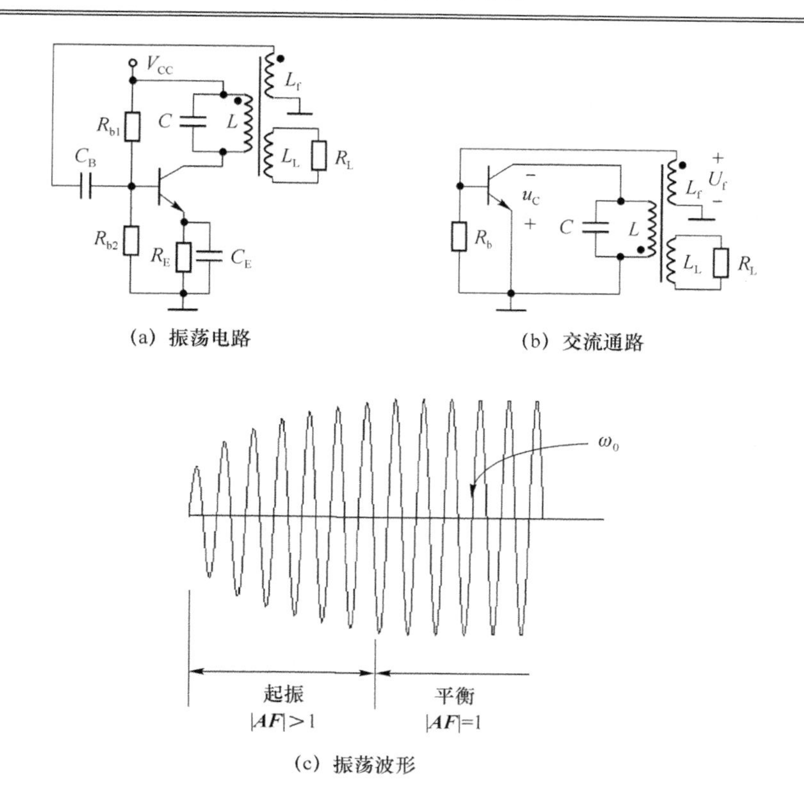

图 9-2　反馈振荡器的组成及振荡过程

9.2　*RC* 正弦波振荡器

RC 正弦波振荡器主要由放大电路、电阻和电容组成。常用的 *RC* 正弦波振荡器是文氏桥(Wien Bridge)振荡器。

1. *RC* 串并联电路的频率特性

RC 串并联电路如图 9-3(a)所示。

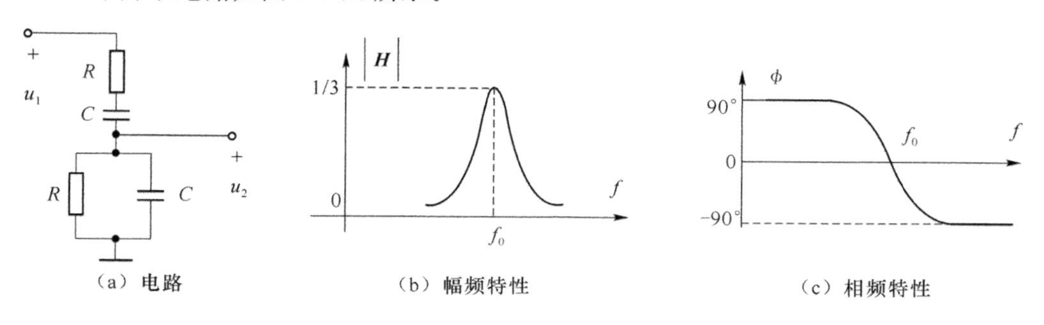

图 9-3　*RC* 串并联电路及频率特性

电路的传递函数为

$$\boldsymbol{H}(\mathrm{j}\omega)=\frac{\boldsymbol{U}_2}{\boldsymbol{U}_1}=\frac{R/\!/\frac{1}{\mathrm{j}\omega C}}{R+\frac{1}{\mathrm{j}\omega C}+R/\!/\frac{1}{\mathrm{j}\omega C}} \tag{9.5}$$

令

$$f_0=\frac{1}{2\pi RC} \tag{9.6}$$

称 f_0 为谐振频率。将式(9.6)代入式(9.5),整理得到

$$\boldsymbol{H}(\mathrm{j}\omega)=\frac{\boldsymbol{U}_2}{\boldsymbol{U}_1}=\frac{1}{3+\mathrm{j}\left(\omega RC-\frac{1}{\omega RC}\right)}=\frac{1}{3+\mathrm{j}\left(\frac{f}{f_0}-\frac{f_0}{f}\right)} \tag{9.7}$$

幅频特性和相频特性表达式为

$$|\boldsymbol{H}|=\frac{1}{\sqrt{3^2+\left(\frac{f}{f_0}-\frac{f_0}{f}\right)^2}} \tag{9.8a}$$

$$\phi=-\arctan\frac{1}{3}\left(\frac{f}{f_0}-\frac{f_0}{f}\right) \tag{9.8b}$$

幅频特性和相频特性所对应的特性曲线分别如图 9-3(b)和(c)所示。由式(9.8)和图中都可以看到,当频率 $f=f_0$ 时,幅值最大,$|\boldsymbol{H}|_m=1/3$,相角 $\phi=0°$;当 $f\ll f_0$ 时,幅值下降,$|\boldsymbol{H}|\to 0$,相角增大,$\phi\to 90°$;当 $f\gg f_0$ 时,幅值也下降,$|\boldsymbol{H}|\to 0$,相角减小,$\phi\to -90°$。

2. 文氏桥振荡器

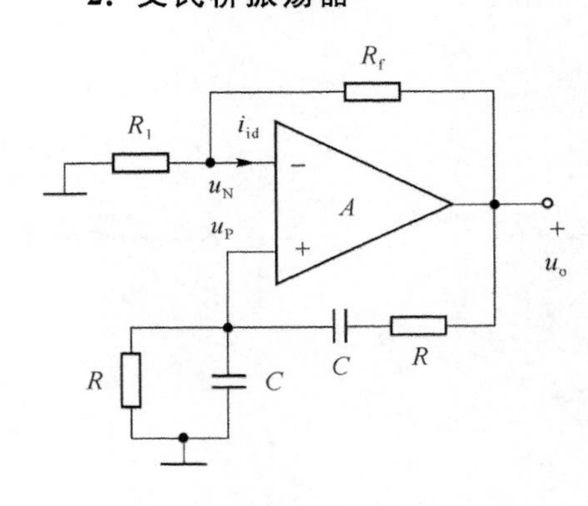

图 9-4　文氏桥振荡器

典型的文氏桥正弦波振荡电路如图 9-4 所示。在电路中,R_1 和 R_f 组成负反馈网络,由于运放等效输入电阻较大,忽略输入电流 i_{id},则

$$u_N=\frac{R_1}{R_1+R_f}u_o \tag{9.9}$$

电路中 RC 串并联电路组成正反馈网络。由于电路中有不可避免的热扰动或各种冲击,存在各种频率的信号。由 RC 串并联电路的频率特性可知,在谐振频率 f_0 处,正反馈值最大。由式(9.8a),得

$$u_p=\frac{1}{3}u_o \tag{9.10}$$

当 $u_P>u_N$ 时,正反馈量大于负反馈量,电路形成了电压正反馈,频率为 f_0 的信号得到进一步放大,如此反复,产生振荡,使输出频率为 f_0 的正弦波。

在频率大于或小于 f_0 时,由 RC 串并联电路的频率特性可知,正反馈量 u_P 的幅值随频率变化而减小,但是负反馈网络是纯阻网络,负反馈量 u_N 不会因频率变化而减小,从而在频率大于 $f_0+\Delta$ 或小于 $f_0-\Delta$ 时,$|u_P|<|u_N|$,电路呈现负反馈状态,不能产生振荡。

因此,由式(9.9)和(9.10)得

$$u_{\mathrm{P}}=\frac{1}{3}u_{\mathrm{o}}>u_{\mathrm{N}}=\frac{R_1}{R_1+R_{\mathrm{f}}}u_{\mathrm{o}} \tag{9.11}$$

即

$$\frac{R_1+R_{\mathrm{f}}}{R_1}>3 \tag{9.12}$$

式(9.12)左边是运放的同相放大倍数 A_{uf}，因此，电路振荡的条件为

$$A_{uf}=1+\frac{R_{\mathrm{f}}}{R_1}>3 \text{ 或 } R_{\mathrm{f}}>2R_1 \tag{9.13}$$

电路谐振中心频率

$$f_0=\frac{1}{2\pi RC} \tag{9.14}$$

为了使所产生的正弦波尽可能纯正，在保证满足振荡条件的前提下，运放的放大倍数 A_{uf} 要尽可能小，在实际应用中，一般取电阻 R_{f} 的值略大于 $2R_1$。

例 9-1　设计一个振荡频率 $f_0=10$ Hz 的正弦波振荡器，确定电路参数。

解：因为振荡频率 $f_0=10$ Hz，频率较低，采用文氏桥正弦波振荡电路形式，如图 9-5 所示。

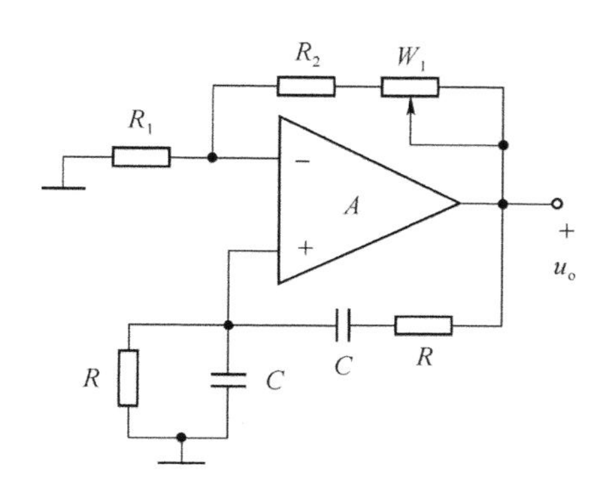

图 9-5

由式(9.14)得 $f_0=\frac{1}{2\pi RC}$，取 $C=4.7\ \mu\mathrm{F}$，则电阻

$$R=\frac{1}{2\pi f_0 C}=\frac{1}{2\pi\times10\times4.7\times10^{-6}}\approx3\ 386\ \Omega$$

取 $R_1=10$ kΩ，由式(9.13)，取 $R_2=20$ kΩ，$W_1=1$ kΩ。通过调整电位器 W_1 的值，使 R_2+W_1 的值略大于 2 R_1。

9.3　反馈式正弦波振荡器

1. *LC* 并联电路的频率特性

典型的 LC 并联电路如图 9-6(a)所示，电阻 R 为电感 L 和电容 C 的等效损耗电阻，其中主要是电感 L 的直流电阻，一般情况 R 很小。

电路的阻抗为

$$\boldsymbol{Z}(\mathrm{j}\omega)=\frac{\frac{1}{\mathrm{j}\omega C}\cdot(R+\mathrm{j}\omega L)}{R+\mathrm{j}\omega L+\frac{1}{\mathrm{j}\omega C}} \tag{9.15}$$

考虑到在所工作的频率范围内，$R\ll\omega L$，式(9.15)可写成

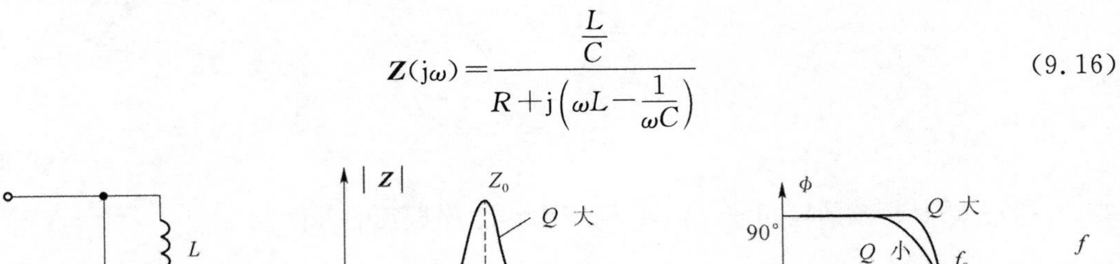

$$
\boldsymbol{Z}(\mathrm{j}\omega)=\frac{\dfrac{L}{C}}{R+\mathrm{j}\left(\omega L-\dfrac{1}{\omega C}\right)} \tag{9.16}
$$

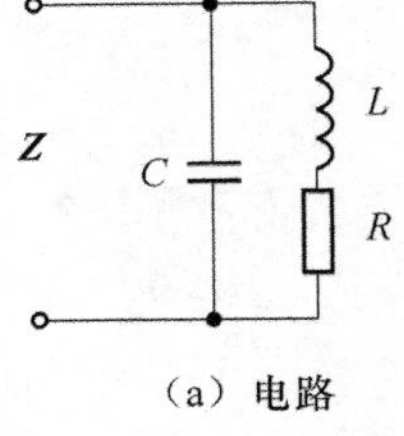

（a）电路

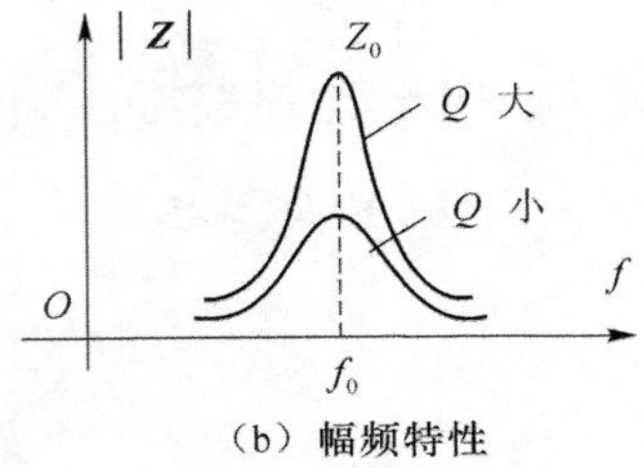

（b）幅频特性

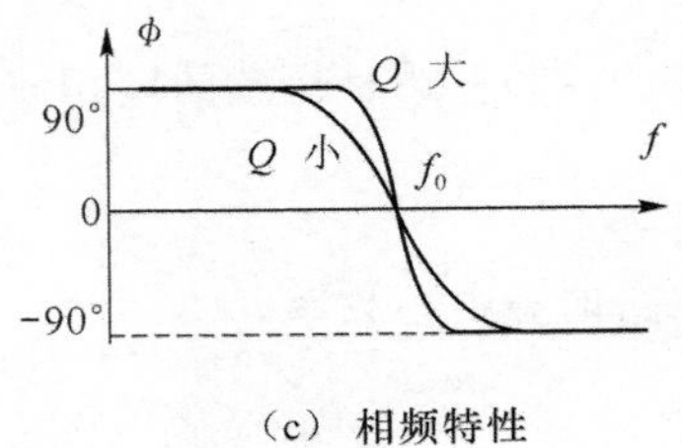

（c）相频特性

图 9-6　*LC* 并联电路及频率特性

在谐振频率点，$\mathrm{j}(\omega_0 L-1/\omega_0 C)=0$，即谐振频率为

$$
f_0=\frac{\omega_0}{2\pi}=\frac{1}{2\pi\sqrt{LC}} \tag{9.17}
$$

将式(9.17)代入式(9.16)，整理得到

$$
\boldsymbol{Z}(\mathrm{j}\omega)=\frac{\dfrac{L}{RC}}{1+\dfrac{\mathrm{j}}{R}\sqrt{\dfrac{L}{C}}\left(\dfrac{\omega}{\omega_0}-\dfrac{\omega_0}{\omega}\right)}=\frac{\dfrac{L}{RC}}{1+\mathrm{j}Q\left(\dfrac{f}{f_0}-\dfrac{f_0}{f}\right)} \tag{9.18}
$$

其中 Q 为品质因数，定义为

$$
Q=\frac{1}{R}\sqrt{\frac{L}{C}}=\frac{\omega_0 L}{R}=\frac{1}{R\omega_0 C} \tag{9.19}
$$

由式(9.19)看到，回路的等效损耗电阻 R 越小，则回路中所消耗的能量越小，Q 值越大。因此，Q 值的物理意义是回路中电感或电容中储存能量与消耗能量之比。电路阻抗的幅频特性和相频特性表达式为

$$
|\boldsymbol{Z}|=\frac{Z_0}{\sqrt{1+Q^2\left(\dfrac{f}{f_0}-\dfrac{f_0}{f}\right)^2}} \tag{9.20a}
$$

$$
\phi=-\arctan Q\left(\frac{f}{f_0}-\frac{f_0}{f}\right) \tag{9.20b}
$$

其中 $Z_0=\mathrm{L}/RC$。电路阻抗的幅频特性和相频特性曲线分别如图 9-6(b)和(c)所示。

由式(9.20)和图中都可以看到，当频率 $f=f_0$ 时，幅值最大，$|\boldsymbol{Z}|_{\mathrm{m}}=Z_0$，相角 $\phi=0°$；当 $f\ll f_0$ 时，幅值下降，$|\boldsymbol{Z}|\to 0$，相角增大，$\phi\to 90°$；当 $f\gg f_0$ 时，幅值也下降，$|\boldsymbol{Z}|\to 0$，相角减小，$\phi\to -90°$。同时看到，回路 Q 值越大，曲线变化越快，回路的通频带越窄。

2. 反馈式正弦波振荡器

反馈式正弦波振荡器如图 9-7(a)所示。由于 LC 电路适合振荡频率较高的场合，不能采用运算放大器，需要使用特征频率较高的三极管来实现。

电阻 R_{b1}、R_{b2} 和 R_E 使三极管的静态工作点处在放大区中合适的位置，使三极管线性

输出的范围足够大。

由于电容 C_B 和 C_E 在所工作的频率范围内容抗很小，相当于短路，其交流通路如图 9-7(b)所示，其中 $R_b = R_{b1} // R_{b2}$。

由交流通路看到，三极管的集电极接有 LC 并联谐振电路。由 L_1、L_2 和 L_3 组成变压器，信号通过 L_1 耦合到 L_2，反馈到三极管的基极，形成正反馈；通过 L_3 输出。设变压器的 L_2 和 L_1 的匝数比为 B，电路开环电压放大倍数为 A_u。

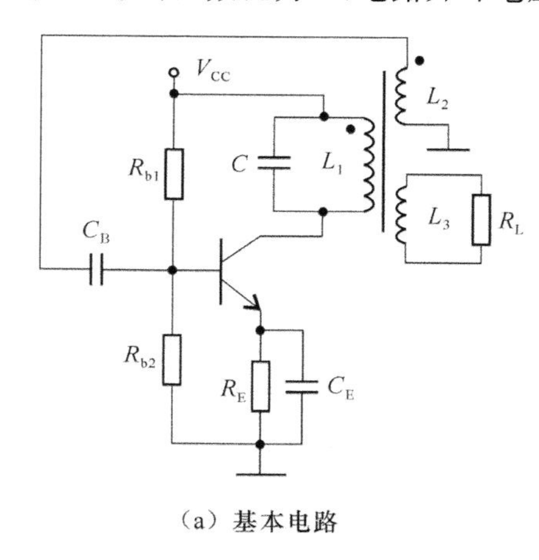

(a) 基本电路

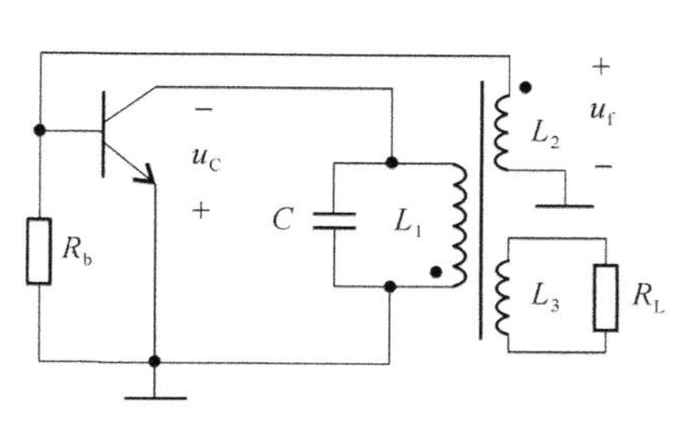

(b) 交流通路

图 9-7　反馈式正弦波振荡器

由于三极管集电极连接着 LC 谐振回路，其交流等效负载随着频率的变化而不同，因此电路开环电压放大倍数 $Au = u_C / u_i$（参见图 9-8）也随着频率的变化而变化，在谐振频率 f_0 处 A_{u0} 最大。

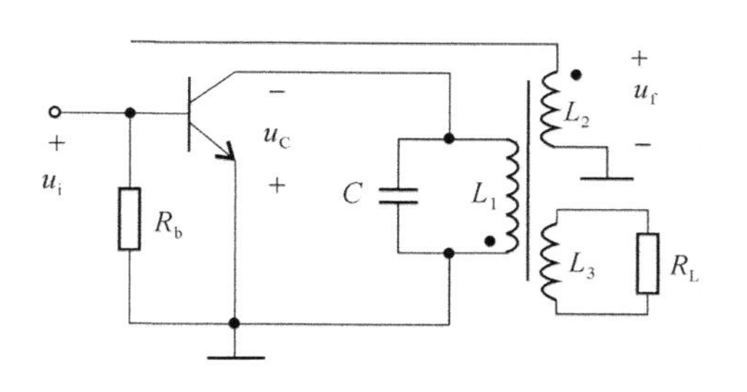

图 9-8　开环示意图

由于电路中有不可避免的热扰动或各种冲击，存在各种频率的信号。在谐振频率 f_0 处，谐振回路的阻抗最大，且等效为一个纯阻，因此电路开环电压放大倍数 A_{u0} 最大。从而三极管集电极输出电压 u_C 在频率为 f_0 时最大，输出频率为 f_0 的信号 u_C 通过变压器的 L_2 得到反馈信号 u_f，正反馈到三极管的基极，当 $A_{u0} \times B > 1$ 时，频率为 f_0 的信号得到进一步放大，如此反复，在三极管的集电极得到稳定的频率为 f_0 的信号。

在频率大于或小于 f_0 时，由 LC 并联电路的频率特性，电路开环电压放大倍数 A_u 随频率变化而减小，从而在频率大于 $f_0 + \Delta$ 或小于 $f_0 - \Delta$ 时，$A_u \times B < 1$，反馈信号不能被放大，也就不能产生振荡。

因此，电路振荡的条件为

$$A_{u0} B > 1 \tag{9.21}$$

电路谐振中心频率

$$f_0 = \frac{\omega_0}{2\pi} = \frac{1}{2\pi\sqrt{LC}} \tag{9.22}$$

其中 L 为谐振回路的等效电感量，它包括变压器线圈 L_1 的电感量及 L_2 和 L_3 互感，但 L_2 和 L_3 互感对其影响很小。

所产生的正弦波纯正程度主要取决于 LC 谐振回路的 Q 值，Q 值愈高，正弦波愈纯正，当 $Q\to\infty$ 时，振荡器输出频率为 f_0 的单频信号。

9.4 三点式正弦波振荡器

1. 电感三点式正弦波振荡器

典型的电感三点式正弦波振荡器如图 9-9(a)所示，该电路也称哈特莱(Hartely)电路。

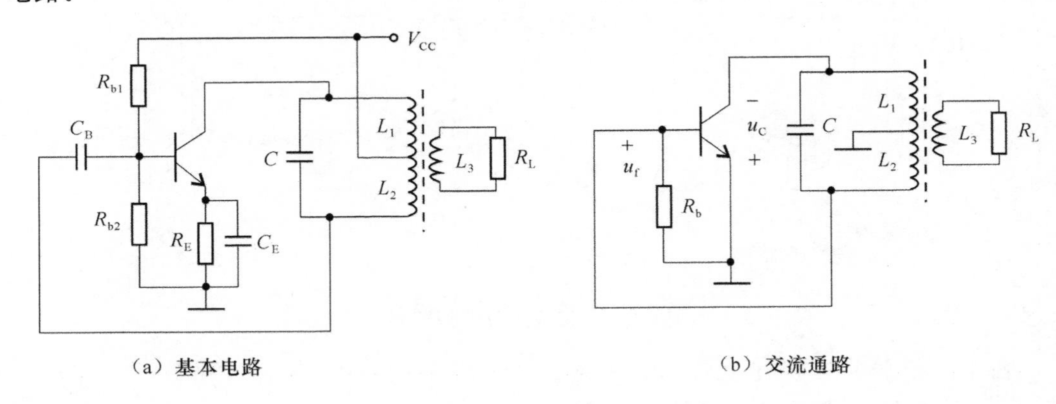

图 9-9 电感三点式正弦波振荡器

同样，电阻 R_{b1}、R_{b2} 和 R_E 使三极管的静态工作点处在放大区中合适的位置，使三极管线性输出的范围足够大。

由于电容 C_B 和 C_E 在所工作的频率范围内容抗很小，相当于短路，其交流通路如图 9-9(b)所示，其中 $R_b=R_{b1}/\!/R_{b2}$。从交流通路看到，谐振回路中电感线圈的三个点分别与三极管的三个极相连，通常称为电感三点式正弦波振荡电路。

在图 9-9(b)中，三极管的集电极接有 LC 并联谐振电路。信号通过 L_1 耦合到 L_2，反馈到三极管的基极，形成正反馈；通过 L_3 输出。设电感 L_2 和 L_1 的互感为 M，当谐振回路的品质因数 $Q\gg 1$ 时，电路的反馈系数为

$$B=\frac{u_f}{u_C}\approx\frac{j\omega(L_2+M)}{j\omega(L_1+M)}=\frac{L_2+M}{L_1+M} \tag{9.23}$$

设电路的开环电压放大倍数为 A_u。由于三极管集电极连接着 LC 谐振回路，其交流等效负载随着频率的变化而不同，因此电路开环电压放大倍数 A_u 也随着频率的变化而变化，在谐振频率 f_0 处 A_{u0} 最大。

由于电路中有不可避免的热扰动或各种冲击，存在各种频率的信号。在谐振频率 f_0 处，谐振回路的阻抗最大，且等效为一个纯阻，因此电路开环电压放大倍数 A_{u0} 最大。从

而三极管集电极输出电压 u_C 在频率为 f_0 时最大，输出频率为 f_0 的信号 u_C 通过电感 L_2 得到反馈信号 u_f，正反馈到三极管的基极，当 $A_{u0}\times B>1$ 时，频率为 f_0 的信号得到进一步放大，如此反复，在三极管的集电极得到稳定的频率为 f_0 的信号。

在频率大于或小于 f_0 时，由 LC 并联电路的频率特性可知，电路开环电压放大倍数 A_u 随频率变化而减小，从而在频率大于 $f_0+\Delta$ 或小于 $f_0-\Delta$ 时，$A_u\times B<1$，反馈信号不能被放大，也就不能产生振荡。

因此，电路振荡的条件为

$$A_{u0}B>1 \tag{9.24}$$

当谐振回路的品质因数 $Q\gg1$ 时，电路谐振中心频率

$$f_0=\frac{\omega_0}{2\pi}\approx\frac{1}{2\pi\sqrt{(L_1+L_2+2M)C}} \tag{9.25}$$

2. 电容三点式正弦波振荡器

典型的电容三点式正弦波振荡器如图 9-10(a)所示，该电路也称考皮兹(Copitts)电路。电阻 R_{b1}、R_{b2}、R_C 和 R_E 使三极管的静态工作点处在放大区中合适的位置，使三极管线性输出的范围足够大。

由于电容 C_B 和 C_E 在所工作的频率范围内容抗很小，相当于短路，其交流通路如图 9-10(b)所示，其中 $R_b=R_{b1}/\!/R_{b2}$。从交流通路看到，谐振回路中电容的三个点分别与三极管的三个极相连，通常称为电容三点式正弦波振荡电路。

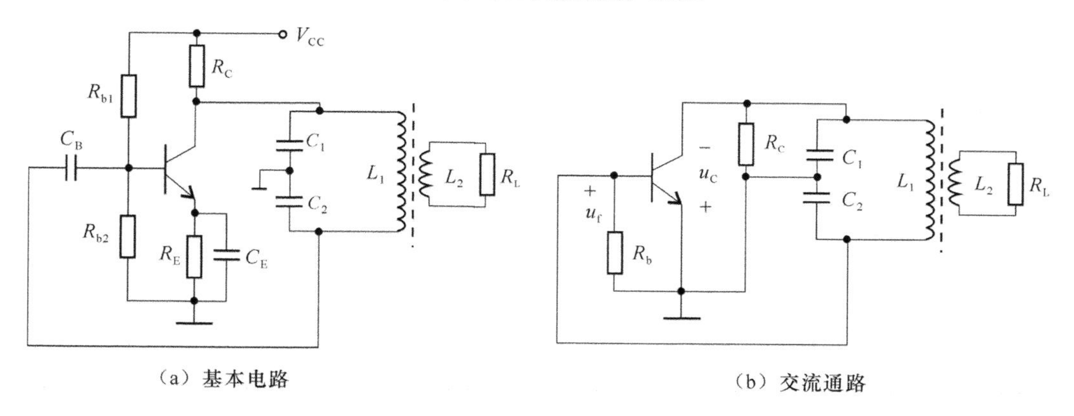

图 9-10　电容三点式正弦波振荡器

在图 9-10(b)中，三极管的集电极接有 LC 并联谐振电路。信号通过电容 C_2 反馈到三极管的基极，形成正反馈；通过 L_2 输出。当谐振回路的品质因数 $Q\gg1$ 时，电路的反馈系数为

$$B=\frac{u_f}{u_C}\approx\frac{j\omega C_1}{j\omega C_2}=\frac{C_1}{C_2} \tag{9.26}$$

设电路的开环电压放大倍数为 A_u。由于三极管集电极连接着 LC 谐振回路，其交流等效负载随着频率的变化而不同，因此电路开环电压放大倍数 A_u 也随着频率的变化而

变化，在谐振频率 f_0 处 A_{u0} 最大。

同样，由于电路中有不可避免的热扰动或各种冲击，存在各种频率的信号。在谐振频率 f_0 处，谐振回路的阻抗最大，且等效为一个纯阻，因此电路开环电压放大倍数 A_{u0} 最大。从而三极管集电极输出电压 u_C 在频率为 f_0 时最大，输出频率为 f_0 的信号 u_C 通过电容 C_2 得到反馈信号 u_f，正反馈到三极管的基极，当 $A_{u0}\times B>1$ 时，频率为 f_0 的信号得到进一步放大，如此反复，在三极管的集电极得到稳定的频率为 f_0 的信号。

在频率大于或小于 f_0 时，由 LC 并联电路的频率特性，电路开环电压放大倍数 A_u 随频率变化而减小，从而在频率大于 $f_0+\Delta$ 或小于 $f_0-\Delta$ 时，$A_u\times B<1$，反馈信号不能被放大，也就不能产生振荡。

因此，电路振荡的条件为

$$A_{u0}B>1 \tag{9.27}$$

当谐振回路的品质因数 $Q\gg1$ 时，电路谐振中心频率

$$f_0=\frac{\omega_0}{2\pi}\approx\frac{1}{2\pi\sqrt{L_1\dfrac{C_1C_2}{C_1+C_2}}} \tag{9.28}$$

思考题与习题

9.1 电路为什么能产生振荡？产生振荡的一般条件是什么？

9.2 RC 和 LC 振荡电路各适合什么频率范围？

9.3 振荡回路 Q 值的物理意义是什么？它对通频带有何影响？如何提高振荡回路的 Q 值？

9.4 变压器反馈式和三点式振荡电路各有什么特点？

9.5 如图 P9-1 所示的文氏桥正弦波振荡电路，$R_1=10\ \text{k}\Omega$，$R_3=3.3\ \text{k}\Omega$，$C=0.47\ \mu\text{F}$，要求电路的输出频率范围为 10～100 Hz。

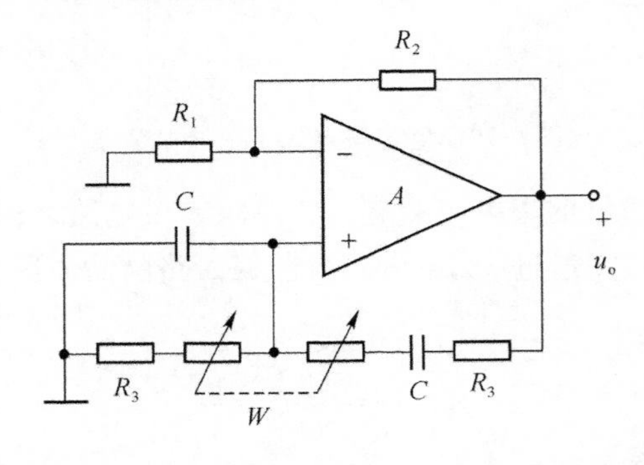

图 P9-1

(1) 电阻 R_2 至少为多大?

(2) 电位器 W 的取值范围为多少?

9.6　试判断图 P9-2 所示的电路能否产生正弦波振荡。

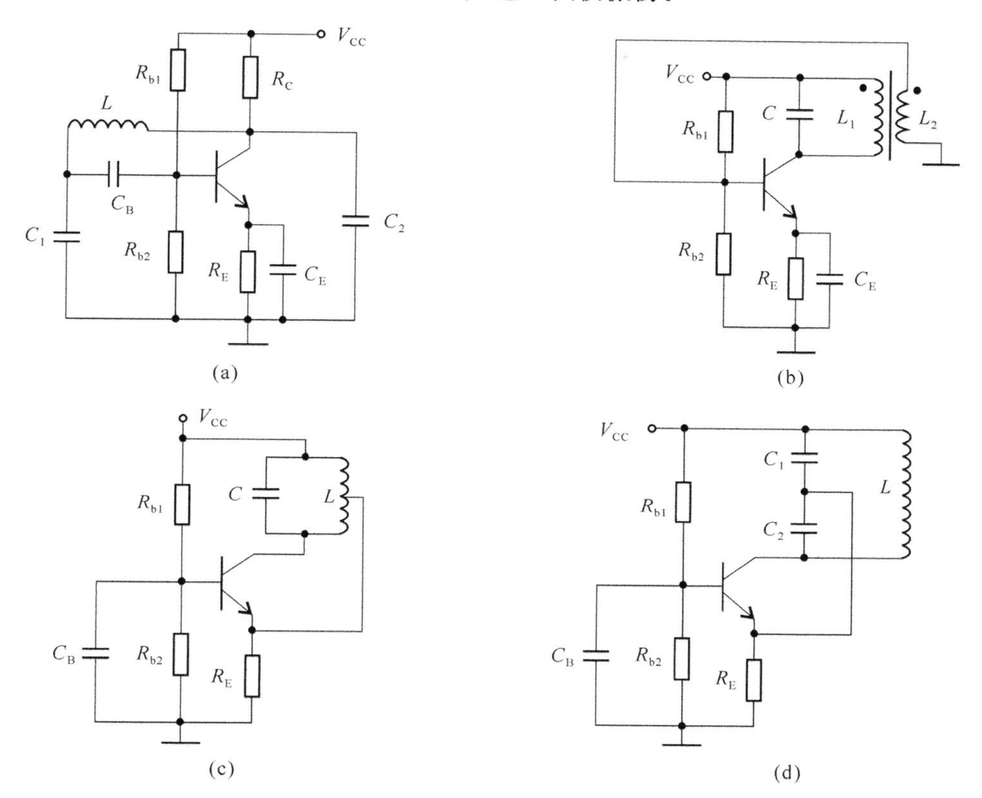

图 P9-2

第 10 章　直流电源

10.1　概述

由于交流电便于升压和降压，可以极大地减小在长距离传输过程中线路上的能量损耗，所以在我国日常电网中所提供的都是标称 50 Hz、220 V 三相或单相交流电。而在电子设备中，一般都需要直流低压电源。为此，需要将交流电转换成直流电，直流电源往往成为电子设备中不可缺少的一部分。

目前所使用直流电源的种类很多，如交流到直流电源、直流到直流电源、通用直流电源、专用直流电源、集成稳压器等等。

图 10-1 是交流到直流电源方框图。电源变压是将 220 V 交流市电变成相应的低压，整流电路将交流电变为单向脉动的直流电，滤波电路将脉动的直流电变成比较平滑的直流电，稳压电路使输出电压稳定，保护电路保护电源在异常情况下（如输出端短路、电源温度过高等）的安全。

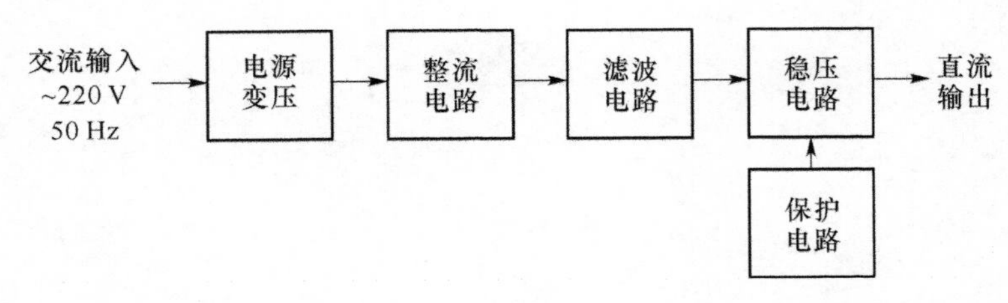

图 10-1　串联型稳压电源方框图

在电子设备中，所需的直流电能比较小，一般在千瓦以下，但要求电压的稳定性较高。通常对直流电源的要求是：输出电压稳定、纹波小、负载能力强等。直流电源的性能指标主要有如下几个参数：

（1）输入电压 u_i。电源所要求的（交流）输入电压，在我国一般是 220 V、50 Hz 的交流电。

（2）额定输出电压 U_o。电源输出的直流电压值，可变电源为某个范围值。

（3）最大输出电流 I_M。电源在额定输出电压 U_o，所能提供的最大输出电流。有时也

用最大输出功率 P_M 来表示。

(4) 纹波系数 S。电源输出电压所含有的基波分量的峰值与输出直流电压之比，它反映了输出电压的稳定程度。

目前，常用直流电源主要有串联型线性稳压电源和开关型稳压电源两种形式。

10.2　整流、滤波电路

1. 整流电路

常用的整流电路有桥式整流电路和全波整流电路。

(1) 桥式整流电路

桥式整流电路如图 10-2 所示。当变压器输出为正弦波时，由二极管的单向导电特性，在正半周，二极管 D_2 和 D_4 导通，D_1 和 D_3 截止，在负载电阻 R 上得到电压的正半周，极性是上正下负；在负半周，二极管 D_1 和 D_3 导通，D_2 和 D_4 截止，在负载电阻 R 上得到电压的负半周，极性同样是上正下负。因此整流电路的输出电压波形如图 10-3 所示。

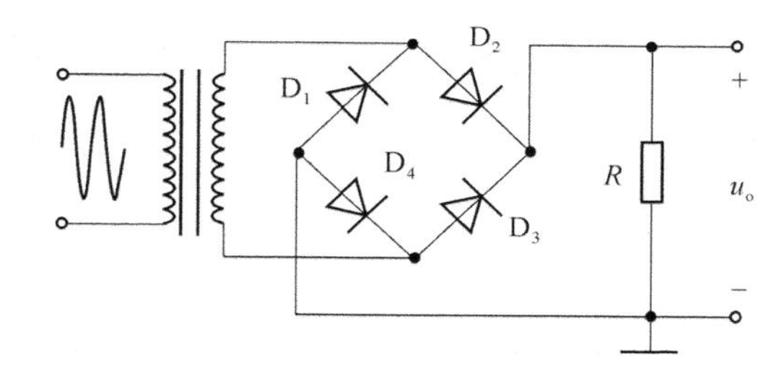

图 10-2　桥式整流电路

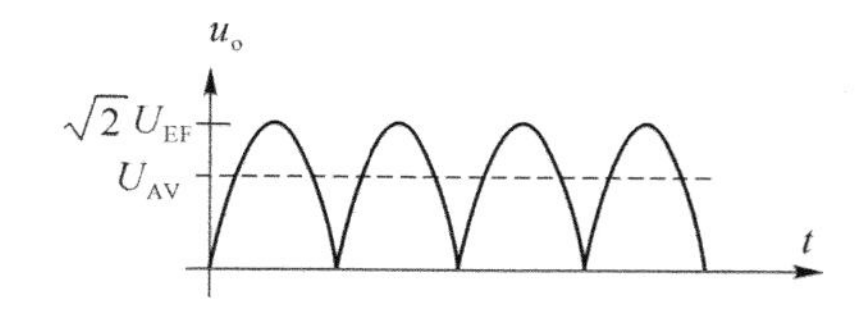

图 10-3　整流波形

一般情况下，输出电压的有效值 U_{EF} 远远大于二极管的导通电压，忽略其影响，变压器的输出电压可表示为$\sqrt{2}U_{EF}\sin\omega_o t$，整流输出电压的直流分量

$$U_{AV}=\frac{1}{\pi}\int_0^{\pi}\sqrt{2}U_{EF}\sin(\omega_o t)\mathrm{d}(\omega_o t)=\frac{2\sqrt{2}U_{EF}}{\pi}\approx 0.9U_{EF} \tag{10.1}$$

(2) 全波整流电路

全波整流电路如图 10-4 所示。当变压器输出为正弦波时，在正半周，变压器输出电压为上正下负，由二极管的单向导电特性，二极管 D_1 导通，D_2 截止，在负载电阻 R 上得到电压的正半周，极性是上正下负；在负半周，变压器输出电压为下正上负，二极管 D_2 导通，D_1 截止，在负载电阻 R 上得到电压的负半周，极性同样是上正下负。因此，整流电路的输出电压波形与桥式整流一样，如图 10-3 所示。

(3) 正负输出全波整流电路

输出正负电压的全波整流电路如图 10-5 所示。其工作原理与上面介绍的相同，只是由于二极管 D_3 和 D_4 在电路中的连接极性与 D_1 和 D_2 相反，从而得到了输出 u_{o2} 为负的脉动直流电压。

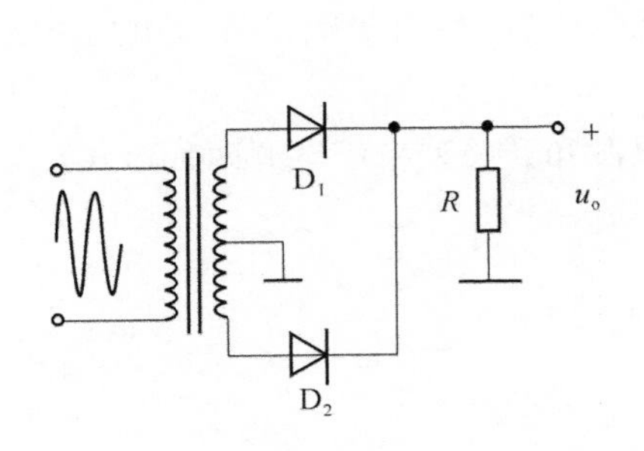

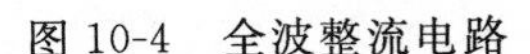
图 10-4　全波整流电路

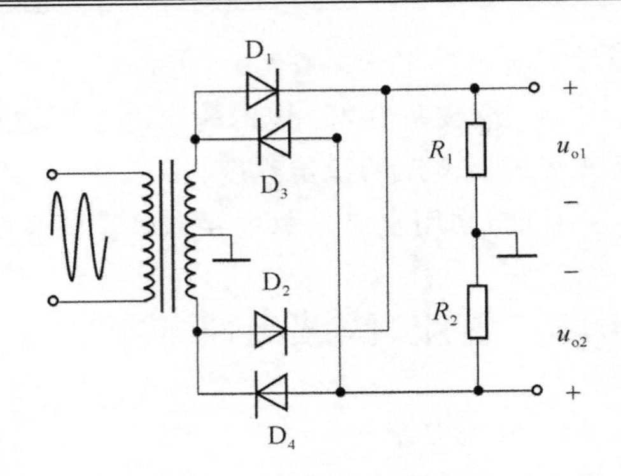

图 10-5　正负输出全波整流电路

2. 滤波电路

在电子设备的电源中，通常采用比较简单的电容滤波电路。如图 10-6 所示，在整流电路的输出端加上了电容 C，电容 C 和电阻 R 组成了滤波电路。在直流电源中，要求电容 C 的值很大，一般在千微法的量级，需要使用电解电容。

当整流二极管的输出电压高于电容 C 两端电压时，在输出的同时给电容充电，当低于电容 C 两端电压时，电容 C 放电。如此反复，使输出电压得到了平滑，同时提高了输出电压的平均值。C 与 R 的乘积愈大，输出愈平滑，输出电压的平均值也越大。输出波形如图 10-7 所示。

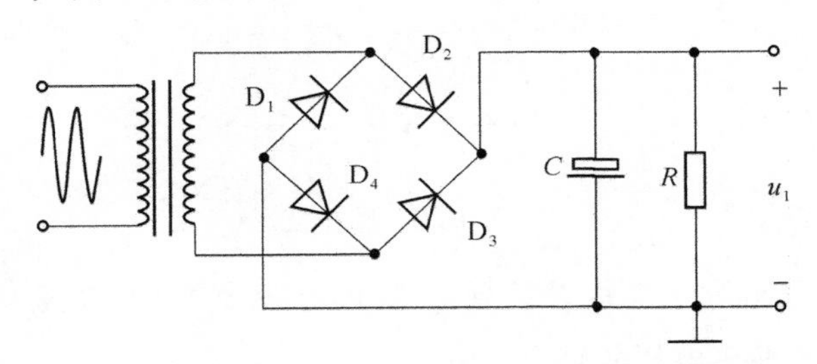

图 10-6　整流、滤波电路

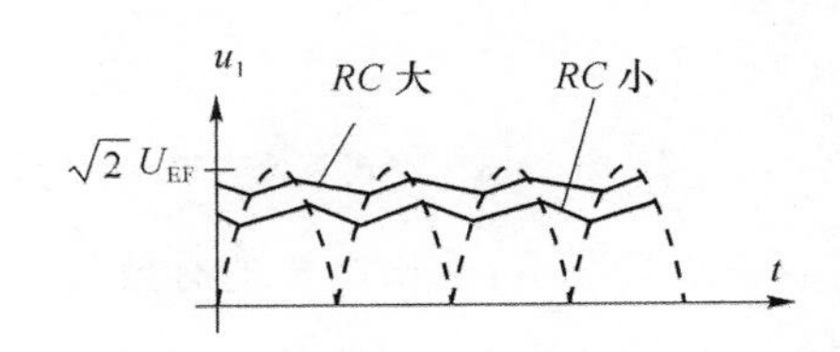

图 10-7　整流、滤波波形

当电容 C 较大时，输出电压的平均值

$$U_{AV}=1.1\sim1.4U_{EF} \tag{10.2}$$

一般情况取 $U_{AV}=1.2U_{EF}$，U_{EF} 为变压器输出电压的有效值。

除了 RC 滤波电路外，还有 LR 滤波电路、LC 滤波电路、$LC\pi$ 型滤波电路等。其原理与 RC 滤波电路类似。

10.3　串联型线性稳压电源

在第 1 章中介绍了稳压管及其特性，由于稳压管的输出电流一般不能太大以及其动态电阻相对较大等特点，不能直接作为电源的输出来使用。在串联型稳压电源中常用稳压管作为基准电压。

1. 串联型线性稳压原理

图 10-8 给出了常见的串联型线性稳压电路。整流、滤波后的电压 u_1 作为稳压电路的输入，电阻 R_3 和稳压管与运放同相输入端相连，为运放提供基准电压。运放的输出与三极管 T 的基极相连，以便输出较大的电流。电阻 R_1 和 R_2 与运放的反相输入端相连，由此看到电路引入了电压串联负反馈。

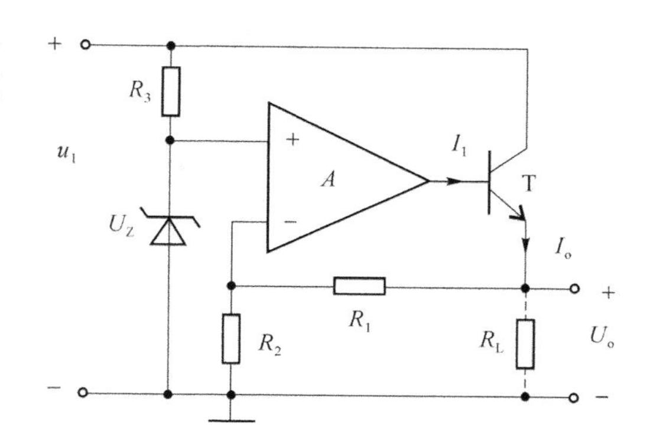

图 10-8　串联型线性稳压电路

电路的稳压原理是建立在负反馈原理基础之上的。当输出电压发生变化时，通过电阻 R_1 和 R_2 反映到运放反相输入端(通常称电阻 R_1 和 R_2 为采样电路)，而同相输入端的基准电压基本不变，从而输出电压的变化量经过运放放大后，使输出电压向相反的方向变化。由于运放的电压放大倍数很大，电路处于极度的电压深负反馈状态，由电压负反馈电路的特性得到，该电路的输出电阻约为 0，可以认为是理想电压源。因此，在一定的(电压和电流)范围之内，不管输入电压 u_1 如何变动，还是负载电阻 R_L 发生了什么变化，输出电压都很稳定。

由于输出电压是恒定的，所以当输入电压 u_1 产生变化时，三极管 T 的 C、E 两极间的 u_{CE} 随着做相应的线性变化，为此，常称三极管 T 为调整(电压)管。同时看到调整管串联在输入电压和输出电压之间，所以称之为串联型线性稳压电路。

由于电路满足深负反馈条件，运放的两个输入端电压相同，都等于基准电压 U_Z，同时运放的输入电流为 0，不难得到稳压电路的输出电压

$$U_o=\left(1+\frac{R_1}{R_2}\right)U_Z \tag{10.3}$$

当基准电压 U_Z 确定后，可以改变电阻 R_1 和 R_2 的值来获得所需要的输出电压值。

电源的最大输出电流为

$$I_{oM}\approx\beta\cdot I_{1M} \tag{10.4}$$

其中 β 为调整管的放大倍数，I_{1M} 为运放的最大输出电流。

2. 串联型线性稳压电源

图 10-9 为常见的串联型稳压电源基本原理图。在该电路中，调整管采用了复合管，以获得更大输出电流；采样电路接有电位器 W，使输出电压在一定范围内可调；在输出端接有电容 C_2 和 C'_2，通常电容 C_2 的值在千微法的量级，$C'_2=0.1\ \mu\text{F}$。C_2 和 C'_2 的主要作用是减小电源的纹波系数，同时对避免外来冲击等对输出电压的不良影响也是非常有益的。并联一个 $C'_2=0.1\ \mu\text{F}$ 的小电容的主要原因是因为大容量电解电容的高频特性不好，即在高频时，大容量电解电容的容抗不是趋向于 0。

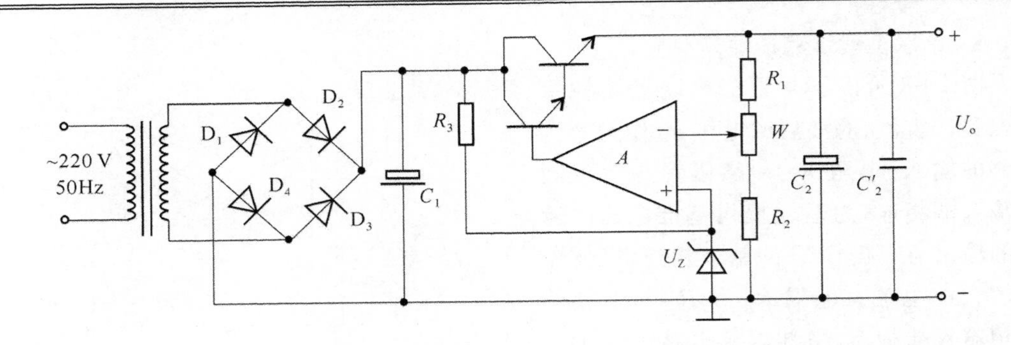

图 10-9　串联型线性稳压电源基本原理图

基准电压的稳定性对输出电压的稳定有着举足轻重的影响。除了稳压管基准电路外，在高性能直流电源中，有时采样比较复杂的基准电路。

例 10-1　设计一个如图 10-9 所示的可变输出直流电源，要求输出电压范围为 5～15 V，最大输出电流为 3 A，设（复合）调整管的饱和压降为 3 V，运放的最大输出电流为 10 mA。

(1) 确定采样电路中电阻 R_1 和 R_2、电位器 W 的值以及稳压管的稳压值 U_Z；

(2) 确定变压器输出电压值；

(3) 确定调整管的放大倍数。

解：(1) 由图 10-9 可知，当电位器移至最上端时输出电压最小，$U_{oN}=5$ V；当电位器移至最下端时输出电压最大，$U_{oM}=15$ V，由式(10-3)得到方程式

$$U_{oN}=\left(1+\frac{R_1}{R_2+W}\right)U_Z=5$$

和

$$U_{oM}=\left(1+\frac{R_1+W}{R_2}\right)U_Z=15$$

先确定稳压值 U_Z：一般选择 $U_Z=U_{oN}\times 90\%=5\times 0.9=4.5$ V。选择采样电阻中的最小电流 $I_R=1$ mA。

得到方程组

$$\left.\begin{aligned}&R_1+R_2+W=R=\frac{U_{oN}}{I_R}=5\ \text{k}\Omega\\&U_{oN}=(1+\frac{R_1}{R_2+W})U_Z=(\frac{4.5R}{R-R_1})=5\\&U_{oM}=(1+\frac{R_1+W}{R_2})U_Z=(\frac{4.5R}{R_2})=15\end{aligned}\right\}$$

解方程组得：$R_1=500\ \Omega$、$R_2=1.5\ \text{k}\Omega$、$W=3\ \text{k}\Omega$。

(2) 保证最大输出为 15 V，整流输出 $U_{OI}\geqslant 15+3=18$ V，取滤波电路输出电压 $U_{OI}=1.1U_{EF}$，则变压器次级输出电压有效值 $U_{EF}=U_{OI}/1.1=18/1.1=16.4$ V，考虑市电 220 V 有 10%的波动，则 $U_{EF}\geqslant\frac{16.4}{0.9}=18.2$ V。

10.4　串联开关型稳压电源

在 10.3 节介绍的线性稳压电源具有输出电压稳定度高、纹波系数小、干扰小等优点。但是，线性稳压的最大缺点是效率低，尤其是在可变输出时，当输出电压最小时，调整管 C、E 极上压降最大，功耗也就最大，从而带来了散热、体积、重量、成本等一系列问题。开关电源可以有效地解决效率低的问题，但是在输出电压稳定度和纹波系数等方面不及线性稳压电源。因此在使用选择上，要全面考虑。

开关电源又有串联型和并联型两种，其工作原理类同。

1. 能量转换基本原理

串联开关型电源的能量转换基本原理如图 10-10 所示。整流滤波后的电压 U_1 作为输入电压。在开始时，受控开关 K_1 接通，开关 K_2 断开，输入电压 U_1 通过电感 L 输出，得到输出电压 U_o，同时给电感 L 和电容 C 充电，在电感 L 上产生电压 U_L，其极性为左正右负，如图 10-10(a)所示；过一段时间后，受控开关 K_1 断开，开关 K_2 接通，由电感的特性可知，电感 L 上产生反向电动势，电感 L 上电压 U_L 的极性为左负右正，与电容 C 一起放电，维持输出电压 U_o，如图 10-10(b)所示。如此反复，得到基本稳定的输出电压。

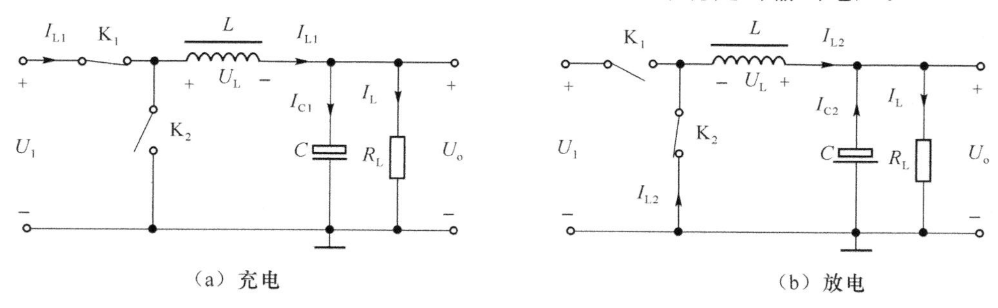

图 10-10　换能原理图

2. 串联开关型稳压电路

(1) 电路组成

串联开关型稳压电路如图 10-11 所示。整流滤波电路的输出电压 U_1 为输入。在电路中，三极管 T 在基极电压 u_C 的控制下工作在开关状态。当三极管 T 导通时(等效于图 10-10(a)中 K_1 接通)，二极管 D 两端电压为上正下负，二极管 D 截止，等效于图10-10(a)中 K_2 断开；当三极管 T 截止时(等效于图 10-10(b)中 K_1 断开)，由电感 L 上电压，使二极管 D 两端的电压为下正上负，二极管 D 导通，等效于图 10-10(b)中 K_2 接通。所以三极管 T 和二极管 D 分别等效于图 10-10 中的开关 K_1 和 K_2。三极管 T 被称为调整管。由于调整管串联在输入电压和输出电压之间，所以称该电路为串联开关型稳压电路。

在电路中，运放 A_1 组成反相放大电路，其同相输入端接有基准电压，R_1 和 R_2 组成采样电路，与运放 A_1 的反相输入端相连。A_2 为电压比较器，其反相输入端接有三角波信号，同相输入端与运放 A_1 的输出相连。

(2) 稳压原理

串联开关型稳压原理波形图如图 10-12 所示。取样电路获得当前输出电压 U_o 的样

值 u_1，在运放 A_1 组成反相放大电路中与基准电压 U_Z 进行比较，得到电路输出电压与基准电压之差，经运放 A_1 放大后，作为电压比较器 A_2 的门限电压 u_A，与三角波 u_C 相比较，当三角波 u_C 小于门限 u_A 时，比较器 A_2 的输出电压 u_B 为高电平，使调整管 T 导通，同时使二极管 D 截止，调整管的发射极电压 u_E 约等于输入电压 U_1（忽略调整管的饱和压降）；当三角波 u_C 大于门限 u_A 时，比较器 A_2 的输出电压 u_B 为低电平，使调整管 T 截止，同时使二极管 D 导通，此时调整管的发射极电压 u_E 等于二极管 D 的导通电压 $-U_D$，得到控制信号 u_B，控制调整管的开关状态。

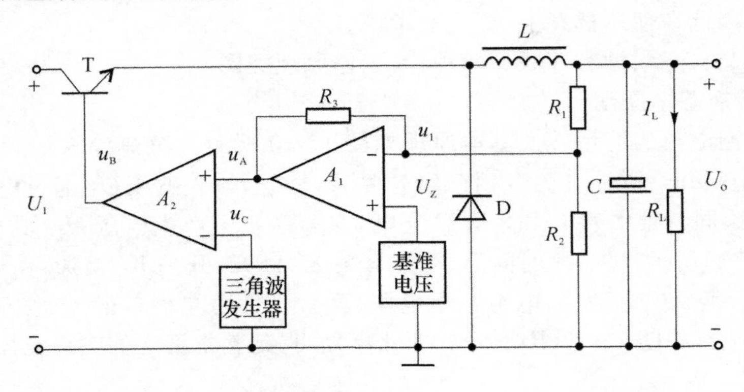

图 10-11　串联开关型稳压电路

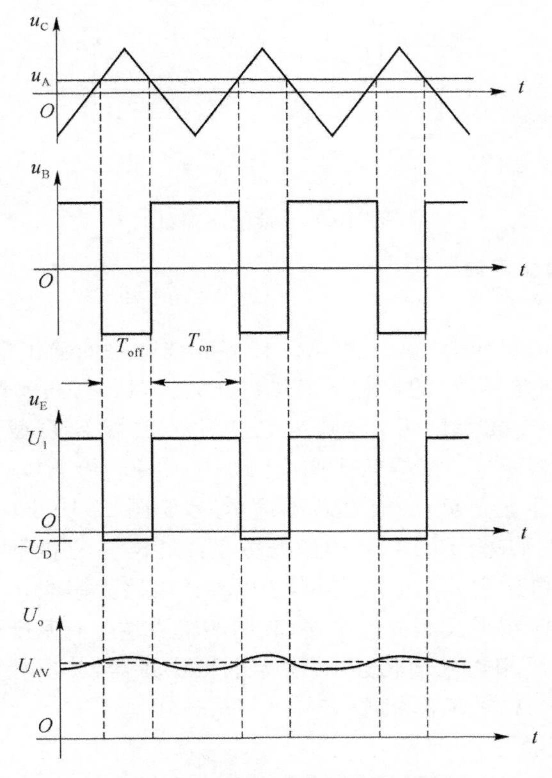

图 10-12　串联开关型稳压波形

当控制信号 u_B 为高电平时，调整管 T 导通，二极管 D 截止，输入电压 U_1 通过电感 L 输出，得到输出电压 U_o，同时给电感 L 和电容 C 充电；当控制信号 u_B 为低电平时，调整管 T 截止，二极管 D 导通，电感 L 与电容 C 一起放电，维持输出电压 U_o，波形如图10-12所示。

当忽略调整管的饱和压降 U_{CES} 和二极管的导通电压 U_D 的影响，输出电压 U_o 的平均值为

$$U_{AV}=\frac{T_{on}}{T_{on}+T_{off}}(U_1-U_{CES})-\frac{T_{off}}{T_{on}+T_{off}}U_D\approx\frac{T_{on}}{T_{on}+T_{off}}U_1=\frac{T_{on}}{T}U_1=kU_1 \quad (10.5)$$

其中 k 为调整管基极控制脉冲的占空比。由上式看到，可以通过改变占空比 k 来获得相应的输出电压值。

当输出电压 U_o 升高时，取样电压 u_1 增大，与基准电压之差 u_1-U_Z 增大，运放 A_1 的输出 u_A 减小，即门限电压降低，比较器 A_2 的输出电压 u_B 为低电平的时间 T_{off} 加长，高电平时间 T_{on} 缩短，调整管基极控制脉冲的占空比 k 减小，由式(10.5)可得，输出电压 U_o 降低，输出电压得到稳定。

判断过程可描述为

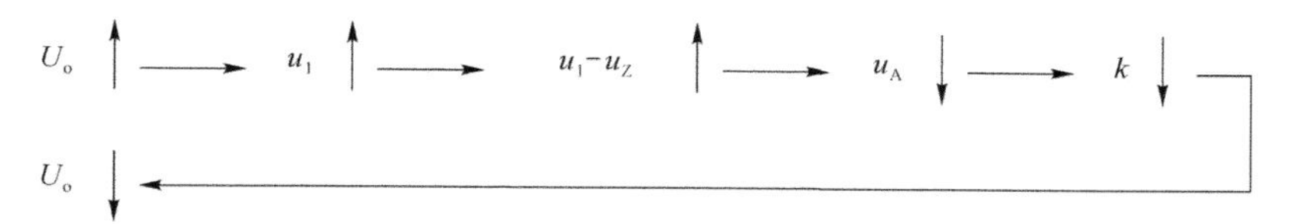

当输出电压 U_o 由于某种原因降低时，上述变化相反，结果使输出电压 U_o 升高，稳定了输出电压。

由于电感和电容充电和放电过程的非线性，输出电压的稳定性达不到线性稳压电路的稳定程度，纹波系数较大。

10.5　并联开关型稳压电源

1. 能量转换基本原理

并联开关型电源的能量转换基本原理如图 10-13 所示。整流滤波后的电压 U_1 作为输入电压。在开始时，受控开关 K_1 接通，开关 K_2 断开，输入电压 U_1 给电感 L 充电，在电感 L 上产生电压 U_L，其极性为左正右负，如图 10-13(a)所示，同时，电容 C 放电，维持输出电压 U_o；过一段时间后，受控开关 K_1 断开，开关 K_2 接通，由电感的特性可知，电感 L 上产生反向电动势，电感 L 上电压 U_L 的极性为左负右正，输入电压 U_1 加上电感 L 上电压 U_L 一起输出，同时给电容 C 充电，并维持输出电压 U_o。

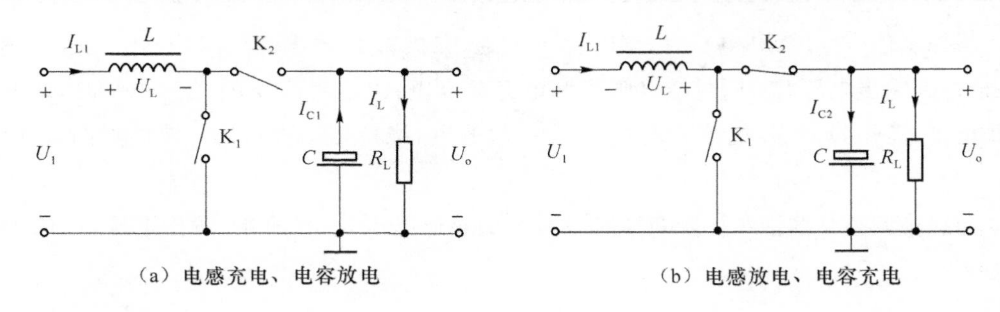

（a）电感充电、电容放电　　（b）电感放电、电容充电

图 10-13　换能原理图

2. 并联开关型稳压电路

并联开关型稳压电路如图 10-14 所示。整流滤波电路的输出电压 U_1 为输入。在电路中，三极管 T 在基极电压 u_B 的控制下工作在开关状态。当三极管 T 导通时（等效于图 10-13(a)中 K_1 接通），二极管 D 两端的电压为左负右正，二极管 D 截止，等效于图 10-13(a)中 K_2 断开；当三极管 T 截止时（等效于图 10-13(b)中 K_1 断开），此时输入电压 U_1 加上电感 L 上电压 U_L 一起输出，二极管 D 导通，等效于图 10-13(b)中 K_2 接通。所以三极管 T 和二极管 D 分别等效于图 10-13 中的开关 K_1 和 K_2。三极管 T 被称为调整管。由于调整管并联在输入电压和输出电压之间，所以称该电路为并联开关型稳压电路。

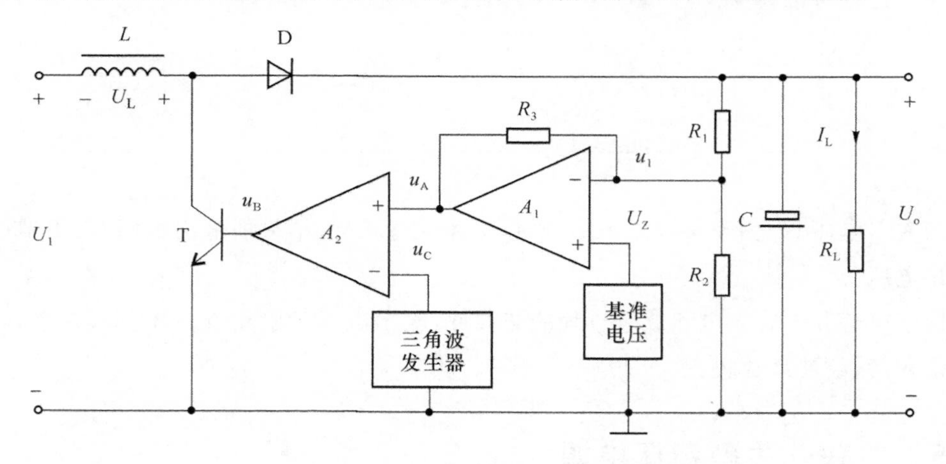

图 10-14　并联开关型稳压电路

当忽略调整管的饱和压降 U_{CES} 和二极管的导通电压 U_D 的影响，且电感 L 较大时，输出电压 U_o 的平均值为

$$U_{AV}\approx\frac{T_{on}}{T_{on}+T_{off}}(U_1+U_L-U_D)\approx\frac{T_{on}}{T}(U_1+U_L)=k(U_1+U_L) \tag{10.6}$$

并联开关型稳压原理同串联型一样。它们的主要区别在于串联开关型稳压电路由于调整管串联在输入和输出电压之间，输出电压可以小于输入电压，所以有时称其为降压型稳压电路。并联开关型稳压电路由于调整管并联在输入和输出电压之间，输出电压是输入电压 U_1 加上电感 L 上电压 U_L，输出电压可以大于输入电压，所以有时称其为升压型稳压电路。

思考题与习题

10.1　直流电源的主要技术指标有哪些？

10.2　整流滤波电路在电源中的作用是什么？

10.3　在直流电源中为什么不能用稳压管直接稳压输出？

10.4　串联线性稳压电路的基本原理是什么？

10.5　开关型稳压电源的效率为什么高？其主要缺点是什么？

10.6　试画出图 P10-1 所示整流电路的输出波形。

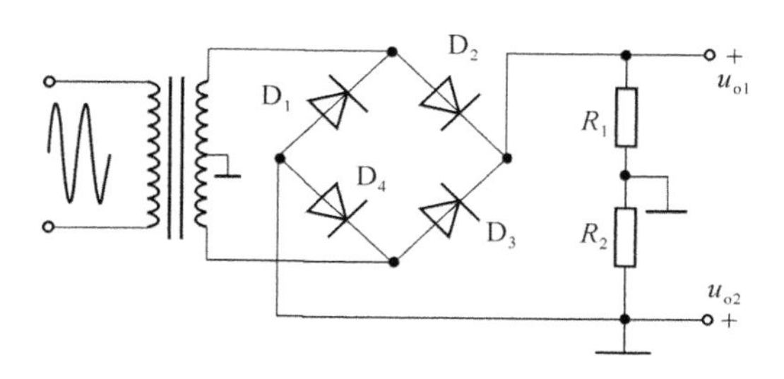

图 P10-1

10.7　试判断图 P10-2 所示的电路能否作为滤波电路。如不能，为什么？

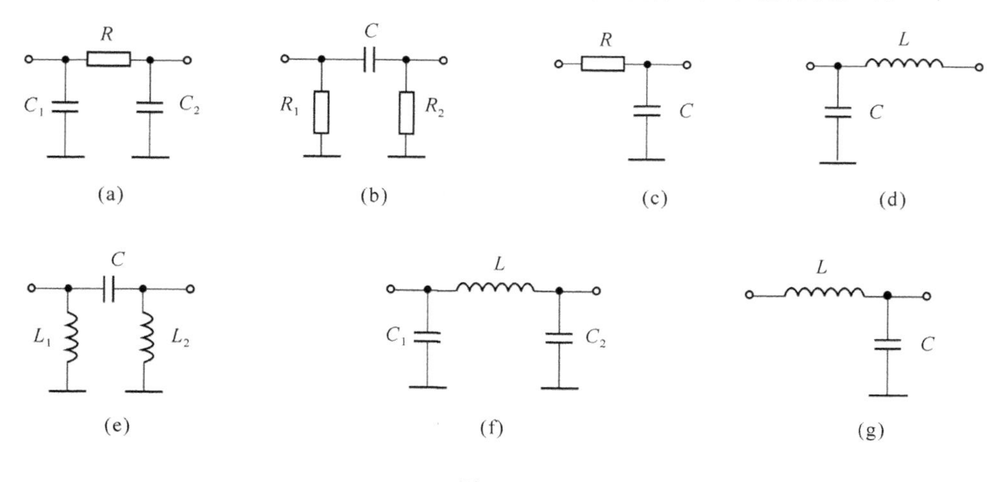

图 P10-2

10.8　如图 P10-3 所示的可变输出直流电源中，$R_1=R_2=W=1\ \text{k}\Omega$，(复合)调整管的饱和压降为 3 V，$\beta=200$，运放的最大输出电流为 15 mA，稳压管 $U_Z=4$ V。

(1) 计算输出电压范围；

(2) 计算最大输出电流；

(3) 确定变压器输出电压值。

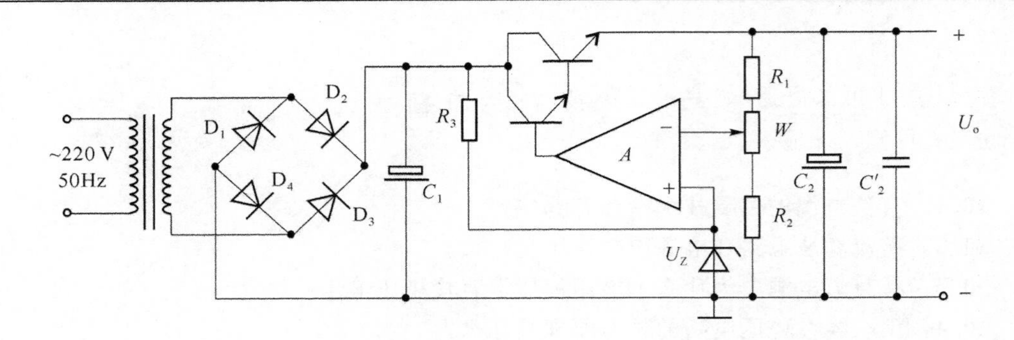

图 P10-3

10.9 在10.8题中，如何调整电位器 W 的值，使输出最大电压达到 20 V，调整后的 W 值、输出电压范围和变压器输出电压值各为多少？

10.10 如图 P10-3 所示的可变输出直流电源中，试问：

(1) 电容 C_1 开路，电源输出产生什么现象？

(2) 稳压管损坏，电源输出产生什么现象？

(3) 调整管集电极开路，电源输出产生什么现象？

(4) 电阻 R_1 开路，电源输出产生什么现象？

(5) 电阻 R_2 开路，电源输出产生什么现象？

习题参考答案

第 1 章　习题答案

1.10　当 $U_i=0$ 时，$I=0$；当 $U_i=0.3$ V 时，$I=1.026\times10^{-6}$ A

当 $U_i=0.5$ V 时，$I=2.248\times10^{-3}$ A；当 $U_i=0.7$ V 时，$I=4.927$ A

直流等效电阻 $R=U_i/I=0.7\text{ V}/4.927\text{ A}\approx0.142\ \Omega$

交流等效电阻 $R_d=26/I=26/4\,927=5.277\times10^{-3}\ \Omega$

1.11　交流电流有效值：1 mA

1.12

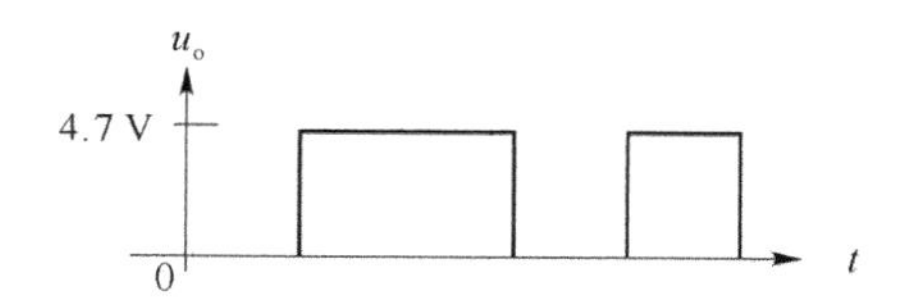

1.13

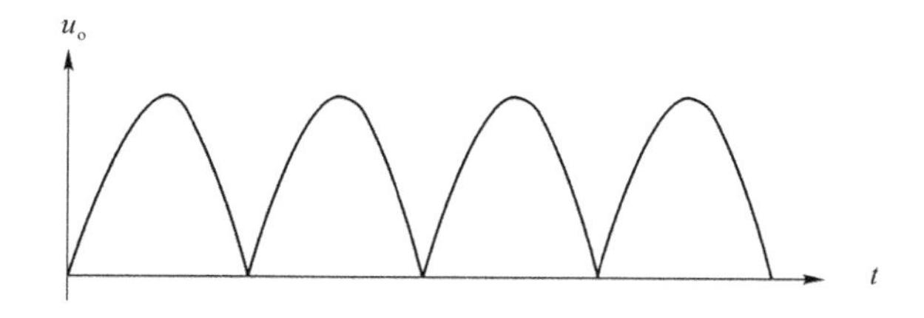

1.14　(a) (1) $U_o=4$ V；(2) $U_o=4$ V；(3) $U_o=3$ V

(b) (1) $U_o=9.6$ V；(2) $U_o=6$ V；(3) $U_o=3$ V

(c) (1) $U_o=1.4$ V；(2) $U_o=1.4$ V；(3) $U_o=1.4$ V

(d) (1) $U_o=3.3$ V；(2) $U_o=3.3$ V；(3) $U_o=3$ V

1.15

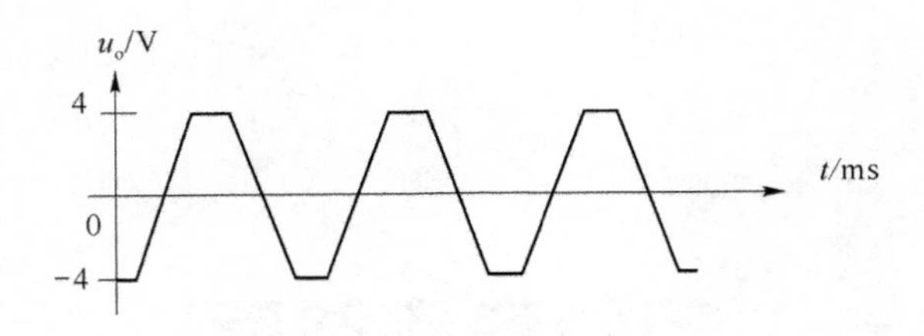

1.16 (a) 放大状态;(b) 饱和状态;(c) 损坏状态;(d) 损坏状态;
(e) 截止状态;(f) 放大状态

1.17 直流放大倍数100,交流放大倍数 100

1.18 (a) $I_B=30\ \mu A$;$I_C=3\ mA$;$\beta=100$
(b) $I_E=1.01\ mA$;$I_C=1\ mA$;$\beta=100$

第 2 章 习题答案

2.10 $R_{b1}=6.7\ k\Omega$,$R_C=1\ k\Omega$

2.11 $I_{BQ}=40\ \mu A$,$I_{CQ}=\beta I_{BQ}=4\ mA$,$U_{CEQ}=6\ V$
直流负载线:$U_{CE}=V_{CC}-I_C R_C$
交流负载 $R'_L=R_C \parallel R_L=1.5/2=750\ \Omega$
交流负载线:$u_{CE}=U_{CEQ}+I_{CQ}R'_L-\tilde{I}_C R'_L$
如图所示,斜率大的为交流负载线。

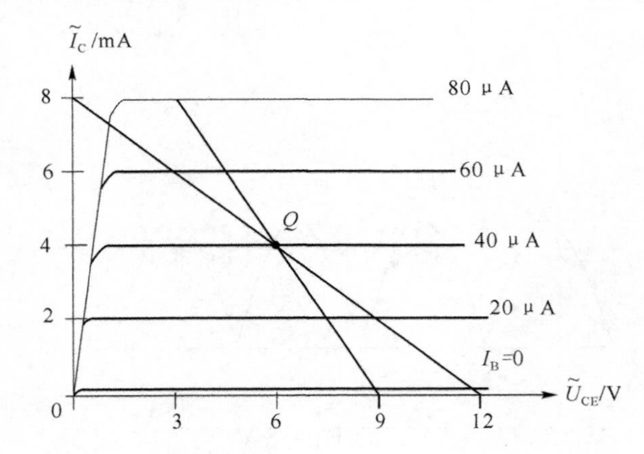

2.12 图 P2-3(b)中是截止失真。原因是静态工作点太低,应增大 I_B,即减小 R_{b1}
图 P2-3(c)中是饱和失真。原因是静态工作点太高,应减小 I_B,即增大 R_{b1}

2.13 (1) $I_{BQ}=10\ \mu A$,$I_{CQ}=\beta I_{BQ}=1\ mA$,$U_{CEQ}=10\ V$
(2) 交流通路

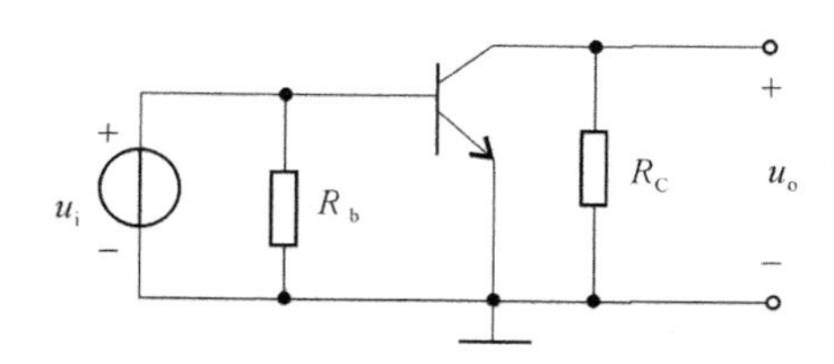

(3)

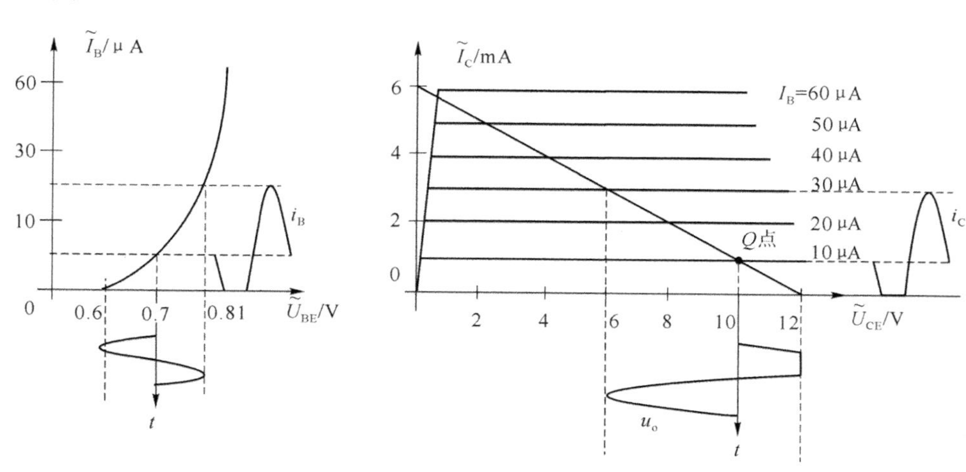

(4) 输出主要产生截止失真，应增大静态工作电流 I_{BQ}，即增大 V_{BB}，或减小 R_b。

2.14 (1) $I_{CQ} \approx 4\ \text{mA}, I_{BQ}=40\ \mu\text{A}, U_{CEQ}=4\ \text{V}$

直流负载线：$U_{CE}=V_{CC}-I_C(R_{E1}+R_{E2}+R_C)$

交流负载 $R'_L=R_C+R_{E1}=1.5+0.1=1.6\ \text{k}\Omega$

交流负载线：$\widetilde{U}_{CE}=U_{CEQ}+I_{CQ}R'_L-\widetilde{I}_C R'_L$

如图所示，斜率大的为交流负载线。

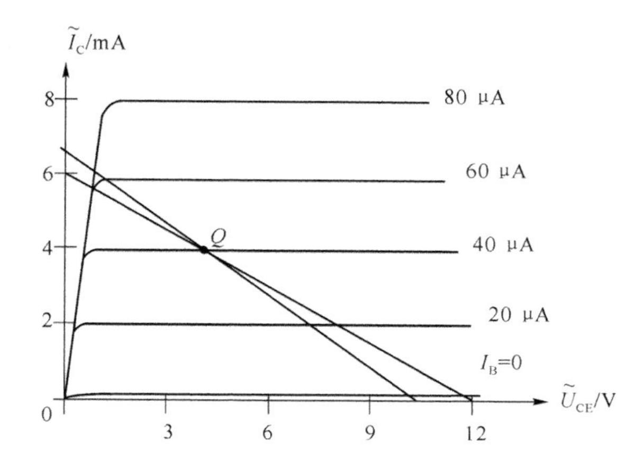

(2) h 参数等效电路

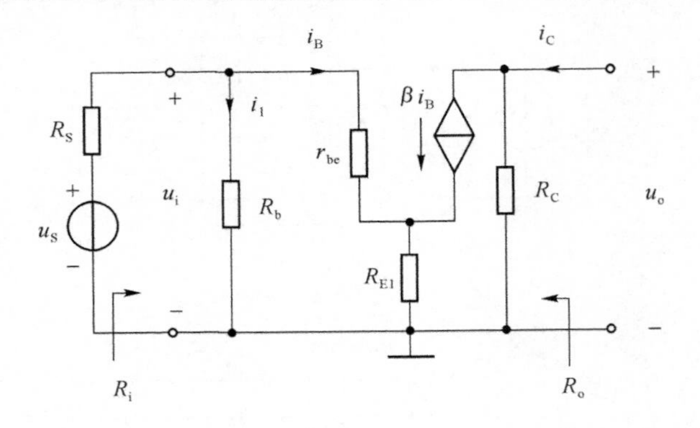

(3) $R_i = 1.75\ \mathrm{k\Omega}, R_o = 1.5\ \mathrm{k\Omega}, A_u \approx -13.8, A_S = -10.75$

2.15 (1) $I_{BQ} = 10\ \mu\mathrm{A}, I_{CQ} = 1\ \mathrm{mA}, U_{CEQ} = 6\ \mathrm{V}$

(2) h 参数等效电路

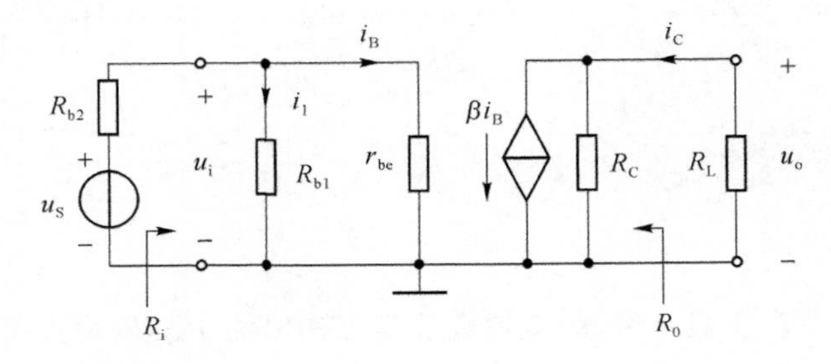

(3) $A_u \approx -111, R_i \approx 2.3\ \mathrm{k\Omega}, R_o = 4\ \mathrm{k\Omega}$

2.16 (1) $I_{BQ} \approx 40\ \mu\mathrm{A}, I_{EQ} \approx 4\ \mathrm{mA}, U_{CEQ} = 6\ \mathrm{V}$

(2) h 参数等效电路

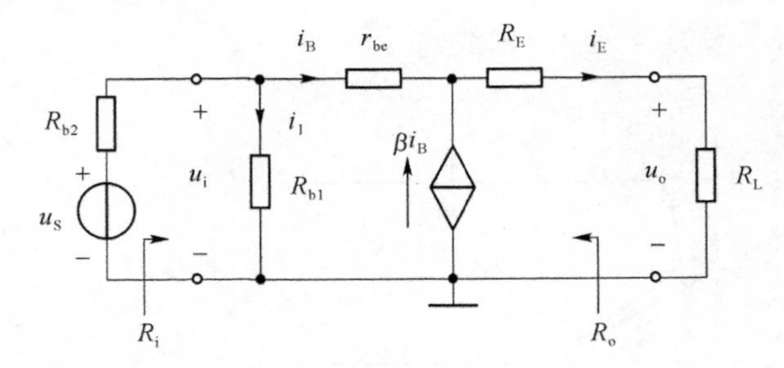

(3) $R_i \approx 3.9\ \mathrm{k\Omega}, A_u = 0.93, R_o \approx 130\ \Omega$

2.17 (1) $I_{BQ} = 10\ \mu\mathrm{A}, I_{EQ} \approx 1\ \mathrm{mA}, U_{CEQ} = 6\ \mathrm{V}$

(2) h 参数等效电路

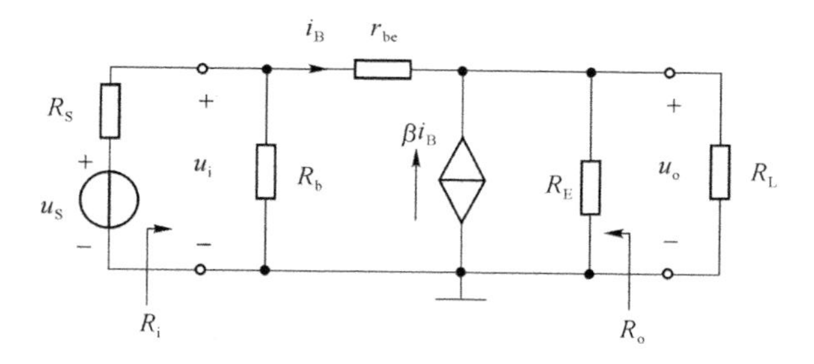

(3) $R_i \approx 193\ k\Omega, A_u = 0.99, A_S = 0.985, R_o \approx 40\ \Omega$

2.18 (1) $I_{EQ} = 1\ mA, I_{BQ} \approx 10\ \mu A, U_{CEQ} = 5.8\ V$

(2) h 参数等效电路

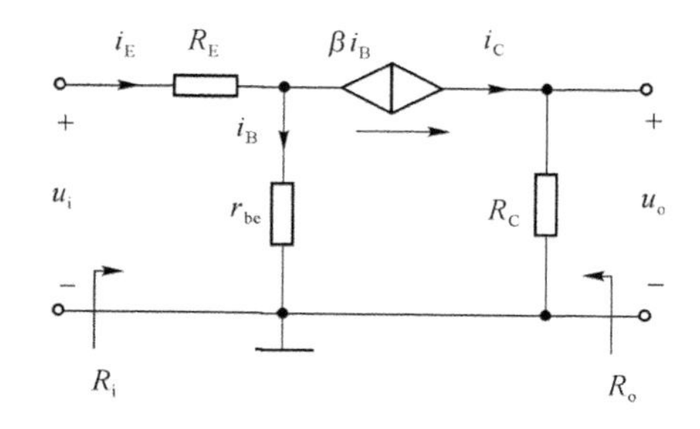

(3) $R_i = 212.9\ \Omega, R_o = 3\ k\Omega, A_u \approx 14$

第 3 章　习题答案

3.6 (1) $I_{BQ} = 20\ \mu A, I_{CQ} = 2\ mA, U_{CEQ} = 6\ V$

(2) $g_m = 0.077\ S, r_{b'e} = 1.3\ k\Omega, r_{be} = 1.4\ k\Omega, C_{b'c} = C_{ob} = 3\ pF,$
$C_{b'e} = 24.23\ pF, C_M = 695\ pF$

单向化后高频混合 π 等效电路

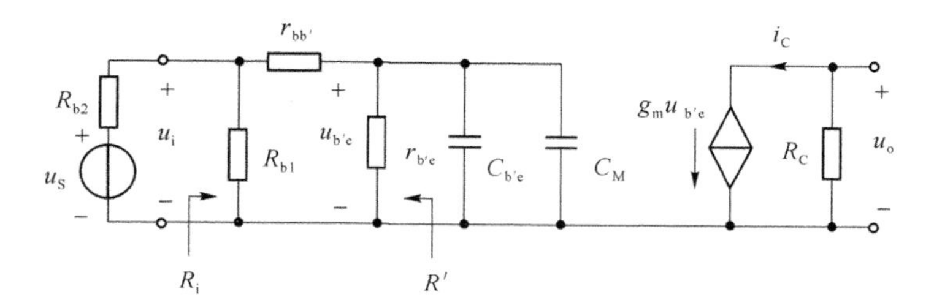

(3) $R_i = 1.285\ k\Omega, A_{sm} = -120, R' = 578\ \Omega, f_H = 383\ kHz$

$A_{uS} = A_{sm}/(1 + jf/f_H)$

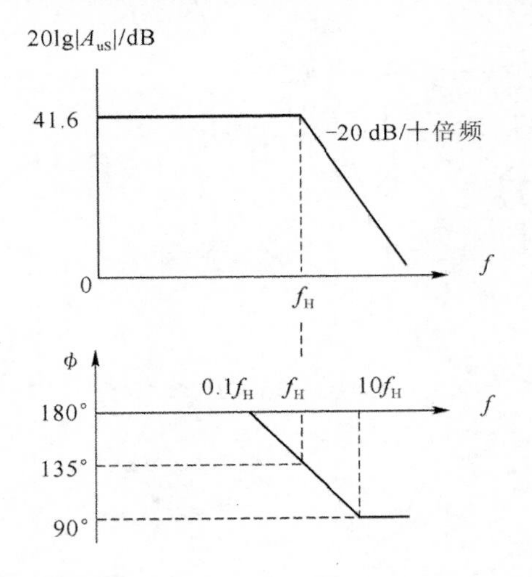

3.7 (1) $I_{BQ}=20\ \mu A$, $I_{CQ}=2\ mA$, $U_{CEQ}=6\ V$

(2) $g_m=0.077\ S$ $r_{be}=1.4\ k\Omega$

单向化后高频混合 π 等效电路

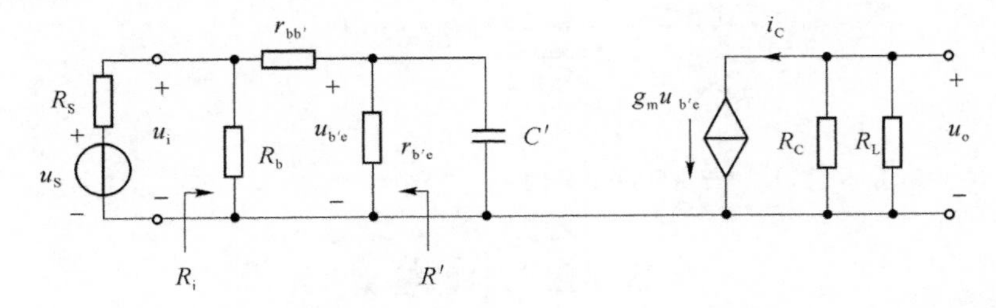

(3) $R_i=1.285\ k\Omega$, $A_{sm}=-120$, $R'=578\ \Omega$, $f_H=1.147\ MHz$, $f_L=2.65\ Hz$

$A_{uS}=A_{sm}/[(1+jf/f_H)(1+jf_L/f)]$

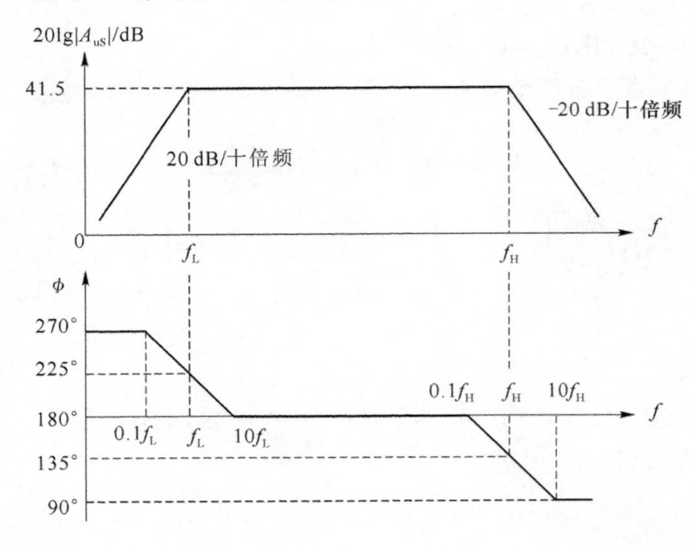

3.8 （1）$I_{BQ}=20\ \text{mA}, I_{CQ}=2\ \text{mA}, U_{CEQ}=6\ \text{V}$

（2）$r_{b'e}=1.3\ \text{k}\Omega, g_m=0.077\ \text{S}, C_{b'e}=120\ \text{pF}, C_M=928\ \text{pF}, R_i=1.4\ \text{k}\Omega$

$A_{sm}=-125, R'=596\ \Omega, f_H=244\ \text{kHz}, f_L=6.63\ \text{Hz}$

$A_{uS}=A_{sm}/[(1+jf/f_H)(1+jf_L/f)]$

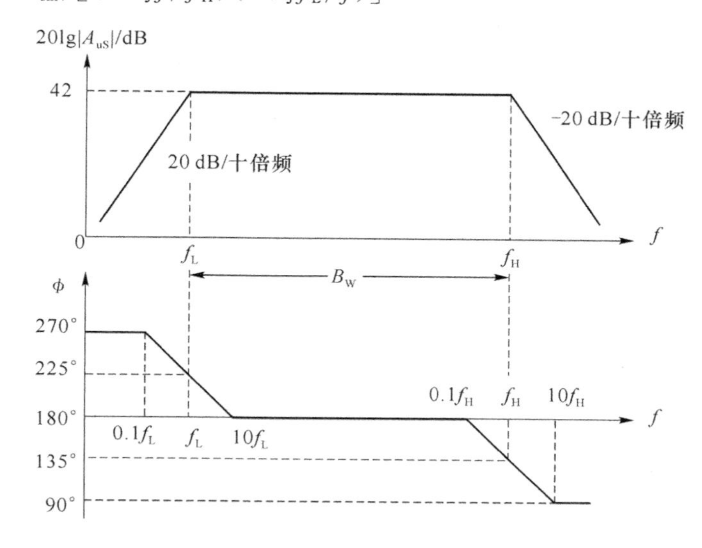

（3）$B_W=f_H-f_L=244\ \text{kHz}$

第 4 章　习题答案

4.3 （1）$I_{DQ}=4/3\ \text{mA}, U_{GSQ}=-4/3\ \text{V}, U_{DSQ}=4\ \text{V}$

（2）$g_m=1\ \text{mA/V}, A_u=-3.33, R_i=1\ \text{M}\Omega, R_o=5\ \text{k}\Omega$

4.4 （1）$I_{DQ}=3.82\ \text{mA}, U_{GSQ}=-1.53\ \text{V}, U_{DSQ}=10.47\ \text{V}$

（2）$g_m=3.09\ \text{mA/V}, A_u=0.55, R_i=1\ \text{M}\Omega, R_o=179\ \Omega$

4.5 （1）$I_{DQ}=1\ \text{mA}, U_{GSQ}=4\ \text{V}, U_{DSQ}=6\ \text{V}$

（2）$g_m=1\ \text{mA/V}, A_u=3.33, R_i=3\ \text{M}\Omega, R_o=5\ \text{k}\Omega$

第 5 章　习题答案

5.9 (a) 电压串联负反馈；(b) 电流并联负反馈；(c) 电流串联负反馈

(d) 电压并联负反馈；(e) 电流串联负反馈

5.10 (a) $F_u=\frac{R_3}{R_3+R_5}$　$A_u=\frac{R_3+R_5}{R_3}$　(b) $F_i=\frac{R_6}{R_4+R_6}$　$A_u=\frac{R_4+R_6}{R_6}\frac{R_5}{R_1}$

(c) $F_r=\frac{R_4R_7}{R_4+R_5+R_7}$　$A_u=-\frac{R_6(R_4+R_5+R_7)}{R_4R_7}$　(d) $F_g=\frac{1}{R_4}$　$A_u=-\frac{R_4}{R_1}$

(e) $F_r=\frac{R_3R_8}{R_3+R_6+R_8}$　$A_u=-\frac{R_7(R_3+R_6+R_8)}{R_3R_8}$

5.11 (a) 输出电阻减小,输入电阻增大;(b) 输出电阻增大,输入电阻减小;
(c) 输出电阻增大,输入电阻增大;(d) 输出电阻减小,输入电阻减小;
(e) 输出电阻增大,输入电阻增大

5.12 (d) 交流通路

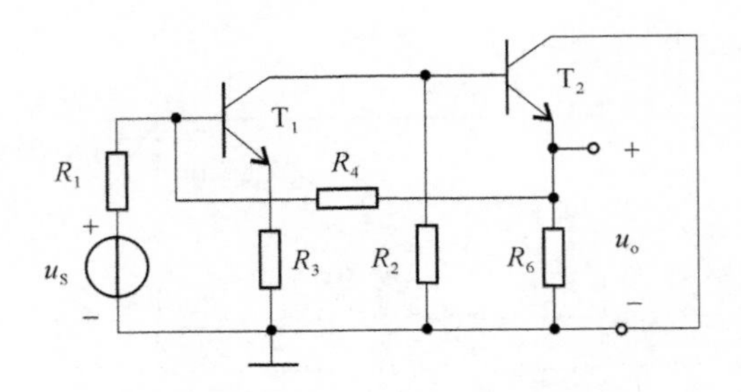

$R_i = r_{be1} + (1+\beta_1)R_3$,输入电阻 $R_{if} = \dfrac{R_i}{1+A_r F_g}$

$R_o = [(r_{be2} + R_2)/(1+\beta_2)] /\!/ R_6$,输出电阻 $R_{of} = \dfrac{R_o}{1+A_r F_g}$

(e) 交流通路

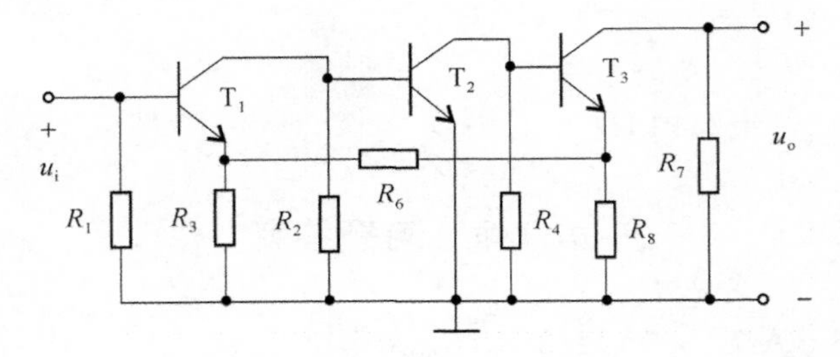

$R_i \approx r_{be1}$,输入电阻 $R_{if} = R_1 /\!/ [R_i(1+A_g F_r)]$

输出电阻 $R_{of} = R_7$

5.13 (a) 电流串联负反馈;(b) 电流并联负反馈;(c) 电压并联负反馈
(d) 电压串联正反馈;(e) 电流串联负反馈;(f) 电压并联负反馈

5.14 (a) $F_r = R_1 \dfrac{R_4}{R_1+R_4+R_f} = \dfrac{5}{6}$,$A_u = \dfrac{R_3}{F_r} = \dfrac{10\times 6}{5} = 12$

(b) $F_i = \dfrac{R_4}{R_4+R_f} = \dfrac{1}{11}$,$A_u = -\dfrac{R_3}{R_1}\dfrac{1}{F} = -11$

5.15 $F_g = \dfrac{1}{R_2}$,$A_u = -\dfrac{1}{R_1 F_g} = -\dfrac{R_2}{R_1}$

5.16 $F_g = \dfrac{1}{R_3}$,$A_u = -\dfrac{R_3}{R_1}$

5.17 (1) 电压并联负反馈;(2) $F_g \approx -10^{-7}$;(3) $A_u = -100$

5.18 (1) b 接 c,d 接 e;(2) $F_r = \dfrac{R_2 R_5}{R_2+R_3+R_5}$;(3) $A_u = -\dfrac{R_4(R_2+R_3+R_5)}{R_2 R_5}$

5.19 (1) 电压串联负反馈;(2) $U_o \in (5,15)$

5.20 (1) b 接 c, d 接 e; (2) $A_u=-R_3/R_2=-50$, $R_3=50R_2=500\ \text{k}\Omega$

第 6 章 习题答案

6.11 甲类功放20 W，乙类功放 71 W

6.12 (1) $P_D=27$ W, $P_{om}=18$ W, $P_{cm}=9$ W, $\eta=66.67\%$

(2) $P_D=15.915$ W, $P_{om}=6.25$ W, $P_{cm}=9.665$ W, $\eta=39.27\%$

第 7 章 习题答案

7.8 (1) $I_{EQ}=2.02$ mA, $I_{CQ}=1$ mA, $I_{BQ}=10\ \mu$A, $U_{CEQ}=6.7$ V

(2) 小信号 h 参数等效电路

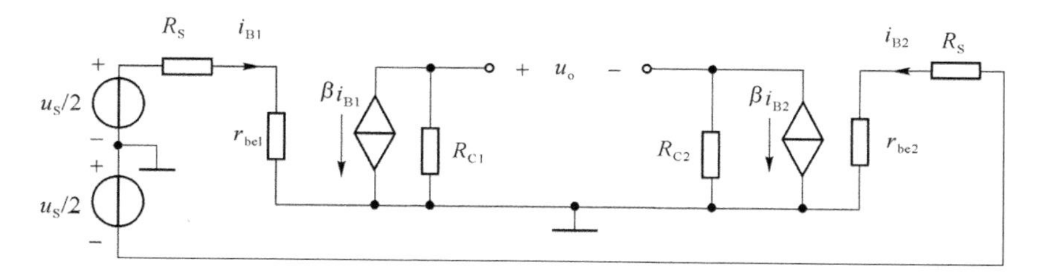

(3) $A_{SD}=-240$, $R_i=5\ \text{k}\Omega$, $R_o=12\ \text{k}\Omega$

7.9 (1) $I_{CQ}=1$ mA, $I_{BQ}=10\ \mu$A, $U_{CEQ}=6.7$ V

(2) 小信号 h 参数等效电路

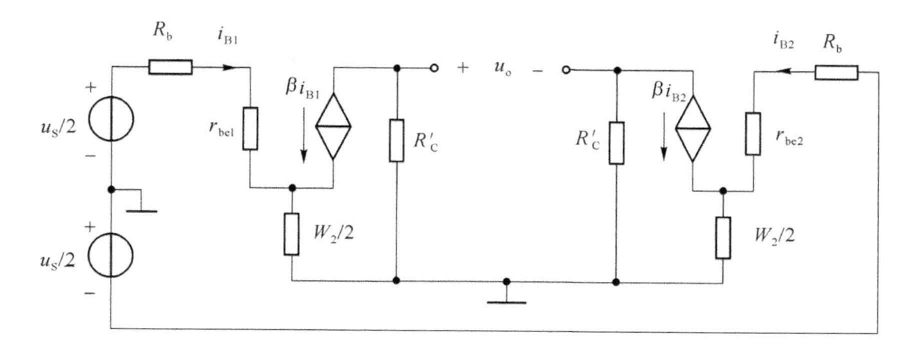

$R_C{}'=6\ \text{k}\Omega$

(3) $A_{SD}\approx-79.4$

(4) $R_i=15.1\ \text{k}\Omega$, $R_o=12\ \text{k}\Omega$

7.10 (1) $I_{CQ}=1.12$ mA, $I_{BQ}=11.2\ \mu$A, $U_{CEQ}=5$ V

(2) $A_{SD}\approx47.6$, $R_i=7\ \text{k}\Omega$, $R_o=5\ \text{k}\Omega$

(3) $A_C\approx0.3289$, CMR$=144.7$

7.11 (1) T_2 管：$I_{CQ2}\approx1$ mA, $I_{BQ2}=10\ \mu$A, $U_{CEQ2}=6.7$ V

T_3 管：$I_{CQ3}\approx1\ \mathrm{mA}$，$I_{BQ3}=10\ \mu\mathrm{A}$，$U_{CEQ3}=6.7\ \mathrm{V}$

（2）小信号 h 参数等效电路

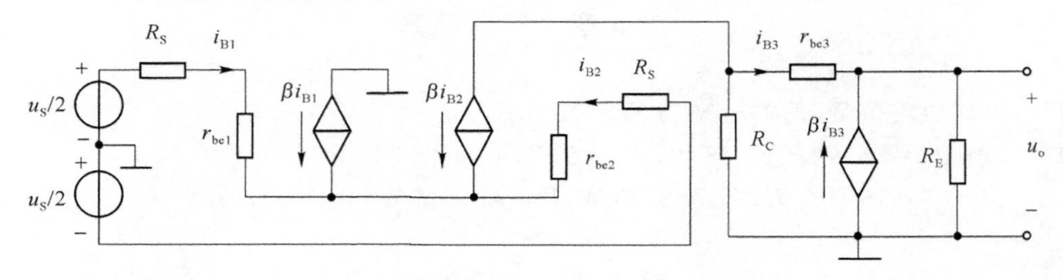

（3）第一级放大电路的差模输入放大倍数 $A_1\approx118.7$

第二级放大电路的放大倍数 $A_2=0.996$

$A_{SD}=u_o/u_s\approx118$

（4）$R_i=5\ \mathrm{k\Omega}$，$R_o=82\ \Omega$

7.12 （1）T_2 管：$I_{CQ2}\approx1\ \mathrm{mA}$，$I_{BQ2}=10\ \mu\mathrm{A}$，$U_{CEQ2}=6.35\ \mathrm{V}$

T_5 管：$I_{CQ5}\approx1\ \mathrm{mA}$，$I_{BQ5}=10\ \mu\mathrm{A}$，$U_{CEQ5}=7\ \mathrm{V}$

（2）第二级放大电路的输入电阻 $R_i'=507.4\ \mathrm{k\Omega}$

第一级放大电路的差模输入放大倍数 $A_1\approx1\,820$

第二级放大电路的放大倍数 $A_2=0.995$

$A_{SD}=u_o/u_s\approx1\,811$，$R_i=5\ \mathrm{k\Omega}$，$R_o=470\ \Omega$

7.13 （1）R_2 两端分别连接 b、e；（2）$F_r=1/50$，$A_u=-100$

7.14 （1）R_2 两端分别连接 b、f；（2）$F_r=1/51$，$A_u=51$

第 8 章 习题答案

8.3 $u_o=-50u_i$

8.4 $R_1=R_2$，$R_3=R_2$，$R_4=2R_2$，$R_5=2R_2$

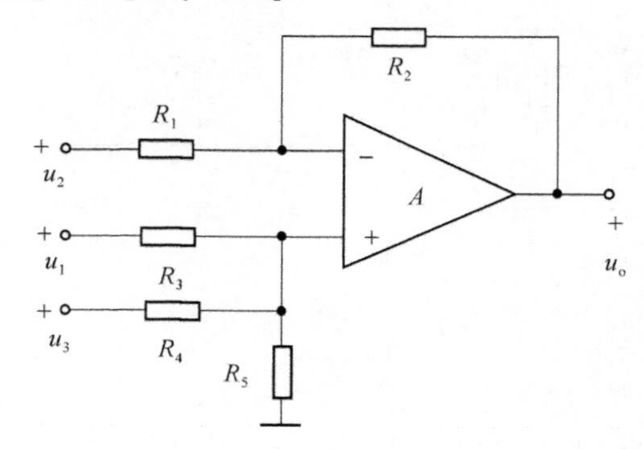

8.5 （a）$u_o=(R_3/R_1)(1+R_6/R_4)u_i$

（b）$u_o=(R_3/R_1)(R_6/R_4)u_1-u_2$

8.6 （a）$u_o=1/RC\int(u_2-u_1)\mathrm{d}t$　　　差动积分

(b) $u_o = RC\mathrm{d}(u_2 - u_1)/\mathrm{d}t$　　差动微分

8.7　$u_o = -\iint u_i(t)\mathrm{d}^2 t/(R^2C^2)$　　二重积分

8.8　$u_o = -\left\{1/(R_1C_2)\int u_i \mathrm{d}t + R_2C_1 \mathrm{d}u_i/\mathrm{d}t + (R_2/R_1 + C_1/C_2)u_i\right\}$

8.9　$u_o = RC\mathrm{d}u_i/\mathrm{d}t$　　微分

8.10　$u_o = -RC\mathrm{d}u_i/\mathrm{d}t$　　微分

8.11　(1) $U_{th+} = 4\ \mathrm{V}$, $U_{th-} = 0\ \mathrm{V}$

电压传输特性图：

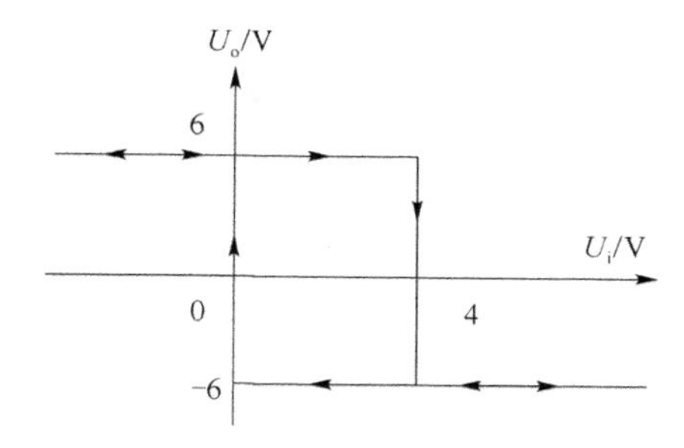

(2) 输出 U_o 的波形图：

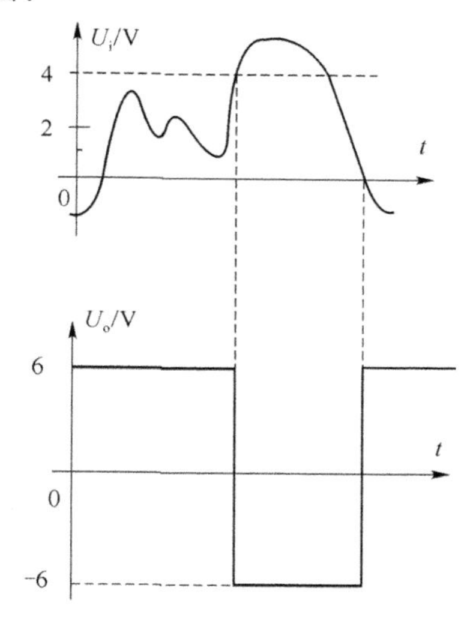

8.12　(1) $U_{th+} = 3\ \mathrm{V}$, $U_{th-} = -3\ \mathrm{V}$

(2) $u_o = \dfrac{1}{R_4C_1}\int u_{o1}\mathrm{d}t$

(3) $t_0 = 2.5\ \mathrm{ms}$, $u_{om}(t_1) = 50\int_0^{t_1} u_i(t)\mathrm{d}t = -3\ \mathrm{V}$

输出 u_o 的波形为

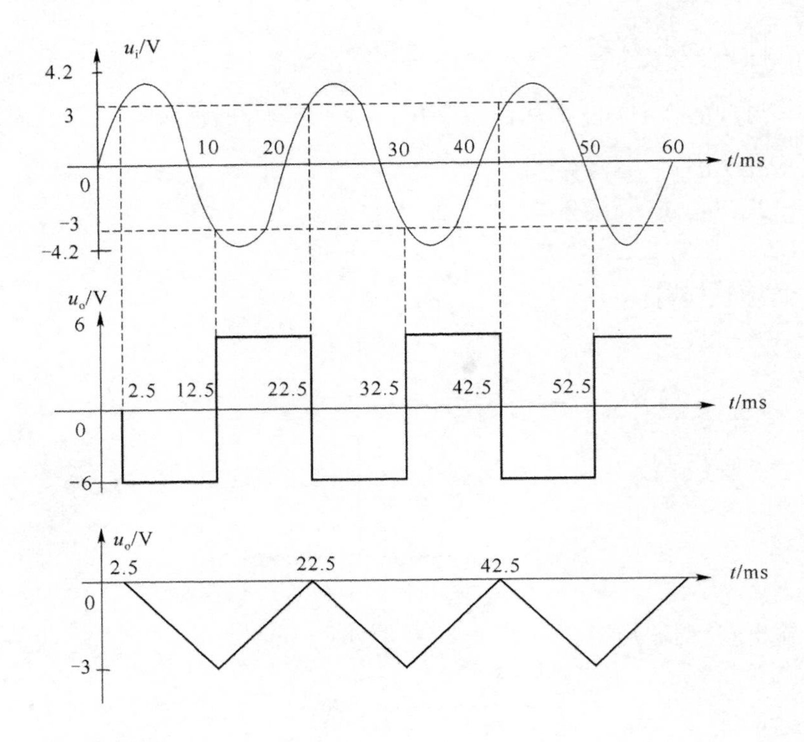

8.13 电路的功能是产生方波

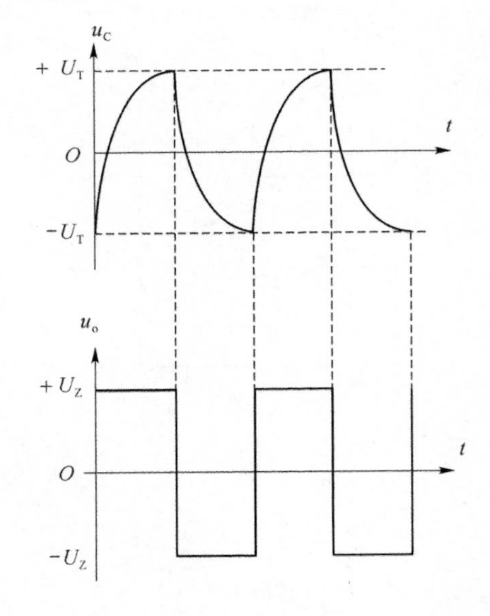

8.14 (1) A_1 是迟回比较器,A_2 是反相积分电路

(2) 锯齿波

(3) 三角波

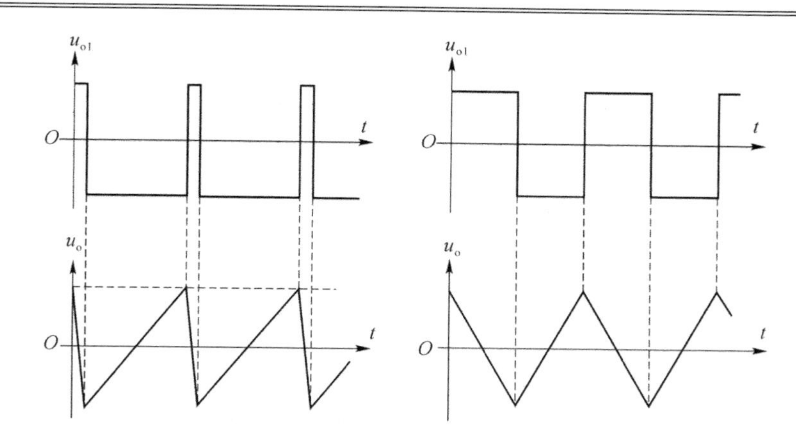

第 9 章　习题答案

9.5　(1) $R_2 \geqslant 20\ \text{k}\Omega$

(2) 电位器 W 的取值范围为 0～33.6 kΩ

9.6　(a) 可能；(b) 可能；(c) 不能；(d) 可能

第 10 章　习题答案

10.6　整流电路的输出波形

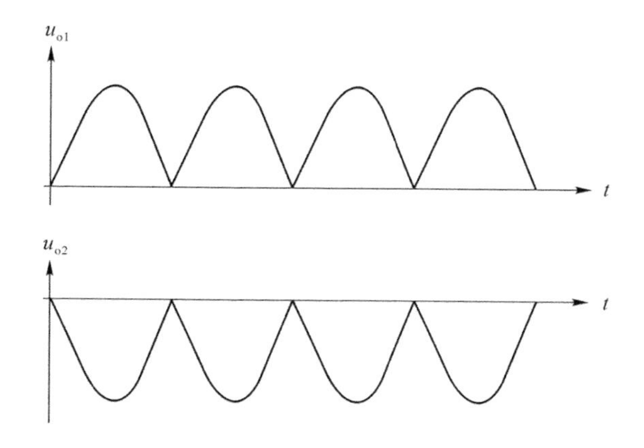

10.7　(b)(e) 不能

10.8　(1) 输出电压范围 6～12 V

(2) 最大输出电流 $I_{max} = 3$ A

(3) 变压器输出电压值 13.6 V

10.9　$W = 3$ kΩ

输出电压范围 5～20 V

变压器输出电压值 20.9 V

10.10 （1）电源输出的最大值减小，并且纹波加大

（2）输出电压不稳定，或无输出

（3）输出功率（电流）很小

（4）输出电压稳定为最大电压，不可调

（5）输出电压稳定为稳压管稳压值 4 V

参考文献

1. 董诗白,华成英.模拟电子技术基础(第三版).北京:高等教育出版社,2001
2. 谢沅清,邓钢.通信电子电路.北京:电子工业出版社,2005
3. 谢沅清,解月珍.通信电子电路.北京:人民邮电出版社,1999
4. 高文焕,刘润生.电子线路基础.北京:高等教育出版社,2000